U0166328

管理研究方法丛书
Research Methods

元分析研究方法

（第5版）（FIFTH EDITION）

◎ 哈里斯·库珀（Harris Cooper） 著
◎ 李超平 张昱城 等 译

Research Synthesis and Meta-Analysis: A Step-by-Step Approach

中国人民大学出版社
·北 京·

译者序 Research Synthesis and Meta-Analysis

元分析已经成为管理学乃至整个社会科学领域非常重要的研究方法之一。在国外顶级期刊，经常会看到有元分析的文章发表，且发表之后对整个领域产生较大的影响。但是，国内优秀期刊发表的元分析文章却不多见，究其原因，应该是国内的管理学学者尚未真正掌握元分析的方法。另一方面，国内管理学界出版的元分析图书或相关章节并不多见。为了帮助国内学者、博士研究生、硕士研究生在较短的时间内学会元分析，我们着手引进翻译国外优秀的元分析图书。

国外优秀的元分析图书不少。为了给我国元分析学者引入最合适的图书，我们深入研究了国外主流的元分析图书，经过综合对比后选择了哈里斯·库珀的 *Research Synthesis and Meta-Analysis: A Step-by-Step Approach*。之所以选择本书，主要原因如下：(1) 权威性：本书是国外元分析的权威图书，已经更新至第5版，是一本深受全球元分析学者推崇的著作。(2) 实操性：本书实操性强，根据元分析的操作步骤安排章节，有助于读者快速学会元分析；(3) 简洁性：本书仅有9章，每章力争用最小的篇幅对相关内容进行浓缩性介绍。

为了保证图书的翻译质量，我们联系了一批在国内外发表过元分析文章的学者，与他们沟通了一起翻译本书的想法。在国内绝大多数高校，翻译图书并不算科研成果，且翻译稿酬也不高，但是几乎所有我们联系的学者都非常爽快地接受了邀请，加入翻译队伍。而且，所有翻译者在约定的时间内高质量地完成了翻译工作，使本书得以顺利出版。共有32名译者参与了本书的翻译，具体负责章节、译者姓名与单位信息如下：

第1章　引言：文献综述、研究综合与元分析

张　龙　湖南大学工商管理学院

姜小晓　湖南大学工商管理学院

段佳利　新南威尔士大学商学院

第2章　第1步：形成问题

张淑华　沈阳师范大学人力资源开发与管理研究所

张春尧　沈阳师范大学教育科学学院

徐艳君　沈阳师范大学教育科学学院

第3章　第2步：检索文献

谢宝国　武汉理工大学管理学院

胡　伟　武汉理工大学管理学院

第4章　第3步：收集研究中的信息
骆南峰　中国人民大学劳动人事学院
甘罗娜　中国人民大学劳动人事学院
李　祯　中国人民大学劳动人事学院
第5章　第4步：评估研究的质量
张昱城　河北工业大学经济管理学院
张　蒙　河北工业大学经济管理学院
李　晶　河北工业大学经济管理学院
第6章　第5步：分析与整合研究结果
李超平　中国人民大学公共管理学院
胥　彦　中国人民大学公共管理学院
王佳燕　中国人民大学公共管理学院
第7章　第6步：解释证据
卫旭华　兰州大学管理学院
杨　焕　兰州大学管理学院
张亮花　兰州大学管理学院
第8章　第7步：汇报结果
赵新元　中山大学管理学院
王甲乐　中山大学管理学院
徐　颖　中山大学管理学院
朱亦龙　中山大学管理学院
向济庶　中山大学管理学院
田梦玮　中山大学管理学院
温婉柔　中山大学管理学院
刘　健　中山大学管理学院
黎　颖　中山大学管理学院
黄　燃　中山大学管理学院
第9章　结论：对研究综合结论效度的威胁
段锦云　华东师范大学心理与认知科学学院
方俊燕　华南师范大学心理学院

感谢所有译者为本书出版所做的贡献，相信大家的努力会给国内元分析研究带来实质性的改变，谢谢你们！

最后，还要感谢中国人民大学出版社管理分社熊鲜菊社长与谷广阔编辑。元分析的专业性很强，翻译出版这样一本书，销量不一定有保障，但当我们向熊鲜菊社长提议翻译此书时，她答应的速度远超我们的预期。本书的专业概念、术语特别多，但谷广阔编辑依然非常高效、专业地完成了编辑工作。

虽然所有译者都已尽自己的最大努力去准确翻译，初稿出来后也经过讨论和修改，但是难免有翻译不准确的地方。在阅读的过程如果发现有此类问题，请通过每章的译者电子邮件告知，我们会在修订再版时修正，谢谢！

李超平

中国人民大学公共管理学院教授、博士生导师

张昱城

河北工业大学经济管理学院教授、博士生导师

2020年春

前 言

每一项科学调查都始于研究人员整理所研究主题的相关文献。如果没有这一步骤，研究人员就不能使他们的努力综合并全面地为其所研究的领域做出贡献。他们无法在前人的研究基础上取得进展，而且，孤立地进行研究注定要重复前人所犯的错误。

与原始的数据收集相似，研究人员需要学习如何进行元分析。具体来讲，研究人员需要清楚地了解如何找到针对特定主题已经进行的研究，从研究报告中收集信息，评估研究的质量，整合研究结果，解释元分析的结果，并呈现全面而连贯的元分析研究报告。本书介绍了进行元分析的基本步骤。它适用于具有基础研究方法和统计学知识，但不熟悉元分析的社会科学研究者和行为科学研究者。

本书提出了一种客观、系统性，而不是主观、叙述性的元分析研究方法。在本书中，你将学习如何根据规范的科学准则进行元分析。我们希望研究者能够做出可以被其他人复制的元分析，在学者之间针对某一研究结果建立共识，并且促进对未解决的问题进行建设性的探讨。同样重要的是，这种方法的使用者应该坚持完成他们的元分析，并确信他们未来的实证研究可以为该领域做出贡献。

从本书第 1 版到第 5 版的这几年里，作为一种研究方法，元分析迅速得到认可，本书所概述的内容已经从尚有争议变成逐渐被研究者接受。实际上，在许多领域，本书所概述的方法都是十分适用的。近年来元分析也得到了改进，尤其是文献检索技术发生了巨大变化。目前，研究结果的定量组合作为元分析的统计基础已经发展起来，这些程序也得到广泛使用。许多其他方法也开发出来，帮助元分析研究者以有意义的方式向读者呈现他们的研究结果。方法学研究者也提出了一些方法，使元分析更能经受住批评。

第 5 版相比前一版发生了一些变化。最值得注意的是，关于进行文献检索的章节已经更新，其中包括基于互联网技术的最新检索方法。元分析本身也出现了许多新的发展，我们将会在第 6 章中介绍这些内容。它们包括用于描述元分析结果的新统计数据和用于组合复杂数据结构的新技术。后者只是简单地涉及，因为它们需要更多的统计知识和训练，这与我们所涵盖的其他技术不同。此外，本书的参考文献也已全面更新。

一些机构和个人在编写本书的不同版本方面发挥了重要作用。首先，在编写第 1 版和第 3 版手稿时，美国教育部提供了研究支持。在编写第 5 版时，W. T. Grant 基金会提供了支持。特别感谢我已经毕业的和在读的研究生：Kathryn Anderson，Brad Bushman，Vicki Conn，Amy Dent，Maureen Findley，Pamela Hazelrigg，Ken Ottenbacher，Erika Patall，Georgianne Robinson，Patrick Smith，David Tom，Julie Yu。在我的指导下，每个人都在

其感兴趣的领域进行了一次研究综述。每个人都至少在本书的一个版本中以他的成果作为案例来帮助我们理解问题，他们的研究成果在当前版本中用于说明不同的元分析技术的应用。我之前的学生 Jeff Valentine 是第 5 章中讨论研究评估工作的合作者。4 位图书馆人员 Kathleen Connors，Jolene Ezell，Jeanmarie Fraser，Judy Pallardy 帮助撰写了关于文献检索的章节。Larry Hedges，Terri Pigott 检查了我对统计技术的阐述。另外 3 名研究生 Ashley Bates Allen，Cyndi Kernahan，Laura Muhlenbruck 阅读不同版本的章节并做出了反馈。Angela Clinton，Cathy Luebbering，Pat Shanks 对本书进行了校对。我非常诚挚地感谢这些朋友和同事。

哈里斯·库珀

北卡罗来纳州达勒姆市

目　录 Research Synthesis and Meta-Analysis

第1章
引言：文献综述、研究综合与元分析

张　龙　姜小晓　段佳利*译

本章要点

- 为什么要重视研究综合方法。
- 本书的目标。
- 研究综合和元分析的定义。
- 比较基于传统叙事方法的研究综合方法与基于科学原理的研究综合方法。
- 本书所介绍之方法的发展简史。
- 研究综合过程的七步模型。
- 研究综合的四个范例。

科学就像你与家人或朋友共同完成的拼图游戏，是一个共同合作、相互依存的事业。然而不同的是，科学的规模巨大，各个部分的拼接需要全球的游戏玩家几十年时间的共同努力。科学家个人在研究上所花的时间仅为这个巨大拼图贡献了一块碎片。研究价值不仅取决于发现本身，还取决于它为未来提供的研究方向（如何帮助识别下一块所需的拼图）。有的研究的确相对更受关注，但往往是因为它们解决的难题（或它们引入的新难题）很重要，而不是因为它们本身就是难题的解决方案。

1.1　需要重视研究综合

科学是一项需要合作和积累的工程。因此，对过去研究的可信描述是科学知识有序发展的必经之路。不可信的描述就像是把海洋的碎片放到天空中，强行使其匹配。为了进一步扩展社会和行为现象的知识框架，研究人员首先需要知道哪些问题是已知的，哪些是确定的，哪些是亟待解决的。然而，直到40年前，社会科学家才开始关注如何进行文献综述，以及如何寻找、评估、总结和解释已有的实证研究。20世纪六七十年代，社会科学研究人员数量激增，社会科学研究数量随之大幅增加，文献综述研究方法的缺失变得尤为明显。因此，构建系统的程序来进行文献综述将突破性地缓解因这一缺失造成的研究综合压力。随着研究数量的增长，我们亟须采用可靠的方法来整合现有的研究成

* 张龙，博士，湖南大学工商管理学院副教授、硕士生导师，电子邮件：lyon. long. zhang@gmail. com；姜小晓，湖南大学工商管理学院硕士研究生，电子邮件：jiangxiaoiao@hnu. edu. cn；段佳利，新南威尔士大学商学院博士研究生，电子邮件：djl9796@126. com。基金项目：国家自然科学基金青年项目（71802077），湖南省自然科学基金青年项目（2019JJ50059），中央高校基本科研业务费专项资金项目。

果，以确保在解决科学难题时并非天马行空。

社会科学的研究路径也发生了巨变。特别是通过在线的数据库和互联网，人们对他人研究成果的搜寻变得更为简单。以前，为感兴趣的话题列一份研究文献清单需要仔细阅读纸质文献简编，这一过程耗时且枯燥。如今，只需敲击几下键盘，就可以生成、检查并修改这样的文献清单。用来检索参考文献的数据库不计基数，且检索时间几乎不受限制。半个世纪以前，如果你发现一篇吸引你的文献摘要，可能要花几周的时间与作者取得联系以获取原文。现在，有了电子邮件和文件传输，只需按下一个按钮，你就可以在几秒钟内共享会话与文档。

随着社会科学领域专业化的发展，对可靠文献综述的需求也有所增加。今天，除了关注社会科学家们特别感兴趣的几个研究领域，时间的有限性使得大多数研究者不可能跟上所有的主流研究。Garvey & Griffith（1971）写道：

> 每个科学家都被过多的信息压得喘不过气来。也许是在上一次信息翻倍期间，“信息危机”的警报令个体心理学家们应接不暇，他们无法再跟上并吸收与其专业相关的所有信息。(p. 350，原文中强调)

这在今天更是如此。

最后，基于证据做出决策的兴起重新强调了理解一篇文章的研究方式、研究成果及基于研究证据提出最佳实践方案的重要性（American Psychological Association's Presidential Task Force on Evidence-Based Practice，2006）。例如，在医学方面，有一个国际研究者联盟，即 Cochrane 协作组织（Cochrane Collaboration，2015），它生成了数百份报告，检查从公共卫生计划到外科手术的各种累积证据。在公共政策中，也存在类似 Cochrane 协作组织的协会(Campbell Collaboration，2015)，旨在通过严格审查政策的有效性，来推动政府的政策制定（例如，Coalition for Evidence-Based Policy，2015）。从业者和决策者做出旨在改善人类福祉的关键决策时都依赖可靠的研究综合。

1.2 本书的目标和前提

本书旨在对社会科学和行为科学领域如何进行文献综述和元分析进行简单介绍。为了研究综合的全面性，本书将遵循合理的数据收集、分析和解释的基本原则。我将假定你同意我的观点，即无论调查者是正在收集新的数据（一手研究*）还是在进行研究综合，严谨、系统的社会科学探究的规则是相同的。然而，出于不同的研究目的，这两类研究分别需要特定的技术支持。

本书描述的方法有一个重要的前提：好比从一手数据的分析中得出结论，将独立的研究项目合为一体时，也需要对知识有效性进行论证。当你阅读研究综合时，不能出于对作者的信任理所当然地认为其结论是有效的，并且默认他做得很好；必须根据科学标准评估其结论的有效性。在研究综合中，社会科学家需要做出许多影响其最终工作成果的决策，每个决策都可能增加或减少结果

* 又译原始研究、初始研究、单一实证研究等。——译者

的可信度。因此，要想让研究综合中囊括的社会科学知识具有高可信度，研究综合者必须遵循一手研究所要求的严格方法标准。

随着研究专著《实验和准实验设计》（Campbell & Stanley，1963）的出版，评估社会科学中一手研究有效性的方法取得了立足之地。后续一系列工作对这种方法进行了改进（例如，Bracht & Glass，1968；Campbell，1969；Cook & Campbell，1979；Shadish，Cook & Campbell，2002）。然而，直到坎贝尔（Campbell）和斯坦利（Stanley）的开创性工作完成 15 年后，社会科学家才意识到他们还需要一种研究综合的方法，以此为评估文献综述的有效性提供指导。

本书描述了一个判断研究综合有效性的组织方案，以及一项研究综合的技术，帮助你在所进行的研究综合中最大限度地提高结论有效性。

1.3　文献综述的定义

本书中所描述的研究方法有许多不同的名称，包括文献综述、研究综述、系统综述、研究综合和元分析。事实上，一些名称是可以互换的，一些则具有更广义或更狭义的含义。

包含面最广的是文献综述。在基于新数据的一手研究里，你需要在论文引言中撰写一个简短的文献综述。一手研究的文献综述范围通常非常有限：它仅仅局限于那些与研究问题相关的理论和实证研究。而本书感兴趣的却是将文献综述视作一个详尽且独立的学术研究。文献综述的作用有很多。它可以有许多不同的焦点和目标，可以采用不同的视角阅读文献，涵盖文献的数量或多或少，以及可以根据不同的读者采用不同的撰写体裁。

基于对学者的访谈和调查，我提出了一个文献综述分类方案（Cooper，1988）。表 1-1 展示了这种分类方法。大多数类别都很容易理解，例如，文献综述可以关注研究结果、研究方法、理论和/或研究在现实世界中的应用。文献综述可以有一个或多个目标：（1）整合（比较和对比）他人的观点；（2）批判已有的研究；（3）在相关主题领域之间搭建桥梁；（4）明确一个领域的核心问题。

表 1-1　文献综述分类

维度	类别
焦点	研究结果
	研究方法
	理论
	实践或应用
目标	整合
	研究结果一般化
	解决冲突
	搭建桥梁
	批判
	明确核心问题

续表

维度	类别
观点	中立陈述
	表述观点
覆盖范围	详尽引用
	有选择的详尽引用
	代表性引用
	中心或关键性引用
组织	历史的
	概念的
	方法论的
受众	专业学者
	一般学者
	从业人员或政策制定者
	普通公众

资料来源：Cooper H. Organizing knowledge syntheses：a taxonomy of literature reviews. Knowledge in Society，1988 (1)：109. 经 Springer Science and Business Media 允许使用。

Petticrew & Roberts（2006）根据可用时间的长短对文献综述进行分类。他们将在有限时间内完成的文献综述定义为快速综述（rapid review），将范围综述（scoping review）定义为评估当前文献中相关工作的类型以及位置的综述研究。这类综述是为了帮助学者细化他们的研究问题（例如，就其概念的广度或覆盖的年限而言），并（从时间和资源的调度）评估进行全面综述的可行性。范围综述类似于一手研究中的探索性研究（pilot study）。

最常见的一种文献综述是将两个特定的焦点和目标结合起来。这种类型的文献综述也可以称为研究综合、研究综述或系统综述，即本书的重点。研究综合关注实证研究结果，其焦点是从相同或相关的许多独立研究中得出总体结论（一般化结论）来整合过去的研究。而研究综合的目标，在于总结相关领域目前的研究状态和形式，并明确尚未解决的关键问题。从读者的角度来看，研究综合的目的是“取代那些已经过时、陈旧的论文”（Price，1965，p. 513），并指明未来研究的方向，为往后的研究提供更多新信息。

第二种常见的文献综述是理论综述。这类综述的研究者希望提出可以解释特定现象的理论并将该理论与其他理论进行比较。这些比较将检验理论的广度、内部一致性以及其预测能力。理论综述通常会描述已实施的关键实验，并评估哪些理论与公认研究结果最为一致，以及所涵盖的感兴趣的现象最为广泛。而且，理论综述有时也会将不同理论中的概念进行重构和整合。

通常，一个全面的文献综述会涉及几组研究问题。然而，研究综合是最常见的，理论综述通常只包含部分研究综合。研究综合涉及多个相关主题也并不罕见。例如，研究综合可以检验几个不同自变量或预测变量与单个因变量或标准变量之间的关系。例如，Scott（2015）等对创伤后应激障碍和认知缺陷相关研究进行了元分析。这个元分析涉及九个认知领域：（1）注意力/工作记忆；（2）执行功能；（3）言语学习；（4）言语记忆；（5）视觉学习；（6）视觉记忆；（7）语言；（8）处理速度；（9）视觉空间能力。元分析的结果显示：认知缺陷更多地出现在被归类为目前患有创伤后应激障碍的人群中，相关性最强（言语学习）的大约是相关性最弱（视觉记忆）的两倍。

另一个例子是，对于一组时序上相关的实证研究假设，研究综合可以对其进行总结。Harris & Rosenthal（1985）研究了人际期望效应的中介作用，他们首先研究了期望如何影响持有期望的人的行为，然后研究了这些行为如何影响目标的行为。

本书的主题是研究综合。研究综合不仅是社会科学中最常见的一种文献综述，还包含其他类型综述中出现的众多（如果不是大多数的话）决策点，以及一些独特的决策点。因为研究综述和系统综述这类名称易混淆，所以本书采用研究综合而非其他名称来表示这类文献综述。它们也可以运用在同行评议的过程中——对提交给科学期刊发表的稿件进行批判性评估。因此，期刊编辑可能会要求作者提供文章的研究综述或系统综述。研究综合一词强调了整合的核心地位，消除了这种名词的混淆。在《研究综合和元分析手册》（Cooper，Hedges & Valentine，2009）一书中用的就是研究综合这个表述，本书所描述的方法与他们介绍的方法一致，但采用了更前沿的介绍方式。

元分析经常用作研究综合、研究综述或系统综述的同义词。在本书中，元分析仅代表统计上合并研究结果的定量程序（这些程序将在第 5 章介绍）。

1.4　为什么我们需要基于科学原理的研究综合

在本书描述的方法出现之前，大多数社会科学家采用叙事的方式总结同一主题的实证研究。他们通常按发表时间顺序一个接一个地对这些研究进行描述，然后根据对文献整体结论的理解，得出与研究结果相关的结论。

传统叙事方式下的研究综合饱受诟病。传统研究综合的反对者认为，这种方法及其得出的结论在过程和结果上都不精确。特别是传统的叙事研究综合缺乏明确的证据标准。这些研究综合的读者和使用者不知道采用何种标准下的证据来判断一组研究是否支持其结论（Johnson & Eagly，2000）。传统研究综合者所使用的整合逻辑，除了研究者内心知道是什么在指导他们推论之外，很少有人知道个中究竟。

传统研究综合还存在下列缺陷。首先，传统研究综合缺乏系统的程序，不能确保所有相关研究都被定位且包含在整合之中。传统文献检索的学者常常在收集了他们已知的研究，或他们仅搜索一个文献数据库找到部分相关研究后就停止了检索的脚步。其次，传统研究综合缺乏评估其研究所包含描述的可靠性的标准，无法检验从中所收集信息的准确性。最后，由于其缺乏明确的先验质量标准，传统叙事的整合倾向于使用事后标准来判定单个研究质量是否达到方法论上可接受的阈值。Glass（1976）写道：

> 对于整合结果不一致的研究，常见的方法是，对少数研究以外的所有研究的设计或分析缺陷吹毛求疵——剩余的往往是自己或者学生、朋友的成果——然后把这一两项“可接受的”研究当作研究事实来推进。(p. 4)

最后，传统的叙事整合就其本身的性质而言，未能对其所调查关系的总体规模做出说明。它无法回答这样的问题——“变量之间的关系是怎样的?”“干预导致了多少变化?”“这种关系或干预的效果是否大于或小于其他变量或干预之间的关系或效果?”

出于对传统叙事整合中可能出现错误和不精确的担忧，社会科学方法论学者提出了更严格、透明的替代方法，本书将就此进行介绍。今天，最前沿的研究综合使用了一系列旨在减少研究偏差的方法和统计技术，以规范和明确收集、分类和合并一手研究的程序。例如，如今的文献检索策略旨在缩小检索到的研究结果与文献检索无法发现的研究结果之间的差异。在文献检索开始之前，明确规定了一项研究是否可纳入整合的标准。然后，无论其结果是支持还是违背正在检验的假设，这些标准统一应用于所有研究。研究报告的数据由训练有素的编码人员使用预先设定的编码类别进行记录，以最大限度地提高相互判断的一致性。采用元分析的统计方法对数据进行汇总，并对累积的研究成果进行定量描述。因此，研究综合和研究结果的统计整合程序严格与一手研究中的数据分析相同，且其报告的透明度也相同。

使用最先进的研究综合方法可以改变累积的研究发现的一个例子就是罗伯特·罗森塔尔（Robert Rosenthal）和我的一项研究（Cooper & Rosenthal, 1980)。这项研究要求研究生和大学教职员工对一个简单的研究问题的文献进行评价：在任务持久性上，不同的性别有差异吗？参与者所面对的研究文献相同，但一半参与者使用量化程序进行研究综合，另一半使用其感兴趣的任意标准——换句话说，他们自己的标准——进行研究综合。我们发现，相较于其他参与者，采用量化程序整合的参与者认为存在性别差异，且变量之间的关系更强。结果还表明，这些采用量化程序的参与者更倾向于认为未来的复制研究是不必要的，尽管这种差异在统计上并不显著。

1.4.1 研究综合的主要结果

研究综合除了使用严格和透明的方法外，还可以提供与它所涵盖的研究结论相关的几类结果。首先，如果研究者关注的是一个理论假设是否成立，那么研究综合就应该提供关于假设支持度的总体估计，包括零假设是否可以被拒绝，以及假设的解释力——相关关系的大小。或者，如果研究者关注的是一项干预或公共政策的检验，那么就需要评估该项干预或政策是否达到了预期效果。

除此之外，研究综合还需要检验相关关系及其有效性是否受所处情境变化的影响。可以参考：理论假设或干预本身的特性；研究是如何、何时、何地进行的；参与者是谁。读者还希望得知，研究综合的结果是否会随着操作或干预的特征、研究的环境和时间、参与者之间的差异、测量仪器的特征等的变化而发生系统性的变化。

1.5　研究综合和元分析简史

综上，社会科学研究与新的信息技术的发展及政策领域对可靠研究综合的需求推动了本书所述方法的发展。下面简单介绍为该方法做出贡献的人物与事件简史（参见 Cooper，Patall & Lindsay，2009）。

卡尔·皮尔森（Karl Pearson，1904）被公认为首个进行元分析的学者（Shadish & Haddock，2009）。皮尔森从 11 项测试伤寒疫苗有效性的研究中收集了数据，并对每篇研究计算了一项他开发的统计数据，即相关系数。通过比较平均相关性，皮尔森得出其他疫苗比新疫苗更有效的结论。

1932 年，罗纳德·费希尔（Ronald Fisher）在他的经典著作《研究人员的统计方法》中写道："有时尽管很少或［无统计检验］可独立报告显著性，但整合起来总体的显著性概率会给人一种比偶然所得低的印象。"（p. 99）费希尔指出，统计检验因为缺乏统计效力，往往无法拒绝零假设。然而，如果将缺乏效力的检验组合起来，它们的累积统计效力会很好。例如，如果进行零假设的显著性检验，得到 $p=0.10$ 的概率水平，表示该检验在统计上不显著。但是，如果零假设成立，得到第二个独立检验 $p=0.10$ 的概率是多少呢？费希尔提出了一种技术用以整合同一假设独立统计检验的 p 值。

1960 年之前，其他学者发表了十几篇方法论相关的学术论文（参见 Olkin，1990），但这些技术很少用于研究综合。Glass（1976）引入了元分析（meta-analysis）一词，指"为了整合研究结果"而对各个研究结果进行的统计分析（p. 3）。Glass（1977）写道："单个研究的结果本身并不单单是结论，应将多个研究累积的发现……视作更为复杂的数据点，若不进行进一步的统计分析，它比单项研究中的数百个数据点更难理解。"（p. 352）

20 世纪 70 年代中期，几个引人注目的定量整合技术聚焦于元分析。三个研究小组都认定传统研究综合存在不足。他们相互独立地对皮尔森和费希尔的解决方案进行了再发现与再创造。在临床心理学领域，Smith & Glass（1977）通过整合 833 项不同治疗效果的测试来评估心理治疗的有效性。在社会心理学领域，Rosenthal & Rubin（1978）整合了 345 项关于人际期望对行为影响的研究。在教育学领域，Glass & Smith（1979）整合了班级规模与学习成绩之间的关系，该报告包含 725 项对上述关系的估计，共计近 90 万名学生的数据。在人事心理学领域，Hunter，Schmidt & Hunter（1979）整合了 866 对黑人员工和白人员工的就业测试差异效度的比较研究。

在元分析发展的同时，学者们几次尝试为研究综合引入更为广泛的科学背景。

1971年，费德曼（Feldman）发表了一篇题为《利用他人的工作：关于回顾和整合的一些观察》的文章，他在文中写道："可以认为系统地回顾和整合……一个领域的文献是一种独立的研究类型——使用一套有特色的研究技术与方法。"（p. 86）同年，Light & Smith（1971）发现，如果处理得当，相关研究结果的差异可能是一个有价值的信息来源，而不是像按传统整合方法处理时那样令人不知所措。Taveggia（1974）列举了文献整合中的六种常见活动：筛选文献；检索、索引和编码；分析研究结果的可比性；积累可供比较的结果；分析结果的分布；报告结果。

20世纪80年代初，《教育研究综述》上的两篇文章将元分析和整合研究的观点结合为一体。首先，Jackson（1980）提出了6项"类似于一手研究中"的整合任务（p. 441）。1982年，我将研究综合与一手研究进行对比，得出逻辑结论，并提出了一个与效度威胁有关的五阶段模型。这篇文章是本书第一版的前身（Cooper，1982）。

同样是在20世纪80年代，出现了5本主要致力于元分析方法的书籍。Glass，McGaw & Smith（1981）提出，元分析是方差分析和多元回归程序的一种新应用，将效应值视为因变量。Hunter，Schmidt & Jackson（1982）引入了元分析的程序，其重点在于：（1）研究结果中观察到的变化与随机预期变化的对比；（2）根据已知的偏差来源（如采样误差、范围限制、测量的不可靠性），纠正观察到的相关性及其方差。Rosenthal（1984）提出了一套元分析方法概要，对显著性水平、效应值估计和效应值方差分析进行了总结。罗森塔尔用来测量调节效应估计值的程序不是基于传统的推理统计，而是基于一套包括专门为分析研究结果而定制假设的新技术。为有效解释和交流整合结果，Light & Pillemer（1984）提出了一种强调数字与叙事相结合的重要性的方法。最后，在1985年，随着《元分析的统计方法》的出版，海吉斯（Hedges）和奥尔金（Olkin）将定量研究综合提升为统计科学中的一个独立专业领域。他们总结和扩展了研究综合近十年的发展，并通过提供严格的统计证据确立了程序的合法性。

20世纪80年代中期以后，出现了大量关于研究综合和元分析的书籍，且数量还在不断攀升。其中有些学者一般化地对待这个主题（例如，Card，2012；Lipsey & Wilson，2001；Petticrew & Roberts，2006；Schmidt & Hunter，2015），有些学者从特定研究设计的角度看待它（例如，Bohning，Kuhnert & Rattanasiri，2008；Eddy，Hassleblad & Schachter，1992），有些学者将它与特定的软件包捆绑（例如，Arthur，Bennett & Huffcutt，2001；Chen & Peace，2013；Comprehensive Meta-Analysis，2015）。1994年《研究综合指导手册》第1版出版，2009年该书第2版问世（Cooper et al.，2009）。①

① Chalmers，Hedges & Cooper（2002）提供了元分析的简史。Hunt（1997）撰写了一本畅销书，简述了元分析的早期历史，其中包含对主要贡献者的访谈。Research Synthesis Methodolgy（2015）的一期特刊为早期研究综合和元分析方法的开发人员提供了第一人称记述。

1.6　研究综合的步骤

社会研究方法论的教材将研究项目视作一系列有序的活动。虽然方法论学者对于研究步骤的定义有所不同，但各步骤间最重要的差别是一致的。

如前所述，我在 1982 年指出，研究综合类似于一手研究，涉及 5 个不同的步骤（Cooper，1982）。每个步骤都包含需要完成的主要任务，以便研究综合者对研究问题或假设的累积证据状态做出公正的描述。我将每个步骤所提出的研究问题、其在研究综合中的主要作用以及可能导致结论出现差异的程序差异编写成册。例如，一手研究和研究综合中的问题形成这一步骤都涉及感兴趣变量的确定，数据收集这一步骤都涉及证据的收集。与一手研究类似，你可以采用不同的方式进行调查和数据收集，不同方式会得到不同结论。

最重要的是，在研究综合的每个步骤中，方法上的决策都可能增强或削弱其结论的可信度，用一般的社会科学术语来说，可能对其结论的效度构成威胁（“效度”一词的正式定义见第 4 章）。在 1982 年的文章和本书的早期版本中，我在研究综合中采用了威胁推论效度这一概念，并明确了 10 个可能会破坏研究综合报告中发现可信度的效度威胁。我主要关注的是累积研究过程中潜在的效度威胁，例如，进行文献检索时遗漏了具有特定结论的相关研究。Matt & Cook（1994，2009 年修订）随后在其研究综合中应用了这种方法，他们发现了 20 多种威胁。Shadish et al.（2002）将这个威胁的列表扩展至近 30 种。在上述情况中，他们都描述了由于构成整合证据基础的一手研究本身的不足，研究综合过程造成潜在偏差的相关威胁，比如，一手研究无法代表重要的参与者群体。

表 1-2 总结了对本书早期版本中模型的修改（Cooper（2007）提出了一个六步模型）。在最新的模型中，研究综合过程分为七个步骤：

- 第 1 步：形成问题。
- 第 2 步：检索文献。
- 第 3 步：收集研究中的信息。
- 第 4 步：评估研究的质量。
- 第 5 步：分析与整合研究成果。
- 第 6 步：解释证据。
- 第 7 步：汇报结果。

这七个步骤将为本书的余下部分提供框架。与我之前提出的概念不同，新模型将两个阶段细分形成四个独立的阶段。首先，将检索文献和收集研究中的信息视作两个单独的阶段。其次，将分析与整合研究成果和解释这些分析所产生的累积结果的过程分开处理。这些基于最新研究的修订表明这四个阶段确实是相互独立的，它们要求研究综合者做出独立决策，并使用不同的方法工具。例如，检索文献时你可以“掘地三尺”，也可以“走马观花”。你可以采用可靠或不可靠的方式对每个报告中的信息进行编码。同样，你也可以正确或不正确地总结和整合来自各个研究的证据，即便总结正确，这些累积发现的解释也可能是准确的或是不准确的。

应当指出，所有严谨的研究，包括严谨的研究综合过程都并不像书本上所描述的那样简单。你会发现，整合的后期阶段遇到的“问题”需要回溯并修改早期阶段的决定。比如，检索文献阶段的研究发现可能需要你重新定义研究主题。又或者，如果缺乏符合设计要求的研究——例如采用实验操作的研究——就需要将其他类型的设计，如简单的相关性研究，纳入研究综合中。因此，研究者最好从一个整体的研究综合计划开始，同时要保持开放的心态，做好随着项目的推进而修改计划的准备。

表1-2　把研究综合概念化为研究项目

研究综合步骤	该步骤的研究问题	在整合中所起的主要作用	可能影响结论的程序差异
形成问题	何种证据与研究综合的主要问题或假设相关?	定义变量和主要关系，以区分相关和不相关的研究。	概念广度的变化和定义间的差异可能导致研究操作的不同：相关性的认定和/或调节效应的检验。
检索文献	应采用何种程序检索相关文献?	明确文献来源（例如，文献数据库、期刊）和用于检索相关研究的关键词。	检索源的差异可能导致检索研究的系统性差异。
收集研究中的信息	每项研究的哪些信息与研究问题或假设相关?	以可靠的方式收集与研究相关的文献和材料。	收集的信息不同可能导致被检验的内容不同，进而导致累积结果的不同；编码人员培训的差异可能导致编码表条目的差异；判定研究假设是否为独立假设检验的规则的差异可能导致采用不同数量和特征的数据，进而得出不同的累积结论。
评估研究的质量	基于研究方法是否适用于整合和/或研究执行当中的问题，研究综合应囊括哪些研究?	明确并应用标准，区分研究方式符合研究综合问题的文献。	研究方法选择标准的差异可能导致整合所包含研究的系统性差异。
分析与整合研究成果	应采用何种程序分析与整合研究成果?	明确并应用程序以整合各研究的结果，检验各研究结果之间的差异。	用于总结和比较各研究结果的程序（例如，叙述、计票、平均效应值）差异可能导致累积结果的差异。
解释证据	就现有研究证据的累积状态可以得出什么结论?	总结累积研究证据的优势、普适性和局限性。	结果重要性判断标准的差异和对研究细节关注的差异可能导致对研究结果解释的差异。
汇报结果	研究综合的报告中应包含哪些信息?	明确并应用恰当的编辑指南和判断标准来确定研究综合报告中读者须知的方法和结果。	报告的差异可能导致读者对研究综合结果信任程度的差异和他人对结果复制能力的差异。

1.6.1　第 1 步：形成问题

任何研究工作的第 1 步都是形成或构建问题。在问题形成过程中，所涉及的变量都会被赋予理论上和操作上的定义。在该步骤需要自问："我想研究的概念或干预手段是什么?""怎样测量相关概念和结果变量?"通过回答这些问题，确定研究证据是否与自己感兴趣的问题或假设相关。同样，在问题形成过程中，需要决定所感兴趣的是对变量进行简述，还是研究两个或多个变量之间的关系，以及此关系在本质上是相关的还是因果的。

第 2 章将介绍在问题形成阶段将会遇到的决策点。其中首先涉及的就是相关概念的定义范围以及所采用的操作测量方式，还涉及一手研究的设计类型及其如何与所期望的研究推论相联系。

1.6.2　第 2 步：检索文献

研究的文献检索阶段包括对研究目标元素总体的选择。在一手社会科学研究中，研究目标通常包括个体或群体。在研究综合中，由于要对两个目标进行推论，确定目标群体则相对复杂。首先，你希望累积的结果能够反映之前关于该主题的所有研究结果。其次，你希望所收集的研究文献能一般化到该研究主题领域的个体或群体。

第 3 章将探讨文献的定位方法，以及社会科学家可获得的文献资料源清单，讨论如何获取和使用关键的信息源，以及每个资料源中包含的信息可能存在哪些偏差。

1.6.3　第 3 步：收集研究中的信息

研究编码阶段要求研究人员考虑他们想从每个研究中收集什么信息。在一手研究中，数据收集工具包括问卷调查、行为观察和/或生理测量。在研究综合中，数据收集工具则涉及所确定的、与研究问题相关的信息。这些信息不仅包括与理论或实际问题相关的研究特征，即自变量和因变量的性质，还包括研究进行的方式，研究的设计、实施和研究的统计结果。在这个阶段，研究人员除了明晰收集何种信息并给出该信息清晰的定义外，还需要开发一个培训信息收集人员的标准流程，确保他们能以可靠、易解释的方式收集信息。

第 4 章将提供一些信息收集的具体建议，帮助你从与研究主题相关的实证研究中收集必要的信息，并介绍所需采取的步骤以更好地培训研究编码人员。此外，第 4 章还将包含一些当研究报告不可用或获得的报告中没有需要的信息时，可以怎样处理的具体建议。

1.6.4　第 4 步：评估研究的质量

收集信息后，研究人员需要对所收集数据的"质量"或其与研究问题的相关性做出关键的判断。每一个数据点都根据周围的证据进行核查，并决定它们是否由于受到无关因素的污染而丧失价值。如果是，则须废弃坏数据，或赋予其较低的可信度。比如，一手研究人员需要检查每个参与者在研究时是否严格遵循一定的研究规则。而研究综合者需要对被整合的文章的研究方法进行评估，确定其收集数据的方式是否适用于解决手头的研究问题。

第 2 章将讨论研究设计（例如，关联或因果）如何对应研究中出现的不同问题，第 5 章则将讨论如何评估研究的质量。本书还将分析质量评估中存在的偏差，并就评定评估者间信度提出建议。

1.6.5 第 5 步：分析与整合研究成果

在数据分析过程中，研究者将收集到的各个独立数据点进行汇总，整合成一个整体。数据分析要求研究者将系统的数据模式与“噪声”（或随机波动）区分开来。在一手研究和研究综合中，这一过程通常涉及统计程序的应用。

第 6 章将阐释一些整合独立研究结果的方法及元分析方法。此外，还将展示估计相关性的量级以及干预的影响的方法。最后，将示范一些技术技巧分析解释为何不同的研究会发现不同的关系强度。

1.6.6 第 6 步：解释证据

接下来，研究人员解释累积的证据，并确定数据所得的结论。这些结论涉及相关关系是否得到数据证据的支持，如果是，该关系的可确定性如何。结论还与不同类型的单元、处理方式、结果和情况的研究发现的普适性（或特殊性）有关。

第 7 章将列举一些对研究综合做出断定时应遵循的决策规则，包括用于解释结论的强度和普适性以及评估关系或推论效应值的方案。

1.6.7 第 7 步：汇报结果

撰写一份描述结果的论文是一项研究工作的最后任务。第 8 章将提供关于如何进行研究综合的其他六个阶段的说明以及报告所需信息的具体准则。

1.6.8 关于研究综合的 20 个问题

我将通过参考研究综合的作者和读者可能提出的与结论效度相关的 20 个问题，对研究综合的各个阶段进行讨论。在教学过程中，我发现这种方法易于理解，并可以帮助学生在研究过程中形成大局意识。每个问题的回答都可以采用肯定语气，代表对整合结论的信心。我将在每一阶段讨论的开始提出相关的问题，然后是相关的、可能增加或减少结论的可信度的、程序上的变数。换句话说，需要做什么来确保答案为“是”。虽然这 20 个问题并不是所有可能被问到问题的详尽列表，但是本书早期版本中发现的大多数效度威胁都在 20 个问题中得到了体现。问题列表见表 1-3。第 9 章将对研究综合的效度威胁进行具体讨论。

表 1-3　研究综合结论效度的有关问题清单

第 1 步：形成问题
1. 主要变量是否有明确的概念定义?
2. 主要变量的测量方式是否准确反映了其概念定义?
3. 研究问题本身是否清晰界定了解决问题所需的研究设计和证据?
4. 研究问题所处的理论背景、历史背景和实践背景是否有意义?

第 2 步：检索文献
5. 在检索查询文献数据库和前瞻性研究注册时，是否采用了适当且详尽的关键词?
6. 是否为搜寻相关研究制定了补充策略?

第 3 步：收集研究中的信息
7. 是否采取措施来确保从研究报告中无偏差地检索信息?

第 4 步：评估研究的质量
8. 如果出于设计和实施方面的考虑剔除一些研究，这些考虑因素是否有明确、可操作的定义？是否适用于所有研究?
9. 是否对研究进行了有效分类，以便在研究设计和实施方面对它们进行重要区分?

第 5 步：分析与整合研究成果
10. 是否使用了合适的方法合并和比较研究结果?
11. 是否使用了合适的效应值指标?
12. 是否报告了平均效应值和置信区间？是否采用了合适的模型对效应值中的独立效应和误差进行估计?
13. 是否进行了效应值的同质性检验?
14. 是否检验了以下两个研究结果的潜在调节变量：研究的设计和实施特征；研究的其他关键特征，包括历史背景、理论背景和实践背景?

第 6 步：解释证据
15. 是否检验了结果对统计假设的敏感性？如果是，这些分析是否有助于解释证据?
16. 是否讨论了证据库中数据缺失的情况？是否检查了数据缺失对研究综合结果的潜在影响?
17. 是否讨论了研究综合结果的普适性和局限性?
18. 在解释结果时，是否适当地区分研究衍生的证据和综合衍生的证据?
19. 是否将效应值大小与其他相关的效应值进行了对比？是否对效应值的显著性给出实质性解释?

第 7 步：汇报结果
20. 是否清楚、完整地报告研究综合的方法和结果?

资料来源：摘自 Cooper H. Evaluating and interpreting research syntheses in adult learning and literacy. Boston：National Center for the Study of Adult Learning and Literacy, World Education, Inc. ,2007:52.

1.7　研究综合的四个范例

本章选取了四个研究综合的范例，用以说明进行严谨的研究综合的实际意义。四个范例的主题涵盖社会科学和行为科学研究，包括基础和应用社会心理学、发展心理学、教学课程和教学指导，以及与健康有关的专业研究。它们涉及各种概念和操作变量，其中一些甚至是跨学科的。越来越多的研究开始吸引来自不同学科的学者，研究综合也不例外。其中一个有氧运动范例就牵涉来自医学院精神病学和行为医学系的研究人员，以及艺术与科学学院心理学和神经学科的其他研究人员。在这种情况下，不同团队的成员对问题提出了不同的看法。这有助于确定变量的概念和操作定义中的哪些变化是重要的，以及在哪里寻找相关研究。这些团队往往包括一名具备高级统计技术知识的成员，进而可以将研究结果进行定量整合。

虽然四个范例的主题有所不同，但是内容较为通俗易懂，读者无论学科背景如何，在不具备大量专业知识的情况下，都能发现四个主题具有指导性且易于理解。更重要的是，它们所涵盖的研究综合，包括与每个主题领域相关的研究设计应该能够让你在其中找到适合你兴趣的主题研究范例。我将对每个主题进行简单介绍以帮助理解。

1.7.1 选择对内在动机的影响（Patall，Cooper & Robinson，2008）

个人选择能力是西方文化的核心（无论是对行动方案、产品还是对政治候选人等）。因此，毋庸置疑，许多心理学理论认为：为个人提供在不同任务之间做选择的机会将提高他们参与所选活动的动机。在这项研究综合中，我们检验了选择在动机和行为中的作用。首先，我们检验了选择对内在动机和相关结果的总体影响。我们还研究了一些理论上的调节变量是否增强或减少了选择的效应值，包括选择类型、选项数量以及所做的选择总数。该研究综合中所包含的研究主要使用实验设计的形式，在社会心理学实验室中进行。

该研究发表于一本受众广泛的期刊上。主题取自社会心理学和发展心理学的相关文献，其中所有的研究设计都采用随机分配的实验控制手段。

1.7.2 家庭作业对学习成绩的影响（Cooper，Robinson & Patall，2006）

要求学生在课余时间完成学业任务的做法由来已久，与正规学校教育几乎同时出现。然而，家庭作业的有效性仍饱受争议。关于家庭作业的社会舆论在整个20世纪持续波动，争议仍在继续。这篇研究综合的重点是回答文章标题中所反映的一个简单问题：“家庭作业是否有助于学习成绩的提高？”文章还研究了相关的调节变量，包括学生的年级和科目。

该研究综合的主题来自教育学中关于教学的文献。它总结了一些随机或非随机（班级全体）分配的实验研究结果，这些研究在实际教室中进行。还包括几项运用统计模型（多元回归、路径分析、结构方程模型）和大数据的研究，许多研究简单地将学生在家庭作业上花费的时间与学习成绩进行相关分析。

1.7.3 对强奸态度的个体差异（Anderson，Cooper & Okamura，1997）

强奸是一个严重的社会问题。每天都有许多女性在未经本人同意的情况下被男性强迫发生性行为。该研究综合考察了人口统计学特征、认知、经验、情感以及人格与对强奸态度的相关性。我们找到关于男性和女性态度的研究。与对强奸的态度相关的人口统计学变量包括年龄、种族和社会经济地位。经验相关因素包括之前的经历、认识受害者以及暴力色情的使用情况。人格相关因素包括对权力的渴望和自尊心的强弱。总结这些对强奸态度的研究有什么价值？文章希望他们的研究综合可以帮助确认哪些人能够从强奸预防和干预措施中获益最大，从而改进完善预防方案。

这些研究来自应用社会心理学，并且在本质上具有相关性。它整合了态度或信念（关于强奸）测量与个体差异测量相联系的研究。

1.7.4 有氧运动和神经认知表现（Smith et al.，2010）

体育锻炼能否提高我们关注和记忆事物的能力？如果是这样，便可以使用运动来干预注意力、执行功能（管理或调节认知任务的能力）和记忆。这可以为医生提供预防因年龄和痴呆引起的认知障碍，甚至延长寿命的方法。虽然已经有许多研究对运动是否能改善神经认知表现进行了检验，我们却发现过去的相关文献综述并没有就这一作用的大小达成共识。之前的研究综合也没有细究造成不同研究结果的可能因素。因此，作者进行了一项元分析研究，旨在探究：(1) 有氧运动干预对认知能力的影响，如注意力、处理速度和执行功能、工作记忆和记忆；(2) 运动干预的特征（如组成部分、持续时间和强度）如何影响其作用结果；(3) 个体差异（如年龄、认知功能的原始水平）可能对运动效果的影响。文章仅包括那些使用时间控制运动变量，并且对参与者进行随机分配的研究。

本研究综合基于对健康干预的研究。它们都是实验研究，且都是随机分配实验对象。

练习题

阅读本书的最佳方式是，尝试应用接下来章节中所概述的指南，在你感兴趣的领域计划并进行一项研究综合。如果不可行，至少应该尝试回答每章结尾中给出的练习题。通常情况下，通过在班级成员之间进行工作分工可以进一步简化这些练习。

第 2 章

第 1 步：形成问题

张淑华　张春尧　徐艳君[*] 译

在研究综合中，什么样的证据与我们感兴趣的问题或假设相关？

在研究综合中的主要作用

- 界定变量及变量间的关系，以便从中区分相关研究及无关研究。

程序上的变化可能导致结论上的差异

- 概念广度的变化和定义的区别可能导致研究操作的差异，通常被视为相关或者调节作用来进行检验。

研究综合中形成问题时需要注意的问题

- 主要变量是否有明确的概念定义？
- 主要变量的测量方式是否反映了其概念定义？
- 研究问题本身是否清晰界定了解决问题所需的研究设计和证据？
- 研究问题所处的理论背景、历史背景和实践背景是否有意义？

本章要点

- 研究综合中概念与操作之间的关系。
- 一手研究与研究综合问题的相关性。
- 研究设计与研究综合问题之间的对应关系。
- 研究衍生的证据和综合衍生的证据之间的区别。
- 处理研究综合中的主效应和交互效应。
- 确定一种新研究综合的价值的方法。
- 之前的研究综合在新的研究综合中的作用。

所有实证研究的出发点都是对焦点问题的仔细思考。研究问题的最基本形式包括对两个变量的定义以及研究变量间关系的理论基础。理论基础是对变量间特定关系的理论预测，这种特定关系包括因果关系、简单的正向或负向相关关系。例如，自我决定理论（Deci & Ryan，2013）预测，让人们选择完成什么样的任务或如何完成任务，将对完成任务并坚持下去的内在动机产生积极的影响。因此，对选择进行操纵，然后衡量内在动机，将有助于进一步验证理论

* 张淑华，博士后，沈阳师范大学人力资源开发与管理研究所所长、博士生导师，电子邮件：zhangshuhua2000@126.com；张春尧，沈阳师范大学教育科学学院硕士研究生，电子邮件：768756092@qq.com；徐艳君，沈阳师范大学教育科学学院硕士研究生，电子邮件：357588907@qq.com。

的正确性。也有不同的理由，一些实践经验表明任何关系可能都很重要。例如，我们发现个体差异与对强奸的态度是相关的，即使没有理论指导来说明二者之间的明确关系，也可以从不同类型的预防干预中鉴别出受益最多的那部分人群，对改进预防强奸的计划提供建议。理论基础都可用于进行一手研究或研究综合。

一手研究的问题选择受到个人兴趣和周围社会条件的影响，这同样适用于个体在研究综合中的主题选择。但有一个重要的区别是，当你做一手研究时，主题选择只受你的想象力的限制。当你进行研究综合时，必须研究已经出现在文献中的主题。事实上，一个主题可能不适合研究综合，除非它已经在一个或多个学科内引起足够的关注，已激发足够的研究，值得把所有学科结合起来。

事实上，研究综合只与那些已经取得了研究成果的问题有关，但这并不意味着研究综合不如原始数据收集有创造性。相反，在研究综合中，你的创造力将以不同的方式表现出来。当你提出一个总体方案来帮助理解许多相关但不相同的研究时，创造力就在研究综合中得到了应用。不同研究方法造成的差异总是远远大于单个研究中程序的差异。两种不同的情境选择和内在动机的研究中所允许的选择类型是不同的，一些涉及任务之间的选择（例如，字母顺序与数字游戏），一些涉及执行任务时环境的选择（例如，刺激的颜色，使用钢笔或铅笔）。

作为一名研究综合者，你可能很难对这些差异进行有意义的分组，以确定它们是否会影响选择和动机之间的关系（是否选择操作分组，取决于它们与任务相关还是与任务无关而导致重要发现）。有些理论可能会提出有意义的分组，但这取决于这些理论预测的是什么（自我决定理论关注任务相关性如何影响动机的选择能力）。能否定义有意义的研究分组并证明其使用的合理性取决于你。在不同的研究中发现不同结果变量的能力，以及对这些关系做出解释的能力，是研究综合过程中富有创造性和挑战性的地方。

2.1　社会科学研究中变量的定义

2.1.1　一手研究和研究综合中概念和操作的相似性

任何社会科学研究中涉及的变量都必须以两种方式定义。首先，必须给出变量的概念定义。概念定义描述了变量的质量，这些质量独立于时间和空间，但可以用来区分与概念相关或无关的可观察到的事件。例如，对“成绩”一词的概念定义可以是“一个人在学术领域的知识水平”。“神经认知功能”一词可以从概念上定义为“与大脑特定区域相关的心理过程”。“家庭作业”一词可以从概念上定义为“老师布置的在非上学时间完成的任务”。

概念定义的广度不同，它所涉及事件的数量也不同。因此，如果“成绩”被定义为“通过努力或费尽心力获得的东西”，那么这个概念就比上一段中仅与学术有关的定义要宽泛得多。第二个定义将“成绩”认为是在社会、物理和政治领域以及学术领域所作努力的成果。当概念更宽泛时，我们可以说它们更抽象了。

一手研究者和研究综合者都必须为他们的问题变量选择一个概念定义及其广度。两者都必须考虑这个事件能否代表所感兴趣的变量。虽然有时并不明显，但即使是非常具体的变量，如家庭作业，也需要概念定义。所以，你要问自己的第一个问题是如何确定研究综合的问题：

主要变量是否有明确的概念定义？

为了将概念与可观察到的事件联系起来，还必须在可操作层面上定义变量。操作定义是对可观察特征的描述，这些特征决定事件是否可以代表概念变量。换句话说，当对概念的观察和测量过程能够公开和明确地描述时，概念就在操作层面上得到了定义。例如，“内在动机”这个概念的操作定义可以是“一个人在空闲时间花在一项任务上的时间量”。同样，一手研究者和研究综合者都必须明确给出概念的操作定义。

2.1.2　一手研究和研究综合中概念和操作的差异

在这两种类型的研究中，可以找到变量定义方式的差异。一手研究者别无选择，只能在开始研究之前对概念进行操作层面上的界定。在研究中的变量被赋予现实经验之前，是不能开始收集数据的。研究者必须定义如何对选择进行操纵或测量，然后才能运用于他们的第一个被试。

研究综合者不需要那么精确的操作，至少在开始的时候不需要。对他们来说，只要有一个概念定义和一些与之相关的已知操作就可以开始文献检索。然后，随着研究综合者对研究文献熟悉程度的提高，再补充相关的操作。例如，你可能对旨在增加成年人体育运动的干预措施感兴趣。一旦开始文献检索，你可能会发现存在一些并不知道的干预类型。你可能想过健身课程，但后来在文献中发现了一些干预措施，包括自我监控（写运动日记）、社会建模（观察他人锻炼）和提供健康风险评估。每种方法都可以在不直接控制的情况下产生鼓励锻炼的效果。你可能还会发现一些干预措施，包括举重和其他增强力量的运动，但不涉及有氧运动（如散步、慢跑、骑自行车）。作为一名研究综合者，你有比较卓越的能力来评估不同操作的概念相关性，就像你在文献中发现的那样。你甚至可以根据概念包含的潜在相关的操作定义来更改概念定义，这些操作定义可能在你开始时并没有出现。如果你正在研究神经认知功能，那么体重训练是你感兴趣的一种干预手段吗？或者你的概念定义更适合称为“有氧运动干预手段”，从而排除了体重训练？初级研究人员没有这样卓越的能力，至少在他们的研究开始后没有进行较多的更换。

当然，一些先验的操作规范是必要的，你需要从概念定义开始进行研究综合，并至少在头脑中进行一些经验的组织。然而，在文献检索过程中，存在一些你不知道但是与你正在研究的构念相关的操作这种情况并不罕见。总之，初级研究者在开始收集数据之前必须明确地知道哪些操作定义是有意义的（即那些将是在他们的研究中测量或操纵的变量）。研究综合者可能会在研究过程中发现与相关领域相适应的出乎意料的操作。

这两种研究的另一个区别是，一手研究通常只涉及同一构念的一个或几个操作定义。在开始收集数据之前，研究者必须掌握一套特定的练习方案或学习成绩的衡量标准。相反，研究综合通常涉及对每个感兴趣的变量的许多现实经验。虽然在任何一项研究中没有两名完全相同的被试[①]，但与独立研究中对待被试的方式和测量结果的差异所带来的差异相比，这种差异通常会很小。例如，一项关于选择和动机的研究可能会让被试选择做字谜游戏或数独游戏。

然而，研究综合者查看了所有已进行的研究，可能会发现它们常常使用字谜、纵横字谜、数独、单词查找、密码、电子游戏等进行操作。此外，研究综合者可能还会发现，进行研究的地点（不同的地理区域、实验室、教室或工作地点）和抽样人群（大学生、儿童或雇员）差异很大。研究综合中的多重操作带来了一组需要仔细检查的独特问题。

2.2 研究综合中的多重操作

研究综合者必须意识到，你们在文献中遇到的各种操作，可能会出现两种潜在的不一致。首先，你可以用头脑中广泛的概念定义来检索文献。你可能会发现，以前的相关研究使用的操作范围比你的概念所暗示的范围要窄。例如，对强奸态度的研究综合可以从强奸的广泛定义开始，即任何不想要的性关系，包括女性强迫男性发生的性行为。然而，文献检索可能会显示过去的研究只涉及男性强奸犯罪者。当出现这种情况时，你必须缩小研究综合中的基础概念，使其更符合现有的操作。否则，其结论似乎比数据所保证的更为泛泛而论。

从狭窄的概念开始研究，随后的结果呈现的操作定义表明应该扩展所感兴趣的概念，这也是研究综合者需要面对的问题。我们关于成绩定义的例子说明了这个问题。你以家庭作业和成绩的研究开始检索，期望将成绩定义为仅仅与学术材料有关。然而，在细读文献时，你可能在音乐课和工业艺术课上也见到了家庭作业的研究。这些研究符合家庭作业的定义（即老师布置的在非上学时间完成的任务），但结果变量可能不符合成绩的定义，因为没有对语言能力或可定量的能力进行测量。这些研究应该包括在内吗？可以包括在内，但是你必须清楚对成绩的概念定义已经扩展到非学术领域。

在进行研究综合时，随着文献检索的展开，重新评估所感兴趣的概念定义的广度与最初研究者所使用的定义之间的对应关系非常重要。因此，当你评估研究综合问题的明确程度时，要询问自己的下一个问题是：

主要变量的测量方式是否准确反映了其概念定义？

① 这里，我在更广泛的意义上使用被试这个术语：被试可能是一个人或动物，或者一组这样的人或动物。为了便于说明，我将继续使用被试这个术语来代替正在研究的术语。

要确保纳入你研究的决定不会扩大概念定义的范围，或者文献中缺少的操作不会缩小概念定义的范围。在一手研究中，不接受在研究过程中对问题重新定义。在研究综合中，可以灵活一点，实际上这样也是有益的。

2.2.1 多重操作性和从概念到操作的对应关系

Webb，Campbell，Schwartz，Sechrest & Grove（2000）提出了强有力的论据来支持使用多重操作来定义相同底层结构的价值。他们将“多重操作性”一词定义为使用多种测量方法来测量同一个概念定义，“但是无关成分具有不同模式”（p. 3），对构念进行多重操作会产生积极的后果，因为：

> 一旦一个命题被两个或两个以上独立的测量过程证实，其解释的不确定性就会大大降低……如果一个命题能够经受住一系列不完善的测量方法的冲击，包括方法中所有不相关的错误，就应该对这个命题抱有信心。当然，这种信心也是可以通过减少每一种仪器的误差和合理地相信误差来源的影响而增加的。（pp. 3－4）

韦伯（Webb）和他的同事们认为，像研究综合一样，多重操作有可能增强推论的有效性，但此时它们的分离条件也不容忽视。如果你的研究综合包含的操作与所测量的构念有一定程度的相关，那么多重操作可以增强概念到操作的对应关系（Eid & Diener，2006）。这种推理类似于经典测量理论中的推理。多项目测试中的单个项目（如成绩测验中的项目）的相关性很小，但是如果存在足够数量的最低有效项目，那么被试的“真实”成绩分数就可以构成一个可靠的成绩指标。同样，如果研究综合的操作与基本概念不相符，或者操作与预期的概念有较大的不同，则研究综合的结论无效。无论包含多少操作，这都是正确的。

例如，当我们考虑结果变量时，很容易看到多重操作的价值。我们相信，当检索到包括教师构建的单元测试、课堂成绩和标准化成绩测试在内的成绩测量方法时，家庭作业会影响“成绩”的概念定义的广度，即使忽视对成绩的测量，家庭作业与成绩的关系也是同一方向的。如果只把课堂成绩作为结果变量，我们对这种关系的存在就不那么有信心了。如果只使用课堂成绩，老师可能会在课堂成绩中包含家庭作业的成绩，这就解释了两者之间的关系。而如果以单元测试或标准化成绩测试作为测量标准，那么家庭作业可能不会产生影响。这些测试的误差来源不同，但是单元测试与家庭作业的内容高度一致，而标准化成绩测试通常不是。

因此，当多重操作的结果相同时，它们表明操作集中于相同的成分上，我们对结论的信心也会增强。如果不同的操作结果不同，那么不同操作之间的差异可能会导致我们的结论具有一定的局限性。例如，如果我们发现家庭作业影响单元测试，但不影响标准化成绩测试，我们可能会推论只有当家庭作业的内容和成绩的测量高度一致时，家庭作业才会影响成绩。

自变量（在实验中为检验理论而进行的操作）或干预变量（在应用环境中进行的治疗）的多重操作价值也可以增加我们对结论的信心。例如，如果运动干预的实验研究都使用相同的运动时间和强度，我们就不知道运动量的不同是否会产生不同的效果。是否存在一个阈值，低于这个阈值，运动就没有效果？而过多的运动是否会导致疲劳，从而影响认知功能？

总之，研究文献中存在的各种操作表明，如果结果允许你排除不相关的影响来源，则允许进行更有力的推断，这可能带来好处。如果操作之间的结果不一致，则可以通过它推测操作之间的重要差异。

与概念无关的操作的使用 有时文献检索可以发现一些不在你要研究的概念框架中的研究，但这些研究的测量和控制操作又与你感兴趣的概念相关。例如，在文献检索中出现了几个与“工作倦怠”类似的概念，如“职业压力”和“工作疲劳”。需要着重思考的问题是，与这些不同构念相关的操作是否与你的研究综合相关，即使它们已经被标记为不相关。当识别出与不同抽象构念相关联的操作时，应该考虑将它们包含在研究综合中。事实上，相同操作背后的不同概念和理论常常可以用来证明结果的可靠性。可能没有比让具有不同理论背景的研究者进行相关调查更好的方法来确保操作包含不同的错误模式了。

用新概念代替旧概念 有时你会发现社会科学家和行为科学家会引入新的概念（和理论）来解释旧的发现。例如，在一个经典的社会心理学实验中，“认知失调”的概念被用来解释为什么一个因为发表相反态度的观点而得到1美元报酬的人，要比一个因为同样的行为得到25美元报酬的人经历更大的态度转变（Festinger & Carlsmith，1959）。失调理论认为，因为少量的钱不足以证明支持相反态度的观点是正确的，所以人们感到的不适只能通过态度的转变来减轻。然而，Bem（1967）通过提出一种自我知觉理论重新解释了这个实验的结果。简而言之，他推测，支持反对论证的参与者以与观察者相同的方式推断他们的观点：如果被试看到自己是为了1美元去表达一个观点，他们会认为因为他们的行为没有什么正当理由，所以必须对所讨论的态度感到积极（就像一个观察者所推断的那样）。

你会发现不管1美元/25美元的实验重复了多少次，都不能用结果来评估这两个理论中任何一个的正确性。对于同一组操作，你必须注意区分不同概念和理论预测的相同和不同结果。如果预测是不同的，累积的证据可以用来评估其中一个理论的正确性，或者每个理论均正确的不同情况。然而，如果理论做出相同的预测，就不能基于研究结果来比较判断了。

多重操作对研究综合结果的影响 多重操作不仅仅是引入对概念变量进行更微妙推断的可能性，它们也是面对同一主题而得出不同结论的最重要的方差来源。多重操作可以通过两种方式影响研究综合的结果：

1. 操作定义上的差异。同一主题的两个研究综合中使用的操作定义可能不同。对抽象概念使用相同标签的两个研究综合可以找到不同的操作定义。一个定义可能包含一些被另一个定义排除在外的操作，或者一个定义可能完全包含另一个定义。

2. 操作细节上的差异。多重操作也会影响结果，因为它们会导致研究综合者对文献中方法差异的关注发生变化。这一影响是由研究操作在文献检索后处理方式的差异造成的。在这一点上，研究综合者成为探寻“两个变量在不同条件下的关系不同的独特线索”的人（Cook et al.，1992，p. 22）。他们使用观察到的数据模式作为生成解释的线索，这些解释指定了在两个变量之间发现正、空或负关系的条件。

研究综合者的不同之处在于他们做了大量的检验工作。有些人非常注意研究操作，他们决定仔细识别检索到的研究之间的操作差别。其他研究综合者认为，方法或被试之间存在依赖关系是不太可能的，或者他们只是在确定这些关系时给予较少的关注。

2.3 定义感兴趣的关系

无论你是在做一手研究还是研究综合，除了定义概念外，还必须确定你感兴趣的变量之间的关系类型。变量的概念定义决定不同操作的相关性，关系的类型决定不同研究设计的相关性。为了确定不同研究设计的适当性，在研究综合中你有三个问题需要解决（参见 Cooper（2006）对这些问题更全面的讨论）：

1. 研究的结果应该用数字还是叙述的方式来表达？

2. 你正在研究的问题是对一个事件的描述、事件之间的关系描述，还是事件的因果解释？

3. 问题或假设是否试图理解一个过程如何随着时间的推移在被试个体中展开，或解释被试间、被试群体间的变化关系？

2.3.1 定量研究还是定性研究

关于这个问题，即“研究的结果应该用数字还是叙述的方式来表达？”很明显，对于我所关注的这类研究综合答案是“数字”。然而，这并不意味着叙事研究或定性研究在定量的研究综合中没有作用。例如，在关于家庭作业的研究综合中，可以用定性研究来帮助我们编制一个家庭作业可能产生的影响的列表，包括好的和坏的影响。事实上，即使是出现在报纸中的一些小文章也会被使用，比如对家庭作业的抱怨（“它给孩子们带来了太多的压力”）。

也可以通过定性研究来确定可能影响家庭作业的调节变量和中介变量。例如，检索关于家庭作业的文献时发现了一项调查和访谈研究（Younger & Warrington，1996），该研究表明，女孩对家庭作业的态度通常比男孩更积极，在家庭作业上花费的精力也更多，学生之间的个体差异可能会调节家庭作业和学习成绩之间的关系。Xu & Corno（1998）对6个家庭进行了个案研究，包括访谈和家庭录像，以考察父母如何构建家庭环境，帮助孩子应对干扰，从而使他们能够专注于家庭作业。这项研究清楚地说明了家长在完成家庭作业过程中作为中介的重要性。

当然，定性研究的结果也可以成为研究综合的关注重点，而不仅仅是定量研究综合的辅助。关于如何进行这种研究，有很多学者比我更熟练掌握定性研究。如果你对这类研究综合感兴趣，可以关注 Sandelowski & Barroso（2007）以及 Pope，Mays & Popay（2007），以详细研究定性研究综合的方法。

2.3.2　描述性关系、相关关系，还是因果关系

描述性研究　第二个问题是“你正在研究的问题是对一个事件的描述，事件之间关系的描述，还是事件的因果解释”？这样就将研究问题分为三类。首先，对一个研究问题普遍采取的形式是描述性的——“正在发生什么？”在这里，你可能对获得一些事件或其他现象的准确描述感兴趣。在一手研究中，这可能会引发你进行调查研究（Fowler，2014）。例如，对老年人体育活动频率的调查，你的结论可能是“X%的 Y 岁以上成年人经常进行体育活动”。在研究综合中，你会收集所有与这个特定问题有关的调查，或许还会对频率进行平均估计，以得到更精确的估计。或者你可以检验调查结果的调节变量和中介变量。例如，你可以使用调查中被试的平均年龄来验证体育活动会随着年龄增长而减少的假设：“在研究中，平均年龄为 Y 的被试比平均年龄为 Z 的被试显示出了更频繁的活动。”

在社会科学和行为科学的学术文献中，很少见到这种描述性的研究综合。然而，在大选前的几周，类似的程序会出现在晚间新闻节目中，届时新闻主播会报道选民对候选人的支持程度或民意测验投票的累积结果。

社会科学期刊上出现的研究综合，其描述性统计部分的问题在于，这些研究经常使用不同的尺度来衡量同一个变量。例如，很难统一干预研究中的活动水平，因为一些研究可能给被试一个计步器，通过记录步行里程来测量活动量，其他研究可能通过测量肺活量来测量活动量。测量花在家庭作业上的时间会相对容易一些，研究中对时间的衡量指标是一致的，或者说是很容易进行转换的（例如，从小时到分钟）。对学习成绩的测量可能会很困难，因为有时它以单元测试的形式来衡量，有时以年终成绩来衡量，有时以标准化成绩测试的分数来衡量。①

汇总描述性统计之后发现的另一个问题是，很难弄清楚结果的平均值指的是哪一部分被试群体。与选举前的民意调查不同，在学术期刊上发表文章的社会科学家经常使用的是方便取样。也许我们能够确定每一项研究的被试取自什么样的

---

① 把研究特征作为第三变量进行测试时，非标准测量的问题就会减少，因为研究中的双变量关系可以转化为标准化的效应估计值，从而控制不同的尺度（见第 6 章）。

群体（往往非常狭窄），但似乎不能确定这种混合的方便取样来自什么群体。

相关研究 描述性研究的第二类问题是“什么事件或现象会同时发生?”在这里，研究人员将更深一步，研究变量是否同时发生，或者是否相关。在我们的研究综合示例中同时出现了几个有趣的实例。我们对强奸态度的研究综合只关注态度与受访者其他特征之间的简单相关性，而关于家庭作业的研究综合还考察了学生报告的家庭作业时间与其学习成绩之间的简单相关性。

因果研究 第三类研究问题是寻求对事件的解释：“是什么事件导致了其他事件的发生?”在这种情况下研究者进行了一项研究，找出一个事件（原因）和另一个事件（结果）之间的直接联系。哪些证据可以证明因果关系的产生是一个复杂的问题，我将在第5章再次提及这个问题。在实践中，通常使用这三种类型的研究设计来帮助做出因果推断。我称第一种为建模研究。它在多变量框架中检验共现，比相关研究又向前迈进了一步（Kline，2011）。例如，家庭作业研究综合着眼于使用多元回归、路径分析或结构方程建模的方式来建立复杂模型，以此描述多变量的共现关系，其中一个是家庭作业和学习成绩。

发现因果关系的第二种方法叫作准实验研究。与建模方法不同的是，研究者（或其他外部因素）控制干预或事件的引入，但不能精确地控制谁可能接触到干预或事件（May，2012）。例如，在家庭作业的研究综合中，一些研究观察了一组孩子，这些孩子的老师选择是否给他们布置家庭作业，而不是让实验者随机地给他们分配班级。然后，研究人员可能会尝试将不同班级的孩子在先前存在差异的基础上进行匹配。

一种独特的准实验类型（通常称为预实验）包含前-后测试设计，在这种设计中，主要是比较干预前后的结果变量。在这里，被试自身可以作为一个控制变量。如果这些设计经常出现在研究文献中，那就要记住，尽管这样的设计在很大程度上把群体等同起来（毕竟来自相同群体），但研究的结果是可以从不同角度来解释的。与时间推移有关的解释包括被试的变化，无论是发生在干预引入过程中的变化（即使没有家庭作业，你是否也会希望孩子在一年甚至更长的时间里阅读能力得到提高?），还是发生在前测后测之间的时间段内的其他干预措施或一般的历史事件。

最后，在实验研究中，事件的引入和接触者都由研究人员（或其他外部因素）控制，然后随机分配任务（Christensen，2012）。这种方法能够使分配到每组中的被试之间先前存在的平均差异最小化，这样我们就可以更有信心地认为，被试之间的任何差异都是由被操纵的变量造成的。当然，要对因果关系做出强有力的推论，设计中还有许多其他我们必须注意的方面，但就我们目前的目的而言，关注这种实验研究的独特特征就足够了，其余的在第5章会有论述。

在关于选择和动机的研究综合例子中，所有纳入的研究都涉及对选择的实验操作和被试被随机分配到选择和非选择的条件。同时，对有氧运动的研究综合也被有目的地限制为只包括实验研究。

2.3.3 被试内还是被试间

最后，关于假设关系，你必须询问的第三个问题是："问题或假设是否试图理解一个过程如何随着时间的推移在被试个体中展开，或解释被试间、被试群体间的变化关系?"我介绍的所有设计都与后者有关，即参与者在兴趣特征上的差异。前一个问题——参与者内部的变化问题——最好使用个案或时间序列设计等多种形式来研究，在这种研究设计中，单个被试通常在相同的时间间隔内进行多次测试。与被试之间的差异一样，可以使用纯粹描述性的设计（简单时间序列）、随时间推移显示两个变量之间的关系的设计（伴随时间序列）或评估过程中干预的因果影响的设计（中断时间序列）来研究被试内流程。

时间序列的研究综合仍然是罕见的，方法仍然是相当新颖的，所以本书的其余部分集中介绍被试间的研究综合。我们所有的研究综合例子都涉及试图发现被试间的变化关系的研究。这使得询问研究问题是否涉及被试内流程或被试间差异变得同样重要，通过了解答案决定什么样的研究设计和综合方法也适合回答这个问题。如果你对被试内流程感兴趣，可以参考 Shadish & Rindskopf (2007) 来讨论单个案例研究的综合。

2.3.4 简单关系和复杂关系

大多数研究综合者的研究始于提出一个简单的双变量关系问题：选择是否影响动机？做家庭作业能提高学习成绩吗？对此类问题的解释很简单：双变量关系通常比复杂的关系更容易检验。也就是说，研究综合中两个变量中的每一个都只有一个操作，这如果不是闻所未闻，也是很少见的。例如，在选择的研究综合中收集四个不同的结果变量，这些变量与被试参与任务的动机有关（即是否在空闲时间参与任务、对任务的享受或喜欢程度、对任务的兴趣、再次参与任务的意愿），并检验了不同的测量方法是否显示出不同的结果。在有氧运动的研究综合中，我们测量了多个结果变量，然后将它们划分为四个更大的神经认知功能范畴进行分析：注意力、执行功能、工作记忆和记忆。

事实上，所有的研究综合例子都在检验双变量关系的潜在影响，几乎所有的研究综合都是如此，不仅包括由于如何定义变量而产生的第三个变量，还包括由于如何进行研究而产生的变量差异，比如设计差异（例如，与准实验相比的实验）和实施差异（例如，设置、时间）。

有信息表明，尽管在社会科学研究中对于三变量关系（即相互作用）的一些特定假设已经引起了足够的关注，但对于绝大多数的研究主题而言，最初都只涉及一个双变量问题。然而，最初进行的建立双变量关系的研究综合工作不应该减少你对发现相互作用或调节影响的关注。事实上，发现存在一种双变量关系常常被研究团体视为微不足道的贡献，然而，如果发现双变量关系被第三个变量调节，则就被视为向前迈进了一步，并会给予优先处理。即使交互作用是研究综合的焦点，也应该继续寻找高阶的交互作用。在第6章中讨论研究综合中如何解释主效应和交互效应时，我将更多地讨论变量之间的关系。

2.3.5 总结

综上所述，你除了要明确研究综合是否对感兴趣的变量提供了清晰的概念定义，以及包含与这些概念定义真正对应的操作之外，你还必须清楚：

研究问题本身是否清晰界定了解决问题所需的研究设计和证据？

图2-1总结了由于概念的定义、操作和相互关系的不同，研究综合之间可能产生的差异。在图的顶部，我们看到两个研究综合使用不同广度的概念定义。定义将影响与概念相关的操作数量。因此，把家庭作业定义为“在校外完成的学术工作”的研究综合将比把家庭作业定义为“由老师布置的在非学校时间完成的任务”的研究综合包含更多的操作。例如，教学辅导就符合前面那个定义。此外，无论概念定义的广度如何，研究综合者可能都会对某些操作是否相关有不同的看法。例如，一个研究综合者可能会把音乐和工业艺术的成绩作为衡量学习成绩的标准，而另一个研究综合者则可能不会。

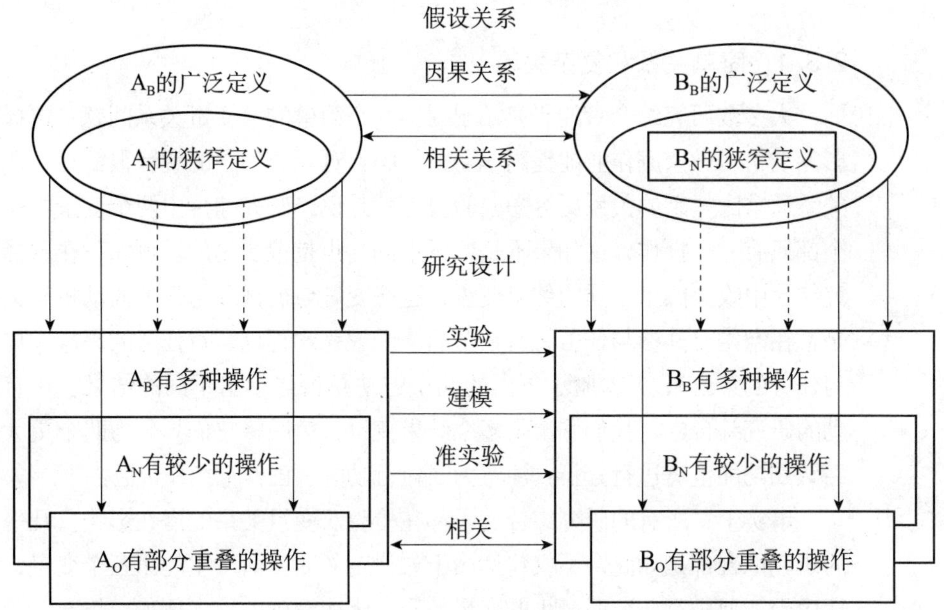

图2-1 由于概念定义、相关操作和变量关系不同，研究综合之间存在差异

此外，研究综合者可能在研究变量间的相关关系或因果关系上兴趣不同。这将影响已经被认为是相关的研究设计类型，以及如何解释使用不同设计的研究结果使其能够阐明兴趣关系。所以，提出“做家庭作业和学习成绩有关吗”问题的研究者会使用相关研究和实验研究两种方法，而提出“做家庭作业能提高学习成绩吗”问题的研究者可能会将他们的研究综合限定在只有随机分配条件的实验或准实验中。或者，如果包含相关研究，则需要谨慎地将其解释为不太适合回答这个问题（我们将在第5章回到这个问题）。

最后，重要的是要记住，研究综合中的一些变量可以相对狭义地定义，而另一些变量可以广义地定义。例如，在我们对强奸态度的研究综合中，强奸一词的定义就相对狭窄，即未经女性同意的男女性交。尽管如此，我们在文献检索中还是发现了17种不同的态度测量方法，不过只有5种方法被频繁使用（例如，对强奸规模的态度，对强奸的接受度）。另一方面，用来定义对强奸态度预测因素的概念“个体差异”是非常广泛的。我们确定了74个不同的个体差异变量，这些变量可以分成更广泛的组（但比“个体差异”更窄），包括人口统计学、认知、经验、情感和个性测试。如前所述，在进行研究综合时，许多创造性的挑战和回报在于确定这些分组，并理解它们与其他变量之间的不同关系。

2.4 判断研究的概念关联性

研究人员对变量的概念定义或与之相关的操作总是存在分歧。事实上，研究综合的许多争议围绕的都是根据研究的相关性，哪些研究被纳入，哪些研究被排除在外。了解这个研究领域的读者会说“嘿，为什么没有包括这项研究?”或者“这项研究是怎么来的?”例如，如果我们的研究综合包括那些学生在老师推荐下接受的辅导，即使可能已经满足了对家庭作业的广泛概念定义，许多学者也会反对。如果包括辅导研究，这些学者可能会建议将家庭作业定义为分配给全班学生的作业。他们认为家庭作业的定义需要更精确。

除了概念定义的广度或狭窄性之外，一些研究还考察了其他可能的情景因素，并检验这些因素是否与研究问题相关。例如，对研究与文献检索的相关性的判断似乎与研究者在该领域的开放意识和专业知识有关（Davidson，1977），决定是基于标题还是摘要有关（Cooper & Ribble，1989），甚至与检索者做出相关决策的时间有关（Cuadra & Katter，1967）。因此，在哪些研究应该被视为相关研究这个问题上，研究综合者对一个问题选择的概念定义和抽象程度是两个影响因素，但许多其他因素也影响研究的筛选。

你应该从最宽泛的概念定义开始文献检索。在确定操作的可接受性已包含在广义概念中时，你应尽可能保持对解释的开放性。在研究综合的后期阶段，特别是在数据评价期间，由于缺乏相关性，可以排除一些特定的操作。然而，在问题形成和文献检索阶段，关于研究相关性的决定应该适当包容一些，就像一手研究人员收集很多数据，有些数据在后期可能不会用于分析一样。在检索和列入研究之后，发现可用的部分被忽略了，必须进行新的检索，这才是非常令人沮丧的。最初广泛的概念检索还将帮助你更仔细地考虑概念的边界，从而在检索完成后得到更精确的定义。所以，如果因为使用了对家庭作业概念的广泛解释而对课外辅导的研究进行了检索（在非学校时间完成的学业任务），后来决定不包含这些研究可能导致一个细化的定义（教师分配给所有学生的任务）。

由多个人做出潜在相关性（有时称为初始筛选或预筛选）的初步决定也是一种很好的做法。在这里，你向检索人员提供变量的概念定义和相关操作的示例，并让他们检查通过文献检索搜索的文档。拥有多个检索人员的目的不仅是检测概念定义是否在检索人员之间达成一致，而且进一步为任何一个筛选者认为可能相关的研究做标记。通常，关于相关性的最初决定是基于有关研究的有限信息做出的，比如研究的摘要。在这种情况下，重要的是至少让两名筛选者来评判每项研究，并重新审视，即使只有一名筛选者认为这样做可能是相关的。

表 2-1 提供了一个筛选表的示例，研究者可以使用它来报告文档是否与搜索相关的最初决策。最关键的代码是第 7 个，它根据筛选器对文档所包含内容的判断将每个文档分成四类。注意，除了类别识别文档可能包含数据的相关搜索，初步筛选的问题包括一个类别的文档，该文档可能不包括元分析的数据，但可能提供其他重要信息或见解，可能用于研究综合的介绍或结果讨论。例如，如果一篇文章不包含经验证据，但包含关于干预对成年人活动可能产生的影响的建议，则应将其归类为背景文献。

表 2-1　初始筛选编码指南

相关的初始筛选	
1. 报告的编号	___ ___ ___
2. 筛选者的名字	________
3. 筛选的日期	___/___/___
4. 第一作者的姓名	________
5. 文献出现的年份	________
6. 文献的类型 a. 期刊文章 b. 书籍或其章节 c. 博士论文 d. 硕士论文 e. 个人报告 f. 政府报告 g. 会议论文 h. 其他（具体说明）________ i. 无法判断	________
7. 文献中包含的是哪类信息 a. 背景信息 b. 实证 c. 背景和实证 d. 这篇文献是不相关的	________
8. 如果做实验，应该使用什么类型的实验证据 1＝描述 2＝相关或实验 3＝描述、相关或实验 4＝其他（具体说明）	________

9. 如果是背景文献，这篇文献应该包含什么样的背景信息 （“1”表示应用的项目，“0”表示未应用的项目） a. 对程序变化的描述 b. 程序实施的问题 c. 争议或反对意见 d. 先前研究的综述 e. 其他（具体说明）________	 ________ ________ ________ ________ ________

表2-1上的部分信息与文献及其撰写人员的特征有关。这些信息通常可以在大多数计算机化文献数据库的文献记录中找到，因此筛选人员没有必要检查完整的文献。其中一些代码用来决定是否可以把一项研究包括在内。例如，如果决定只将研究综合限于某一日期之后发表的研究报告，则可以使用报告年度这个指标。当文献检索需要筛选大量文献时（搜索ERIC数据库，查找“家庭作业”一词，会发现自1996年以来有2 700多份文献），将在这个级别进行初步筛选。当然，初始筛选中的问题可能会根据它们与特定搜索的相关性而改变。

2.5　研究衍生的证据和综合衍生的证据

我曾指出，大多数的研究综合关注的是主效应问题，但也会根据研究开展方式不同造成的差异来对调节效应进行检验。因此，本质上这些调节效应分析是为了检验交互效应。也就是说，它们关注的是主效应关系是否因第三个变量的级别或类别而有所不同，在本例中，这是研究的一个特征。我们要考虑研究综合中包含的证据类型之间的一个重要区别。

研究综合中包含的关系，有两个不同的证据来源。第一种类型称为研究衍生的证据，当单个研究包含直接测试所考虑的关系的结果时，研究衍生的证据就出现了。研究综合还包含一些证据，这些证据并非来自个体研究，而是来自不同研究过程的差异。这种类型的证据称为综合衍生的证据，当使用不同的程序检验相同假设的研究结果时，就会出现这种证据。

研究衍生的证据和综合衍生的证据之间有一个关键的区别：只有基于实验研究的衍生证据才允许研究综合者陈述因果关系。举个例子就能说明这一点。关于选择和动机的研究，假设我们感兴趣的是被试所能选择的选项数量是否会影响动机。假设有16项研究发现，通过随机分配被试到不同的实验条件下可以直接评估选项数量的影响。其中一项研究参与者只在两个选项中进行选择，而另一项研究有两个以上的选项可供选择。这些研究的累积结果可以解释支持或不支持选项数量导致动机增加或减少的观点。现在，假设我们发现了8项研究，这些研究比较了有两种选择条件和没有选择的对照组，还有8项研究比较了多选择条件（超过两种）和没有选择的对照组。如果这个综合衍生的证据显示，当给出更多（或更少）的选项时选择对动机的影响更大，那么我们可以推断出选项数量与动机之间的相关关系，但不是因果关系。

为什么会这样呢？因果关系的方向不是综合衍生证据的问题。如果认为是被试表现出的积极性导致了体验者对选项数量的决定，那将是愚蠢的。然而，造成这种关系的另一个因素仍然存在，那就是可能导致这种关系的第三个变量缺失。许多第三个变量可能与最初的实验者给参与者多少选择的决定相混淆。例如，多选项研究的被试更有可能是成年人，而双选项研究的被试更有可能是儿童。年龄可能是真正的原因（孩子会因为有了选择而兴奋不已，而成年人却无动于衷）吗？

综合衍生的证据不能合理地排除一些变量，这些变量可能导致其他变量与我们所感兴趣的研究特征相混淆。因为研究综合中实验者的选项数量并没有随机分配。正是由于研究者具备随机分配被试的能力，才使得一手研究人员能够做出如下假设：在实验条件下，将第三个变量平等地表示出来。因此，一个研究综合，包括所有比较不同的选择-多选择条件和一个没有选择的对照组的研究，可以对选择本身的影响做出因果陈述，但不能对选择数量对选择效应值的影响做出因果陈述。在这里，只能称为相关关系。

2.5.1 总结

对于研究综合者来说，记住研究衍生的证据和综合衍生的证据之间的区别是很重要的。只有来自一手研究中的实验操作的证据才能支持因果关系的推断。综合衍生的证据在推断因果关系中强度较低，但这并不意味着该证据应该被忽略。使用综合衍生的证据可以让你检验从未被一手研究者检查过的关系。例如，以前可能没有一手研究检验不同长度的家庭作业与学习成绩之间的关系是否不同，或者不同类型的有氧干预对随后的认知功能的影响是否不同。通过在不同的研究中寻找家庭作业长度或干预类型的变化，然后将其与家庭作业对学习成绩的影响或干预对记忆合成的影响联系起来，研究者就可以找到这些潜在的关键调节变量的第一个证据。尽管这一证据是模棱两可的，但它对于研究综合来说贡献重大，并且也是未来一手研究的潜在假设来源。

2.6 研究综合的价值争论

所有的研究综合应该放在一个理论、历史和实践的背景下。为什么对强奸的态度很重要？理论能否预测为什么特定的个体差异与对强奸的态度有关，或者特定的个体差异如何影响对强奸的态度？不同的理论是否有相互矛盾的预测？为什么老年人需要有氧运动？活动干预的想法从何而来？干预成分是基于理论还是实践经验？关于锻炼计划的效用是否存在争议？

将研究综合的问题置于背景中不仅能解释为什么一个主题很重要，为该问题提供背景信息，也能为搜索总体结果的调节作用提供理论基础。识别变量是很重要的事情，可以检验它们对结果的影响。例如，自我决定理论认为，有选择会提高参与任务的内在动机，但提供奖励会削弱未来的任务动机。这表明，在对选择的研究中，提供奖励与没有奖励可能产生不同的结果。因此，奖励应该作为整体关系的潜在调节因素来考察。

此外，许多社会干预措施声称会影响不止一个结果变量，比如布置家庭作业。家庭作业的支持者提供了一份声称有积极效果的清单，包括学习成绩（例如，学习技能的提高）和非学习成绩（例如，更好的时间管理水平）。同样，家庭作业的反对者也列出了可能产生的负面影响（例如，花更少的时间从事其他提高生活技能的活动）。重要的是研究综合人员要检查干预的效果，提供一个可能的干预效果列表，包括积极和消极的干预效果，这已经被作为结果提出。这些影响可能是由理论家、研究人员、实践者和专家提供的。

同样，定量研究和定性研究都可以将研究问题置于有意义的背景信息中。对相关事件的叙述或定性描述可以发现当前问题的显著特征。这些都可以成为研究综合者询问定量证据的重要来源。定量调查还可以在更广泛的实例中回答特定的问题。除了确定问题的重要性，调查还可以回答诸如“成年人有氧运动干预项目的可用性如何?”以及“这些干预项目参与者的特点是什么?”之类的问题。

2.6.1　如果一个研究综合已经存在，为什么还需要一个新的

有时，研究综合的价值是很容易确定的：过去已经进行了大量研究，但还没有积累、总结和综合。如果一个话题有很长的研究历史，那么对它进行总结的尝试已经存在就不足为奇了。显然，在进行新的研究综合之前，研究者必须仔细审查前期的工作。综合过去的研究可以帮助确定新研究综合的必要性。这一评估过程与开展新研究之前的一手研究非常相似。

你可以在过去的研究综合中寻找一些东西来帮助你进行新的工作。首先，可以使用以前的综合资料以及其他背景文献，来确定该领域其他学者的立场。特别是过去的综合分析，可以用来确定关于证据的内容是否存在相互矛盾的结论以及导致矛盾的可能原因。

其次，检查过去的研究综合可以评估早期工作的完整性和有效性。例如，关于有氧运动干预的研究综合发现，过去的研究有一篇综述和四篇元分析。然而，这些过去的研究在干预对神经认知功能的改善程度上存在分歧。

在确定你希望检验的交互变量时，过去的研究综合也可以提供重要的帮助。以前的研究综合者（主要研究人员有定量研究人员和定性研究人员两类）无疑会根据自己的研究和对文献的阅读提出许多建议，而不是重新编译潜在的调节变量。如果对一个领域进行了一个以上的综合，新的研究将能够纳入所有建议。

最后，可以从过去的研究综合中收集相关的参考文献。大多数研究综合都会有相当冗长的参考文献。如果存在多个研究综合，它们的引用会有所重叠，但并不完全重叠。与下一章描述的其他技术一起，过去研究综合中引用的研究

为你开始文献检索提供了一个绝佳的起点。

2.6.2 语境对综合结果的影响

一个问题在其理论或实践环境中的放置方式会影响研究综合的结果，从而导致在确定相关文献之后研究操作的处理方式的差异。研究综合者对文献中理论和实践区别的关注程度各不相同。因此，如果一个研究综合检查了关于研究中理论和实践差异的信息，以发现其他研究综合没有检查的调节关系，那么使用相同的概念定义和相同的研究集进行的两个研究综合仍然可以得出明显不同的结论。例如，一个研究综合可能发现家庭作业对学生成绩的影响与学生的年级水平有关，而另一个研究综合从来没有解决这个问题。因此，为了评估问题的重要性是否已经确定，以及研究结果的重要调节因素列表，你的研究综合的下一个问题是：

研究问题所处的理论背景、历史背景和实践背景是否有意义？

练习题

1. 找出两个具有相同或相似假设的研究综合。找到每个示例中使用的概念定义。如果定义不同，请描述它们有何不同。哪个研究综合使用了更广泛的概念定义？

2. 列出被描述为纳入标准和排除标准的两项研究综合的操作特征。它们有什么不同呢？

3. 列出每项研究综合中被认为相关的研究。是否有研究包含在一种综合而不包含在另一种综合中？如果是，为什么会发生这种情况？

4. 变量之间存在何种类型的关系？研究综合包括哪些类型的研究设计？假定的关系和覆盖的设计是否相对应？为什么？

5. 两种研究综合给出了什么理论依据？它们有何区别？

第3章

第2步：检索文献

谢宝国　胡　伟[*]译

检索相关文献应该遵循哪些程序？

在研究综合中的主要作用

- 识别相关文献的来源（例如，文献数据库、期刊）。
- 识别用于在文献数据库中检索相关文献的术语。

程序上的变化可能导致结论上的差异

- 检索源的变化可能导致获取文献的系统差异。

研究综合中检索文献时需要注意的问题

- 在检索查询文献数据库和前瞻性研究注册时，是否采用了适当且详尽的关键词？
- 是否为搜寻相关研究制定了补充策略？

本章要点

- 文献检索的目的。
- 定位与主题相关研究的方法。
- 研究者对研究者渠道、有质量控制的渠道和辅助渠道。
- 研究文献如何进入不同渠道。
- 检索者如何访问不同渠道。
- 来自不同渠道的信息可能存在的偏差。
- 文献检索中遇到的问题。

在一手社会科学研究中，参与者通过被试库、广告、互联网、学校等方式被招募到研究中来。在研究综合中，通过检索已有相关研究报告来发现感兴趣的研究。无论是收集新数据还是综合之前的研究结果，寻找相关数据源时社会科学家需要做的是界定目标总体，因为目标总体将成为研究的参照物（Fowler，2004）。在一手研究中，目标总体包括研究者希望研究代表的个体或团队。而在研究综合中，目标总体包括那些假设检验或解决问题的所有研究。

在一手研究中，样本框包括研究者实际能够接触的个体或团队。在研究综合中，样本框包括可获得的研究报告。在大多数情况下，研究者无法获取目标

* 谢宝国，武汉理工大学管理学院副教授、博士生导师，电子邮件：xiebaoguo@foxmail.com；胡伟，武汉理工大学管理学院博士研究生，电子邮件：cocoolm@whut.edu.cn。基金项目：国家社会科学基金项目（15BGL151）。

总体的所有要素。这样做会产生很高的成本，因为有些人或文档难以被发现，有些人拒绝合作。

3.1 社会科学研究中的人口差异

一手研究和研究综合都涉及指定目标总体和抽样框的问题。此外，这两种类型的研究都要求研究人员充分考虑目标总体和抽样框之间可能存在的差异。如果抽样框中的要素与目标总体之间存在系统差异，那么任何关于目标总体的论断的可信度都将降低。由于更换调查目标比寻找难以找到的人或研究更容易，因此一手研究者和研究综合者都可能发现，当调查接近完成时，他们需要重新指定目标总体。

社会科学和行为科学研究的目标总体无论是个体还是群体，都可以被粗略地描述为"所有人"。当然，大多数研究描述的元素都不那么具体。比如，一项关于家庭作业研究中的"所有学生"，或者一项关于运动干预效果研究中的"所有50岁以上的成年人"。

在社会科学和行为科学研究中，相对于目标总体，抽样框通常会受到更多限制。例如，运动干预研究的参与者可能来自相同地理区域。大多数研究者意识到研究结果所要求参与者的多样性与他们实际上能接触到的参与者之间存在差距。因此，在讨论研究结果时研究者往往会讨论结果可推广性的局限。

正如我们在第1章中提到的，研究综合涉及两个目标。第一，研究综合者希望他们的成果能覆盖之前所有关于该问题的研究。研究综合者可以通过文献检索（即选择信息源），对这一目标的达到情况进行控制。如何做到这一点是本章讨论的重点。正如一手研究中不同抽样方法会抽取到不同样本（比如，电话调查和邮件调查会接触到不同人）一样，不同文献检索技术也会检索出不同研究样本。正如一些人相对于另一些人更难以被发现和抽取一样，有些研究相对于另一些研究也更难以被发现。

第二，除了想覆盖之前所有研究之外，研究综合者还希望他们的研究结果与目标人群（或其他分析单元）更加相关。比如，进行"家庭作业"的研究综合时，我们希望过去研究中涉及的学生不仅包括高中生，而且包括从幼儿园到12年级的学生。我们达成这一目标的能力会受到一手研究者抽取学生样本类型的限制。如果小学一年级和小学二年级学生没有包括在先前家庭作业的研究中，那么他们将不会在有关家庭作业的研究综合中体现出来。一手研究包括个人或群体样本，而研究综合者是检索一手研究。这一过程类似于聚类取样（cluster sampling），即根据人们参与的研究项目来对他们进行区分。

与一手研究不同的是，研究综合者通常不会从文献中提取有代表性的研究样本。一般来说，他们试图检索全部研究总体。检索到所有研究是一个难以实现的目标，但是其理所当然是我们期望实现的目标。

3.2　定位研究的方法

如何找到与主题相关的研究？如今，学者们使用不同的技术来共享研究信息。近年来，这些技术发生了巨大变化。过去 30 年里，学者们共享研究成果的方式发生的变化比之前三个世纪都要大（追溯到 17 世纪末学术期刊的首次出现）。这一变化的主要原因是电脑的使用和互联网的普及促进了人类交流。

3.2.1　研究从启动到发表，其命运将如何

如果在一开始做研究时就考虑可能出现的各种结果，那么搜索者对许多用于寻找研究的方法的描述将更具指导性。我和同事（Cooper，DeNeve & Charlton，1997）对 33 名研究者进行了一项调查，几年前这 33 名研究者向他们学校的机构审查委员提出了 159 项研究计划。我们向研究者询问了每一项研究从启动计划到出版的过程。图 3－1 是他们给出答案的总结。159 个研究中，有 4 个并未开始，有 4 个已经开始但是数据收集并未完成，还有 30 个研究尽管已经完成数据收集工作，但是未对数据进行分析。从研究综合的观点来说，研究者对这 38 个研究不感兴趣，是因为假设从未被验证过。然而，当一项研究的数据经过分析之后(在所实施研究中占比 76％)，研究结果就是研究者感兴趣的。因为它代表了对研究假设的检验。这项研究不仅包含有关研究假设为真或为假的信息，而且随后发

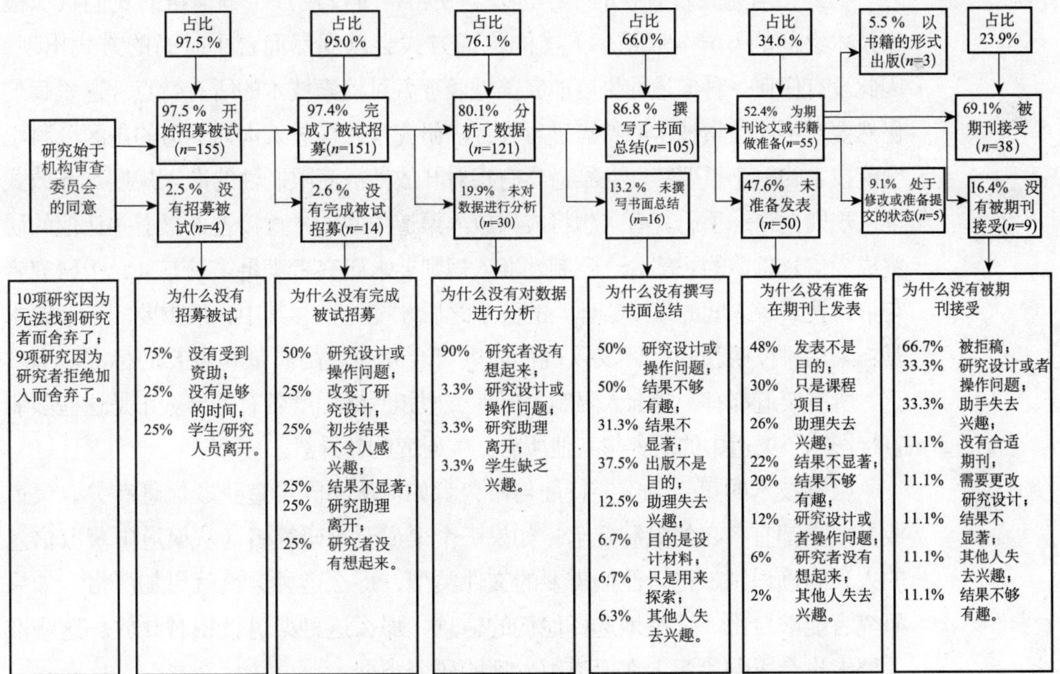

图 3－1　研究从机构审查委员会同意到发表的流程图

资料来源：Copper H，DeNeve K，Charlton K. Finding the missing science：the fate of studies submitted for review by a Human Subjects Committee. Psychological Methods，1997（2）：448－449. 2001 年美国心理学会版权所有。

生的事情会受到数据所揭示内容的影响。举个例子，图 3-1 表明，13%的研究虽然对数据进行了分析，但是没有撰写纸质报告。对此，这些研究者给出了自己的理由。其中一些理由看似与研究结果本身具有相关性，例如研究结果不够有趣或者统计上不显著。这就意味着类似的研究结果更难以被发现。我们从图 3-1 还可得知，大约仅有一半的研究其书面总结是在为期刊论文、书籍或其章节做准备。最终，75%～84%的成果得以出版。

正如图 3-1 所呈现的，在检验人们进行文献检索的不同技术时，我们要时刻注意文献检索中的困难、不同检索技术的价值、从数据分析到论文发表的过程中研究进程是否良好。比如，为准备随后的讨论，要清晰地知道已经进行了数据分析但从未成文的研究，仅可通过与研究者本人直接联系才可得到。出现在杂志上的研究更容易被发现，但有可能过度代表显著和新颖的研究发现。

3.2.2 文献检索渠道的差异

这部分将介绍一些文献检索的主要技术。我会通过比较检索结果评估运用每项技术发现的信息。我们通常使用“所有相关研究”或“所有相关研究的数据被分析”这样的语言显示目标总体。遗憾的是，目前只有少量使用不同检索技术所获得的科学信息存在差异的实证数据，因此许多比较是我个人的主观猜想。检索技术对结果的影响可能会因主题不同而有所不同，这使得问题愈加复杂。

另外，信息共享方式的不断涌现，使得很难仅用几个词语帮助我们认识检索技术之间的差异与联系。人类的沟通方式会以偶然而合于时尚的方式出现，因此没有任何一种描述性维度能完美地表征各种检索技术的所有特点。这里我们仍然要对不同检索技术的特点进行介绍。研究是怎样进入沟通渠道的是区分科学交流技术的一个重要特征，渠道具有相对开放性或者限制性的准入规则。开放式准入规则允许一手研究者（想将成果放入渠道中的人）直接进入渠道并让他的研究成为信息总体的一部分。限制性准入规则要求研究者满足第三方（介于研究者与信息搜索者之间的人或实体）的要求之后才能进入。其中，最重要的一个要求是：采用科技期刊同行评议以确保研究符合相关、高质量和重要的标准。事实上，所有渠道都有一些准入限制，但其类型和严格程度各有差异。正是这些限制直接影响了渠道中的研究与其他所有相关研究的差异。

检索技术的第二个重要特征与研究者如何从不同渠道获取信息有关。渠道或多或少都有各自的限制要求。如果一个渠道要求研究者（从渠道中获取信息的人）明确识别、确认他们需要的文件类型，那么这种渠道就更加严格。如果研究者能够自由、广泛地选择他们的信息，那么这种渠道就相对开放。这些准入要求也会影响检索者在渠道中发现的研究类型。

介绍完这些特征如何与具体检索方法相关后，你就会清楚地了解这些特征的重要性。为了更好地展开阐述，我将检索方法分为以下类别：研究者对研究者渠道、有质量控制的渠道和辅助渠道。

3.3 研究者对研究者渠道

研究者对研究者渠道的特点是研究人员尝试联系作者本人查找相关研究，而不是查找研究本身。通过人际接触或信息交换获取研究这种渠道没有正式的限制性要求。研究者的请求可以非常宽泛（例如："你做过或者留意过任何有关有氧运动的研究吗?"），也可以非常具体（例如："你做过或者留意过有关有氧运动会对老年人认知表现起到干预效果的研究吗?"）。多数情况下，没有第三方在研究者与研究者之间的信息交换中起中间作用。研究者对研究者渠道的沟通形式包括人际接触、大规模请求、传统隐形大学和电子隐形大学。这些沟通形式的区别在接下来的内容里会涉及，表3-1对此进行了归纳总结。

表3-1 研究者对研究者渠道

途径	研究如何进入渠道的限制	检索者如何进入渠道的限制	信息类型的限制
人际接触	检索者必须熟知研究者本人。	检索者必须知道如何联系到研究者本人。	在研究方法和结果上，所获取的研究可能比较同质。
大规模请求	检索者必须熟知研究者的身份（比如，相关组织的成员）。	基于研究者的身份，检索者必须有联系到研究者的途径。	如果请求是基于具有特定偏好组织的成员身份，那么在研究方法和结果上，所获取的研究可能比较同质。
传统隐形大学	研究必须得到知名学者的"批准"。	检索者必须知道谁是知名学者以及如何联系到他们。	在研究方法上，所获取的研究可能是同质的；在研究结果上，所获取的研究可能与知名学者完全一致。
电子隐形大学	研究人员必须订购发布清单或其他电子发布渠道（例如，脸书）。	检索者必须订购发布清单，或者向发布者发出请求。	如果清单是基于具有特定偏见的组织的成员发布的，那么在研究方法和结果上，所获取的研究可能是同质的。

3.3.1 人际接触

检索者接触到的第一手信息当然是他们自己的研究。在他人得知其研究结果前，研究者最先了解他们自己的研究结果。所以，我们通过分析自己的相关研究来开始搜索关于家庭作业对学习成绩的影响的其他研究。

虽然这一信息来源看似太过明显而无须提及，但它却是一个关键来源。研究综合者必须正确看待自己工作的价值。研究综合者进行的一手研究对他们从整体上解释研究文献有很大的影响（Cooper，1986）。通常，我们希望获取的所有研究都能得出与我们研究相同的结论。然而，一个研究可能在许多重要方面与其他研究存在显著差异，比如研究方式的不同可能会影响研究结果。研究者可能仅用一些测量工具或参与者的指导语而对不同研究的相同操作进行重复。例如，研究人员对家庭作业的研究可能只使用学生的班级成绩作为衡量标准。其他研究人员可能使用课本单元测试或标准化成绩测试作为衡量标准。此外，研究参与者可能来自相同机构和地理区域（例如，研究者总是使用附近学区的学生）。这使得参与者在某些维度（如社会经济地位）上具有同质性，从而与其他研究的参与者不一样。甚至，同一个实验室里的研究助理因为某些方式（比如训练）而比随机抽取的研究助理更加同质。

其他一对一的接触——即我们直接联系的人或因为了解我们的兴趣而与我们分享研究的人——会带我们走出自己的实验室。学生向教授分享自己的想法，并互相交流感兴趣的文章。通过接触有过合作或者见过面并交换过想法的同行，来获得他们所了解到的新研究。同事刚好在期刊或会议上看到一篇文章并且知道我们对这个话题感兴趣，他们可能会把它传递给我们。读者偶尔也会指出他们认为与主题相关但没有被研究报告引用的文献。这样的情况可能会发生在研究报告发表后，也有可能发生在文章评阅过程中。对我的有关家庭作业的研究进行评审的同行评议人经常会指出我的研究没有引用其他相关文章，并建议将之加入参考文献中。当进行有关家庭作业的综合研究时，我们会将这些文章加入相关研究列表中。

通过人际接触获取信息的局限 人际接触通常是一种受限的沟通途径。文献检索者必须单独联系一手研究者本人以获得相关信息。或者一手研究者知道文献检索者对他们所做的事情感兴趣，并愿意进行信息交换。因此，就像研究者本人的工作一样，通过人际接触（无论是朋友还是同事）发现的信息，通常会反映出检索者非正式社会系统的方法论和理论偏差，它很可能比“所有相关研究”的结果更加同质。这并不是说，人际接触很少会向文献检索者透露与他们预期不一致的发现。然而，与证实预期的研究相比，人际接触不太可能导致不一致。因此，在研究综合中，与朋友和同事的人际接触绝不能成为获取文献的唯一来源。完全依赖这些方法来收集相关研究的研究综合人员，就像只在朋友中取样的调查者一样。图3-1也表明，人际接触可能是获取数据已被分析但从未成文的研究的唯一途径。

3.3.2 大规模请求

向一群研究者发起大规模请求能获得较少偏见的信息样本。这类接触要求你首先识别出其成员有可能接触到相关研究报告的群体。然后，你获得群体成员名单并通过电子邮件等方式分别与他们联系，即使你并不认识他们。举个例子，为了做关于家庭作业的研究，我们联系了系主任、系副主任、77所高等教育机构的负责人，让他们向其职员传达我们的请求：希望能够分享他们所做的有关家庭作业的研究或实践。

向陌生群体写信求助时，你的邮件务必简短、礼貌且易懂，并且包含如下要素：

- 你是谁？

● 你正在研究什么？可以一般化但是不能太宽泛。例如，别说“关于动机的研究”而应该说“关于选择对动机影响的研究”。太宽泛的请求很难得到回应，而一个太过狭窄的请求会导致对方回答一些不相关的信息。

● 你为什么需要这类信息？（你正在检索文献并力求穷尽。）

● 你愿意高价有偿获得这些信息。

● 不管信息提供者是否已经有了相关报告，你愿意与他们共享你研究项目的最终报告。

● 预先表达最诚挚的谢意。

就个人经历来说，群发邮件的命中率通常较低，给予回复的人却有着极高的兴趣，并且能够提供尚未公开的材料。同时，你也可以利用这次机会向有共同兴趣的人介绍自己。其中一个间接益处是你能够建立一些新的专业联系。

大规模请求获取信息的局限 相较于人际接触，大规模请求借助邮件发送名单生成技术可以获得更加异质的研究样本。比如，很难看到接触系主任、系副主任和部门负责人的技术会产生严重偏差的研究样本（尽管我们不能准确知道是哪些系主任转发了我们的邮件）。关于图3-1，我猜测相对人际接触，不太可能通过大规模请求的方式获得数据已被分析但尚未成文的研究。在邮件群发中，检索者不太可能被请求的接收者知晓。

3.3.3 传统隐形大学

隐形大学是另一种比人际接触限制更少的直接沟通渠道。根据Crane（1969）的观点，隐形大学的形成是因为“研究类似问题的学者通常意识到彼此的存在，在某些情况下，他们试图通过相互交换研究成果来使联系系统化”（p. 335）。Crane（1969）通过社会计量分析发现，隐形大学的大多数成员并没有直接联系在一起，而是与一小群极具影响力的成员联系在一起。在群体沟通方面，传统隐形大学的结构就像齿轮一样：有影响力的研究人员处于中心位置，知名度较低的研究人员则处于边缘位置。交流路线主要在中心和边缘之间运行，边缘成员之间交流的频率相对较低。

传统隐形大学的结构特征依赖于这样一个事实：过去，学者之间的非正式信息传递是一对一的，主要通过邮件和电话。这两种媒介一次只能在两个人之间进行信息交换（尽管多个双向通信可能通过大量邮件同时进行）。此外，两个交流者必须熟知彼此。因此，有影响力的研究人员就像集线器一样，既限制输入（条目）又将信息的输出（访问）流向他们认识的研究人员。

如今，传统隐形大学依然存在，但研究人员之间交流的便捷性和快速性使它们的重要性有所降低。例如，在家庭作业的综合研究中，我们向21位学者发送了同样的电子邮件，因为数据库检索（在下一节中讨论）显示，在1987年至2003年年底期间，他们是两篇或两篇以上关于家庭作业学术成果的第一作者。在这21名研究人员中，大约有6名是我们已经认识并且非常活跃的家庭作业研究者。所以，你可能会说，通过寻找近年来发表过多篇论文的人来识别家庭作业研究人员，是一种发现可能处于家庭作业研究轮毂中心的人的策略。经常在某一领域发表论文的知名学者可能比刚开始从事研究的人员更容易被联系到。这些中心人员不仅可以向我们发送他们的研究成果，而且可以向我们提供他们知道的其他研究成果，并建议我们联系其他研究人员。

通过传统隐形大学获取信息的局限 在传统隐形大学传播信息的偏差方面，知名研究人员对传统隐形大学传播信息的影响起着非常关键的作用。仅仅通过联系知名学者来收集研究结果的人可能会发现，与从所有来源收集的研究结果相比，这些研究结果更一致地支持中心研究人员的观点。这是因为，新研究人员或边缘研究人员的研究结果如果与隐形大学中心人员的研究结果相冲突，就不太可能进入此渠道。即使进入了隐形大学，他们的研究成果也不太可能通过该渠道广泛传播。同时，未证实的研究发现会让已经活跃于隐形大学的研究人员离开该网络。此外，由于传统隐形大学的参与者将彼此作为参照群体，因此他们在研究中的操作和测量可能比所有对特定主题感兴趣的研究者更加同质。

3.3.4 电子隐形大学

如今，传统隐形大学依然存在，同时也存在另一种新型的隐形大学。这所新型的隐形大学是传统隐形大学与群发邮件的混合体，即电子隐形大学。随着互联网的发展，将对同一主题感兴趣的研究者聚集在一起的通讯枢纽的需求已经减少了。相反，互联网可以为这样的群体服务。互联网允许检索者同时向有着共同兴趣但彼此之间又不熟悉的群体发送同样的信息请求。

电子隐形大学是通过计算机化的清单管理程序运作的。这些程序通过邮件列表自动向群体成员发送电子邮件。所以，为了继续家庭作业的综合研究，我们识别出一个叫“全国测试主任协会”的组织。该组织由来自100多个学区的研究或评估主任组成。我们联系了人员名单的管理者，请他将我们的研究请求发送给所有成员。如果你刚好是与研究主题相关组织的成员，那么就可以直接向其他成员提出请求。

有时有些研究人员可能并不在组织管理的正式名单内，而是在非正式名单内。在其他情况下，由于互联网媒介允许志同道合的人进行信息共享，因此研究人员会越来越多地成为互联网媒介的成员。这些互联网媒介包括电子公告栏或讨论组、脸书、领英（LinkedIn）、ResearchGate以及成员可以进行讨论的电子邮件列表。这些互联网媒介中的任何一种都可以用来获取研究报告。

文献检索者如何知道有哪些电子隐形大学？找到电子隐形大学信息的最佳方法是在互联网上进行搜索，包括你感兴趣领域的关键词、讨论组、电子公告栏、电子邮件列表以及与你感兴趣主题相关的描述。也可以通过访问研究机构的网站找到成员名单。[1] 现在许多组织都支持一些特殊的兴趣团体，这些团体

① 另一个策略是启动与兴趣主题相关的分布列表。这种策略可能需要更长时间才能奏效，但一旦奏效，将会收获巨大回报。

把有共同兴趣的研究人员聚集在一起，进一步模糊了大众通信和隐形大学之间的界线。

通过电子隐形大学获取信息的局限　大多数订阅分发清单（distribution lists）或讨论组的用户收到请求信后，可能无法帮助我们寻找到相关研究，甚至不会响应。然而，只要有少数人知道这些研究，就会非常有帮助。这些途径可以帮助我们获取新的研究——可能是尚未提交发表的报告，或者是在发表队列中尚未刊登的论文，或者是从未进入其他交流渠道的旧研究。

电子隐形大学除非与稳定的组织有联系，否则就可以是临时的、非正式的、经常被用来处理特殊问题的实体。可能会因为问题得到解决或研究重点转移而消失，可能会因为研究人员兴趣的消失而显得过时，也可能会将那些最近进入这个领域但还不知道这所隐形大学存在的新研究人员排除在外。这就解释了为什么电子隐形大学以及更直接的人际接触是文献检索的好方法。

电子分发清单比传统隐形大学限制更少，因为尽管个人可以充当清单的协调者（中心），但许多清单根本不受个人的调节。相反，计算机常常充当了通信枢纽，计算机对信息进行传播时不会对内容施加限制性影响。在调节邮件群发清单过程中，成员清单可以被作为隐私保存下来，通道和内容可以被屏蔽。因此，电子隐形大学的这些功能更像传统隐形大学。

只要知道这些分发清单的存在，任何人都可以通过向清单主机发送一个简单命令加入到更多分发清单中。其他类型的名单则要求更正式的成员资格。比如，我不能加入全国测试主任协会的电子邮件清单，因为我不是测试主任（我们不得不联系清单协调员，让他把我们的请求发送给成员们）。然而，一般来说，文献检索者通过这些途径会比使用传统隐形大学或人际接触方式获得更加多样化的研究。

尽管如此，在研究方法和结果上，分发清单仍然不能做到像“所有相关研究”那样多样化。订阅用户可能仍然存在某些偏见。例如，我可以通过联系美国心理学会教育心理学分会的电子邮件清单来收集关于家庭作业的研究文献。这份名单可能过度代表了从事大规模调查或实验研究的人员，而对从事民族志研究的人员则代表不足。当然，为了使用这些清单，你必须知道它们的存在。

综上所述，所有研究者对研究者渠道都有一个重要特征：彼此发送信息时没有什么限制。因此，人际接触、大规模请求、隐形大学等方式可以帮助你获得更多其他方式（例如，同行评议）获取不到的研究。正如图3-1所呈现的，许多通过直接接触发现的研究可能永远不会出现在更加受限的沟通渠道中。此外，许多用于科学交流的研究者对研究者渠道可能检索到方法和结果更加同质的研究。

3.4　有质量控制的渠道

有质量控制的渠道要求研究在进入交流渠道之前满足有关研究执行方式的特

定标准。是否符合标准通常由其他对该研究领域有了解的研究人员来判断，所以从这角度来说，这个渠道类似于传统隐形大学。然而，它与传统隐形大学不同的是，在大多数情况下，提交给有质量控制的渠道的报告很可能由不止一个人来评判。质量控制的两个主要途径是会议报告和学术期刊，它们各自的特点如表3-2所示。

表3-2 有质量控制的渠道的特征

渠道	对研究如何进入渠道的限制	对检索者如何进入渠道的限制	对进入渠道的研究类型的限制
专业会议上的研究报告	研究必须通过相对宽松的同行评议。	检索者必须知道会议上有相关研究。	统计上显著和有令人感兴趣结果的研究更有可能出现；以前发表过的研究通常没有资格进入渠道。
同行评议的期刊	研究必须通过严格的同行评议。	检索者必须订阅或了解该期刊。	统计上显著和有令人感兴趣结果的研究更有可能出现；在研究方法上，期刊可能是同质的。

3.4.1 会议报告

有大量根据专业关注和主题领域组建的社会科学专业协会，许多协会每年或每两年举行一次会议。通过参加这些会议或在网上检索会议上发表的论文，你可以发现你所在领域的其他人正在做什么以及最近完成了什么研究。

在准备本章时，我访问了美国教育研究协会（American Educational Research Association，AERA）的网站，并跟踪了截至2015年会议的链接。在此过程中，我必须将自己标识为会员或访客，因为不同的身份会拥有不同的特权。恰当地说，虽然这些特权都与我对会议的访问权限无关，然而不同组织可能有不同规则并可能对会议的访问进行限制。

接下来，我以“家庭作业”为关键词进行检索，得到了23篇会议报告的标题、报告属于哪一分会场以及简短的摘要。通过另一个链接我看到了有关分会场中所有论文以及美国教育研究协会分会的介绍。每个报告都有一个单独的链接，点击该链接就可以看到会议报告的标题、作者以及作者单位。

大多数会议网站没有提供完整论文或作者的具体联系信息。但是，有了作者的名字和工作单位，我可以很容易地通过AERA会议网站或互联网搜索到作者的联系方式并向每位作者发送一份请求，请他们将论文副本或其他相关论文发送给我。另外，有些组织或会议除了要求作者提供会议报告的摘要之外，还要求他们提交更长的论文概览，甚至是完整论文。

我可以对2005年起每个AERA会议的报告进行同样的检索，也可以对其他相关会议（例如儿童发展研究协会）以及区域教育研究协会提交的论文进行同样的检索。或者，如果想对会议论文进行更一般性的检索，我可以先使用PaperFirst和ProceedingsFirst等数据库，这些数据库包含全世界各地的会议论文。

通过专业会议获取信息的局限 与人际接触相比，通过会议找到的研究较少可能出现严格抽样的研究结果或操作，并更有可能经历过同行评议。然而，会议报告的选择标准通常不如期刊发表那样严格。一般而言，被会议接收的论文远比被同行评议期刊接收的论文多。此外，研究人员提交给会议委员会进行评估的研究方案往往也不够详细。最后，会议的组织者会邀请一些学者提交论文。邀请者通常不会对受邀人的论文进行质量审查，因为根据受邀请者过去的研究，他们的论文通常被假定为高质量的。

检索会议报告是对检索已发表研究的一种补充，因为一些会议报告会提供数据但是可能从来不会提交给期刊发表，或者说数据较新尚未发表。研究人员可能不会特意为会议准备一份稿件，他们可能会提交一份已经写好、正在接受评议或已被期刊接受的稿件（大多数大型会议通常不允许已发表的论文用作会议论文）。对于杂志而言，从稿件提交给杂志社到正式发表通常要很长时间。McPadden & Rothstein（2006）发现，美国管理学会议的最佳论文中有3/4最终会发表出来，平均发表时间约为提交后两年。其中，大约一半已发表的论文增加了更多或者使用了不同数据，包括增加了更多结果变量、研究综述等。一项调查结果显示，在美国工业与组织心理学协会年度会议上报告的论文中，最终大约有一半的论文会发表出来。其中60%的论文包含了与会议论文不同的数据。因此，如果找到了一篇与你研究相关的会议论文，但会议又是在过去某个时间召开的，最好的做法是联系作者，看看作者是否有更完整和更新的研究。

3.4.2 学术期刊

研究综合者还可以通过检查自己订阅或同事以及图书馆订购的期刊，来了解相关主题领域已经完成的研究。目前，期刊发表仍然是科学交流体系的核心，是连接研究人员与读者的纽带。

通过期刊获取信息的局限 以个人阅读期刊为主要或唯一文献来源时，往往会产生严重的文献检索偏差。一般而言，相关研究出现在期刊的数量远超过单个研究者经常浏览的期刊数量。Garvey & Griffith（1971）早就指出，学者们没有能力通过个人阅读和期刊订阅去了解所有与他们专业相关的最新信息。因此，科研工作者倾向于将他们经常阅读的期刊限制在期刊网络中的某些期刊上（Xhignesse & Osgood，1967）。期刊网络由少数期刊组成，它们倾向于经常引用其他期刊发表的研究。期刊网络中存在一些共性并不奇怪。与人际接触和传统隐形大学一样，在一个既定期刊网络中获取的文献在研究结果和操作上也具有比较高的同质性。

使用个人期刊订阅作为信息来源的吸引力在于它们易于获取。这些期刊的内容对于希望阅读他们成果的读者来说也是可信的。因此，研究综合者应该利用个人期刊阅读去发现研究，但这不应该是文献检索的唯一途径。过去对于研究综合者的批评是，它们过于依赖人际接触和自己的期刊网络。现在你应该很清楚为什么仅使用这两个渠道进行文献检索会产生偏差了。

电子期刊 研究人员可以通过纸质期刊或上网检索来查阅他们感兴趣的文献。然而，在线期刊正在迅速取代纸质期刊。在线期刊通过计算机传播和存储与学术工作相关的报告（电子期刊的早期历史，见 Peek & Pomerantz (1988)）。许多期刊同时以印刷版和电子版出版，部分期刊只采取其中一种形式。

相较于纸质期刊，电子期刊具有以下两个突出特征：首先，使用同行评议对文章进行审查的电子期刊数量远少于纸质期刊。清楚地了解哪些期刊没有对提交的论文进行审查非常关键，因为你可以用这一信息去评估研究方法的严谨性以及显著性结果可能存在的偏差。第二，相对于纸质期刊，电子期刊从论文被接收到发表的时间间隔要短得多。事实上，同时提供电子版和纸质版的期刊，电子版发表的时间会早于纸质版几周甚至几个月。例如，APA 期刊在文章出版之前，首先会在线发表出来。

就像互联网正在取代隐形大学一样，它也正在消除期刊网络。期刊的两项发展开启了全新的期刊检索过程，有助于将各种期刊论文呈现给研究者。第一个是提醒系统。如今，很多期刊拥有这种提醒系统，告知你当前和即将发表论文的内容。你需要做的就是访问感兴趣的期刊网站，申请一个账户并设置电子邮件自动提醒功能。有些期刊甚至会提供提醒服务，当一篇文章包含你指定的关键词时，它就会给你发送电子邮件，并尽量避免提供你不感兴趣的内容。最后，一旦发表了一篇论文，你就可能会收到加入提醒服务的邀请，该服务将在你的文章被引用或类似内容的文章出现时向你发送提醒信息。

第二个发展涉及开源期刊，这些期刊在网上将文章免费提供给读者。费用（可能比纸质期刊少得多）由作者本人或支持开源期刊的机构承担。你不需要订购这些期刊就可以从网上免费下载整篇论文。由于开源期刊解决了订购成本问题，因此你的阅读范围将被极大拓展，而不是局限在期刊网络中的几本期刊。

最后，你应该查询一下你所在的大学或工作机构是否与提供论文全文的数据库签订了相关协议。这些数据库不仅包括开源期刊，还包括来自出版商的其他期刊。雇主支付出版商订购费用之后，员工就可以免费访问这些数据库。

对于文献检索者来说，开源期刊的不足之处在于读者虽然可以更容易获得论文全文，但是对研究者会有更多限制。因为研究人员必须承担出版费用，开源期刊可能会过度代表：(1) 来自能提供资金支持的大型机构的研究者；(2) 有出版预算的研究者。有人可能会说，这些限制有助于对论文质量进行控制，但事实并非如此。例如，有氧运动的干预研究因为高昂支出而需要大学或外部机构的支持。然而，一项关于对强奸态度影响因素的调查研究或一项关于选择对动机影响的实验研究却相对便宜。小型机构中没有获得经费支持的研究人员可以对这些费用相对较少的话题进行深入研究。但是，研究人员可能羞于在开源期刊上发表论文，出版费用可能是他们研究中最昂贵的部分。

3.4.3　同行评议和出版偏差

大多数科技期刊（或会议报告）会使用同行评议制度来决定是否发表特定研究论文。一旦收到提交的论文，期刊编辑就会将它发送给同行评议专家，由他们来判定论文是否适合发表。同行评议专家的基本判定标准是研究方法的质量以及是否存在推理错误。当然，审稿人还会考虑论文内容与期刊的关注点是否一致，以及文章是否对特定领域做出重要贡献。后两个标准很大程度上与研究综合者无关。作为研究综合者，你想要获取的论文与研究话题相关，而不是期刊的兴趣点。此外，贡献并不是特别大的研究论文（可能因为它是对早期研究发现的直接检验，或者达不到期刊对重要性的判断标准）仍然要包括在研究综合中。

主要令人担忧的事实是许多期刊上发表的论文更有可能呈现统计显著的研究发现，即拒绝零假设的研究发现。审稿专家和研究者都倾向于拒绝不显著的研究发现。为证明这一点，Atkinson，Furlong & Wampold (1982) 进行了一项研究，他们要求两家 APA 心理咨询学杂志的咨询编辑评审论文。这些论文除了假设是否显著之外，其余各方面都是相同的。阿特金森（Atkinson）等人发现，具有显著结果的论文被推荐发表的可能性是具有不显著结果论文的两倍多。他们的研究进一步发现，即使研究方法是一样的，审稿专家认为具有显著结果的论文的研究设计要好于具有不显著结果的论文。

一手研究人员也容易对无效结果产生偏见。Greenwald (1975) 的研究显示，研究人员表示，有 60%的可能他们会提交具有显著结果的论文去发表。如果研究结果未能拒绝零假设，他们只有 6%的可能提交论文去发表。图 3-1 显示，研究人员在实际决策方面同样存在偏见。研究人员之所以不提交不显著的结果，可能是因为他们认为不显著的结果不如显著的结果重要和有趣。此外，他们认为期刊不太可能发表无效结果的文章。Coursol & Wagner (1985) 的一项研究复现了显著性发现对研究人员和同行评阅人的影响。最近几年，一个积极的变化是零假设得到了人们更加认真的对待，对其偏见似乎有所减弱 (Rothstein，Sutton & Borenstein，2005)。

期刊发表和会议报告对无效发现的偏见会导致已发表论文报告的相关系数或组均数之间的差异量大于你在所有研究中发现的相关系数和差异量。Lipsey & Wilson (1993) 通过对 92 项元分析进行考察，证明了人们对无效发现的偏见。这 92 项元分析呈现了已发表论文和未发表论文各自的处理效应值。研究结果显示，已发表论文中的处理效应值要比未发表论文高出大约 1/3。第 6 章我将对检测和调整出版偏差的方法进行介绍。

对无效结果的偏见并不是影响已发表研究结果偏见的唯一来源。例如，研究人员相信，如果研究结果与该领域杰出人物的观点一致，他们的论文将会更顺利地通过同行评议（有关对同行评议缺陷的回顾，参见 Suhls & Martin

(2009))，这种现象被称为验证偏差（Nickerson，1998）。

对无效结果的偏见和验证偏差意味着有质量控制的期刊论文（会议报告）不应该作为研究综合者获取信息的唯一来源，除非有足够理由证明这些偏差在特定主题领域内不存在。

3.5 辅助渠道

辅助渠道的提供者通过从其他来源（例如，期刊、政府机构，甚至是研究者本人）收集文件信息以获取相关研究。然后，辅助渠道的提供者会为检索者创建数据库以供其使用。辅助渠道由第三方构建，其目的是为文献检索者提供与某个主题相关的研究清单。正如表3-3所示，辅助渠道主要包括研究报告参考文献列表、研究书目、前瞻性研究注册、互联网以及文献数据库。

表3-3 主要的文献检索辅助渠道

渠道	对研究如何进入渠道的限制	对检索者如何进入渠道的限制	对进入渠道的研究类型的限制
研究报告参考文献列表	先前研究必须被作者熟知。	检索者必须知道研究的存在并且能够获得一份副本。	同一网络中的研究更有可能被引用，从而导致研究方法和结果的同质性。
研究参考书目	编撰者必须知道该研究。	检索者必须知道该研究参考书目。	虽然没有什么限制，但是对特定方法论可能存在偏差。
前瞻性研究注册	研究人员必须知道名册或将研究登记入册。	检索者必须知道名册。	前瞻性研究注册可能过度代表大规模或受到资助的研究。
互联网	研究者必须将研究成果分享至网上。	检索者必须选择恰当的检索词。	几乎不受任何限制。如果有的话，检索词将决定检索到的文献。
文献数据库	研究必须被包含在文献数据库中。	检索者必须知道文献数据库，并使用能检索到相关文献的检索词进行检索。	数据库偏好于已经发表的研究（取决于数据库）；最近的研究常常没有被包括进来；检索词将会限制检索到的文献。
引文索引	研究必须被引用。	检索者必须知道有可能会被其他文献引用的目标文献（例如，相关研究）。	被引用的研究最有可能是已经发表的研究；最近的研究常常没有包括进来；检索词将会限制检索到的文献。

3.5.1 研究报告参考文献列表

使用研究报告后面的参考文献列表来查找可能与研究主题相关的其他研究通常被称为“回溯法”或“溯源法”（更加非正式的叫法是“脚注跟踪法”）。该方法涉及查阅你已经获得的研究报告以确定是否包含你还不知道的研究。然后，根据参考文献的标题和内容判断它们与你研究课题的相关性。如果参考文献与你的研究课题相关，那么可以进一步检索该研究的摘要或者全文。然后，这些研究报告的参考文献又被查阅用以为后续文献检索提供指引。通过这种方式，你对文献进行了回溯，直到没有重要的概念出现或研究太早以至于显得过时。

使用科学网（Web of Science）的辅助渠道是追踪参考文献的另一重要途径。当你在科学网上浏览一篇文章的完整内容时，其页面上会出现一个“查看相关记录”（view related records）的链接。点击该链接即可查看与该篇论文存在共引的论文的情况。比较方便的是，科学网会对存在共引的文章按照它们共引文献的数量从高到低进行排列，其基本假设是共引越多的论文彼此之间越相关。例如，当我使用科学网搜索我们实验室曾发表的一篇关于家庭作业与学习成绩之间关系的文章（Copper，Jackson，Nye & Lindsay，2001）时，记录显示该文章包含 18 篇参考文献。当点击“查看相关记录”链接时，新页面会显示有 15 805 篇文章与我们的文章至少有 1 篇共引文献。其中，前两篇文章列出了 6 篇共引文献，随后 7 篇文章列出了 5 篇共引文献。由此，通过点击这些文章的链接就可以找到它们的全部记录。

通过研究报告参考文献列表获取信息的局限　一手研究报告中的参考文献很少能穷尽所有相关研究。事实上，作者通常被建议最大限度地减少参考文献，只引用那些最相关的文献。而且，一手研究报告的参考文献倾向于只引用相同出处或能形成交换网络的小群体出处（例如，期刊网络）的文献。此外，其他研究报告参考的研究似乎在统计上具有更显著的结果（Dickerson，2005）。因此，与所有相关研究被检索到的情况相比，你应该能够预期到通过一手研究报告的参考文献获得的研究在研究方法和结果上更加同质。

先前研究综合者提供了另一种形式的参考文献清单。很显然，这些参考文献清单对获取相关研究非常有帮助，因为它不受一手研究报告引用数量和引用网络的限制。然而，尽管这些清单更加全面，你也不能肯定先前研究综合是基于所有相关研究。为弄清这一点，你需要：(1) 阅读和评估研究综合者检索文献的策略；(2) 确定纳入和排除文献的标准与你的研究是否匹配。先前研究综合也许过于陈旧而遗漏了最新研究。

总之，相较于未发表的文章，无论是通过溯源式参考文献列表检索，还是相关记录式参考文献列表检索，更容易检索到已经发表的研究。因此，通过参考文献列表检索法获取的研究通常会过度代表已经发表的研究。此外，从提交最终文章手稿到文章被发表出来往往存在一定的时间间隔，因此已经完成的最新研究通常不会出现在参考文献列表中。尽管研究报告中的参考文献列表不应该作为检索文献的唯一方法，但它们通常是获取相关研究最有效的来源。虽然我们没有记录准确数字，但是通过查阅参考文献列表我们检索到了许多与家庭作业有关的文章。

3.5.2　研究参考书目

研究参考书目可以是与特定主题领域相关的评价性或非评价性书籍、期刊文章和其他研究报告。书目通常由个别科学家、特定研究领域内的科学家群体或者正式组织保管和维护。比如，虽然我不知道保管和维护有关家庭作业的书目的个人或组织，但是我知道哈佛大学家庭研究项目组在维护一个名为“校外时间程序研究和评估数据库与书目”的数据库。这个数据库包含大型和小型校外项目开展的研究和评估的简况。这些文件不仅包含项目或行动的概要，而且包含研究报告的详细信息。

通过研究参考书目获取信息的局限 使用他人列举的研究参考书目可以节省大量时间。但是，大多数研究参考书目所涉及的话题广度可能比搜索者的兴趣广泛得多。另外，检查书目最后一次更新的时间也非常重要。注意了这些事项，利益相关方列出的研究参考书目就会对你进行研究综合非常有帮助。研究参考书目编撰者已经花费大量时间获取相关信息，而且研究参考书目产生的偏差可以被其他文献检索技术抵消。

3.5.3 前瞻性研究注册

前瞻性研究注册的独特性在于其不仅尝试涵盖已完成的研究，而且包括处于计划阶段或者正在进行的研究（Berlin & Ghersi，2005）。相对于社会科学领域，这种研究注册在医学领域更为常见。但是，在社会科学领域，我们仍然可以通过一些途径搜索到正在进行或已经完成的研究的清单。例如，通过访问私人基金会或者政府机构网站可以查找当前或者最近的研究资助清单。对于主题为家庭作业的研究，可以通过访问 W. T. Grant 基金会、斯宾塞基金会、美国教育部教育科学研究所和美国国立卫生研究院的网站进行查询。

与研究书目类似，搜索相关研究的困难之处在于要清楚地知道从哪里开始。如果不熟悉你感兴趣领域的资助者，图书管理员或者知识渊博的同事可以给你提供巨大帮助。

通过前瞻性研究注册获取信息的局限 从检索者的角度来看，识别与研究综合主题相关的前瞻性研究注册有助于获取正在进行以及未发表的研究。这些研究因未通过诸如人际接触的个人“效忠”而被过滤掉。在研究受到资助的情况下，无论研究结果如何，结果都会被提供出来。因此，前瞻性研究注册是对其他检索渠道的一个很好补充。

换言之，前瞻性研究注册极有可能过分代表大规模和受到资助的研究项目。此外，注册的全面性对于文献检索者来说至关重要。因此，研究综合者关键要弄清楚以下两个方面：(1) 注册已经存在多长时间了；(2) 研究是如何进入注册表中的。

3.5.4 互联网

互联网推动信息传递的能力使现代社会发生了革命性变化，互联网对科学交流的影响并不亚于对其他人类互动领域的影响。对于使用互联网的研究综合者来说，关键任务是要找到一个可以解决他们研究问题的网站，比如谷歌、雅虎和必应等。需要注意的是，虽然使用不同搜索引擎会得到重叠的研究结果，但是使用多个搜索引擎对互联网进行彻底搜索是非常重要的。与学术相关的搜索引擎清单可以在 Te@chthought 中找到（http：//www.teachthought.com/technology/100-search-engines-for-academic-research/）。

此外，需要注意的是，搜索引擎不会对网站内容的质量做出判断。特别是涉及需要高度专业知识的研究课题时，你要确保从网上所获取的信息是可靠的。因此，确保我们从互联网上所获取信息的可靠性是非常重要的。这意味着不应该依赖相关研究的二手信息来源。如果你在二手信息来源中找到一个感兴趣的研究，那么请直接联系研究人员。有时你也可以在网站上检索到完整的研究报告。

如今，互联网搜索已经成为一种生活方式。你可以在搜索引擎中输入一个检索词或短语、一组检索词或短语。所有搜索引擎在某种程度上都允许使用布尔操作符达到对检索进行扩展与限制的目的。布尔操作符允许搜索者使用集合理论来帮助定义检索词。然而，每个搜索引擎的表征方式以及用于执行布尔语法搜索的精确命令都存在一定差异。前面提到的三个搜索引擎都提供在线帮助，帮助你学习如何使用它们。

由于网站包含网页某个位置的关键词或单词，因此检索结果通常是一个符合关键字描述的网站列表。此外，搜索引擎的算法决定了检索结果页面的显示顺序。通常情况是，显示顺序取决于与检索词与网站内容之间的匹配程度以及网站被浏览的频率。

一个互联网搜索的例子是，在撰写本章时，我使用搜索引擎对有关家庭作业的研究进行了检索。糟糕的是，谷歌发现了大约 1.67 亿个网站。当然，这些网站中包括老师在网上发布的家庭作业、做家庭作业的技巧、关于家庭作业的报刊文章等。当我将“研究”二字添加到搜索引擎中并要求“家庭作业”和“研究”两个词都出现在搜索结果中时候，有 1 亿个网站出现。数字同样令人望而生畏。即使要求这两个术语彼此毗连，谷歌也会给出218 000 个站点。

上述结果表明，使用互联网查找关于特定话题的科学研究，工作量巨大且费时。因此，对于研究综合者来说，浏览每个网站是不切实际的。互联网包含太多的研究信息。使用“研究引擎”和“社会科学”这两个词进行互联网搜索，将会出现其他站点，这些站点会列出更符合你研究目的、与你研究主题相关的搜索引擎。这些站点列出的搜索引擎基本上可以通过计算机访问前瞻性研究注册和文献数据库获取。

前面我所描述的互联网搜索策略只是众多方法中的一些。由于这些资源更新得太快，我只能大概地介绍一下。通过实践你将对可以利用的资源更加熟悉并且知道如何检索到相关材料。

通过互联网获取信息的局限 任何拥有必备专业知识（或认识拥有这种专业知识的人）的人都可以创建互联网网站。因此，网站上可以提供的信息几乎没有限制。这既是好事也是坏事，因为虽然可以被穷尽但是信息量太大，而且缺乏对内容质量的审查。

3.5.5 文献数据库

最后，对研究综合者来说，最为丰富的信息来源是文献数据库。这些索引服务由与社会科学或者其他学科有联系的个人和公共组织维护。

我们使用四个文献数据库对有关家庭作业的研究进行了检索。我们检索了1987年1月1日至2003年12月31日期间教育资源信息中心（Education Resource Information Center，ERIC）、心理信息系统（PsycINFO）、社会学文摘（Sociological Abstracts）和学位论文文摘的电子数据库。由于这些数据库及其界面会不断更新，我建议访问它们的网站页面或你们图书馆的资源库页面，以获得最新信息。一个比较好的通用数据库是盖尔目录库（Gale Directory Library，http：//www . gale. cengage. com/Directory Library/）。

另一种经常在各学科领域使用的文献数据库是科学网核心合集（Web of Science Core Collection，http：//wokinfo. com/）。使用关键词"家庭作业"，不限定时期和索引类型在科学网核心合集中进行检索时，我检索到3 174篇文献。通过核心合集可以对多个不同学科的独立数据库进行检索，包括科学引文索引、社会科学引文索引、艺术与人文引文索引，以及会议记录和书籍的多个索引。如果将检索的时间范围设定在1987—2015年，只检索社会科学引文索引，检索结果就会减少到1 902篇文献。科学网主页上有个教程，会快速地告诉你它提供的内容、检索技巧以及一些关于高级程序（例如，引用报告和地图）的培训材料。

谷歌学术是一个相对较新的文献数据库，它的范围很广，且对公众免费。该搜索引擎仅限于学术文献，允许指定搜索进而可以将许多不相关文献从检索结果中删除掉。在谷歌学术中使用"家庭作业"进行检索，可以检索到45.7万个文档。但是，当使用高级检索功能将文献时间限定为1995—2005年，标题中必须同时出现"家庭作业"和"学习成绩"二词时，则只会出现245个文档。

通过文献数据库获取信息的局限 尽管文献数据库是一个非常好的研究获取来源，但也存在一定局限。首先，一项研究从完成到出现在文献数据库会存在时间间隔，尽管技术已经极大地缩短了这一间隔。一项研究必须经历完稿并提交、被接收、出版或者在线出版，然后被编入文献数据库。所以，最近完成的研究不会出现在文献数据库中。但是，你可以通过联系研究人员或者前瞻性研究注册来获取此类研究。其次，基于主题和学科边界，每个文献数据库都会对什么内容可以进入数据库有一些限制。因此，如果对跨学科主题感兴趣，你需要访问多个文献数据库。例如，关于家庭作业的研究肯定会引起教育研究者的兴趣，也可能出现在心理学或社会学杂志上。最后，一些文献数据库只包含已发表的研究，一些则包含已发表和未发表的研究，还有一些只包含未发表的研究（例如学位论文摘要)。因此，如果你希望将出版偏差降到最低，请务必找出计划使用的数据库的覆盖范围，并尽力将未发表和已发表文献的数据库也纳入进来。

引文索引　引文索引是一种独特的文献数据库，它标识并将所有已经发表的论文整合在一起。与使用研究报告参考文献列表去回溯报告不同的是，引文索引使用递减法向前检索。科学信息研究所编制的三个引文索引可通过订购或者图书馆进行访问，亦可通过科学网进入。主要引文索引有科学网核心合集(Web of Science Core Collection)、科学引文索引（Science Citation Index Expanded，包括1900年至今在自然科学期刊上发表的文章)、社会科学引文索引(Social Sciences Citation Index，始于1956年)、艺术与人文引文索引（Arts & Humanities Citation Index，始于1975年)。如前所述，科学网还提供了引用参考文献检索，允许用户向前或向后对文献进行检索。

过去的研究并不是追踪后续研究的唯一途径。尽管我们无法确定开创性研究，但是搜索关于对强奸态度个体差异的研究需要依赖社会科学引文索引。为此，我们确定了衡量对强奸态度的5个常用标准，并使用已经描述了衡量标准的论文访问引文索引。结果显示，涉及5种衡量标准的引文有545篇。我们对它们的摘要进行了查阅，以确定这些研究是否与个体差异的研究相关。

通过引文索引获取信息的局限　引文索引将进入数据中的内容限定为已发表的研究（包括期刊和书籍)。因此，我们能预期到在引用文献中存在对零假设的偏见，就像我们在研究报告中所预期的一样。社会科学引文索引的覆盖面是相当广的。此外，由于研究进入引文索引需要花费一定时间，因此引文索引会遗漏近期出版物。

数据库供应商　所有研究型图书馆都有大量文献数据库。图书馆员可以帮助你确定最适合检索的数据库，并提供访问这些数据库所需的指导。一旦确定了与你检索相关的数据库，数据库界面将包含循序渐进的指导，这使得它们非常易于使用。但是，多个供应商可能会提供相同数据库，而且检索结果还会略有不同，这可能跟数据库更新的频率存在差异有关。

3.6　搜索文献数据库

研究型图书馆会雇佣受过训练的专家替你搜索或者帮助你完成这一过程。在开始之前，与经过训练的图书管理员讨论你的搜索是一个非常好的做法，他们可能会提出你之前没有想到的建议。此外，有许多出版物可以帮助你进行更加有效的搜索。就研究综合而言，Reed & Baxter（2009）对文献数据库的搜索策略进行了更深入的介绍。

你通常会从访问数据库开始你的搜索过程。因此，我从搜索心理学信息系统、ERIC、社会学摘要和学位论文摘要开始对有关家庭作业相关研究的搜索过程。就有氧运动的研究综合我们搜索了13个数据库，不仅包括心理学信息系统和ERIC，还包括覆盖医学、健康、运动和老龄化研究的数据库。你对数据库的选择是基于你对数据库有多大可能包含相关研究的理解。你还应该熟悉文档的数据库源。它包括与你研究相关的期刊吗？它只包含期刊论文还是也包含会议论文、学位论文以及其他类型的报告？如果缺少某种类型的报告，其他数据库包含这些报告吗？

在进入所选择的数据库之前，我会检查是否有多个供应商通过我所在的大学提供这些数据库。我发现两个供应商为我所在的大学提供心理学信息系统。其中一个供应商允许我同时搜索心理学信息系统和ERIC，这类供应商可以减少我从每个数据库单独搜索中删除重复文献的工作量。我还发现，在两个不同供应商提供的ERIC数据库中，使用检索词“家庭作业”检索到的文献数量几乎没有差别（我选择ERIC来试验是因为我预计该数据库将显示最相关的文献）。因此，我选择了允许我同时搜索ERIC和心理学信息系统的供应商。

关键词和其他检索参数 文献检索者可以浏览数据库提供的主题词表来确定检索词，这些词你最初可能没有想到。你还可以利用已获取的文献，查阅检索这些文献会用到什么词以及出现在标题或摘要中的术语。这给你提供一些关于如何访问所需材料的具体想法。在搜索过程中，如果你没有检索到相关文献，那么就代表出现了某些问题。

无论如何确定搜索过程中需要使用的检索词，评估研究综合的搜索过程时，你都应该问自己这样一个问题：

> 在检索查询文献数据库和前瞻性研究注册时，是否采用了适当且穷尽的关键词？

我从“家庭作业”这个术语开始检索，因为我首先想看看是否存在相关术语。我使用的搜索引擎有一个ERIC主题词表的链接，它将术语“homework”与术语“assignments”和“home study”联系起来。然后，我使用一个爆破函数来拓展这些术语并获得更多术语。这些术语似乎太偏离主题，所以我决定只使用“家庭作业”进行文献检索而不必过分担心会遗漏太多相关文献。心理学信息系统的主题词表告诉我，家庭作业这个术语是1988年被添加的。它还告诉我，数据库对家庭作业的定义是“需要学生或客户在课堂时间之外或治疗情境之外完成的任务”（APA，2015）。在这里我遇到了同一术语在两种非常不同情境下使用的例子，一个是学术性的，一个是治疗性的。这提醒我需要对检索进行某些限制，以排除临床情况下的治疗性家庭作业。心理学信息系统主题词表提供了三个相关术语：记笔记、心理治疗技术和学习习惯。我认为如果“家庭作业”这个词已经出现在检索中，那么这些术语就不会增加新的相关研究。①

---

① 在一些数据库中，我们可能会碰到自然语言关键字或搜索词与控制性词汇之间的区别。自然语言由研究者和搜索者用来描述研究的词汇组成；控制性词汇由被数据库构建者添加到文档记录的术语构成，目的是对文档进行描述。如今，这种区别不会对研究工作产生太大影响，但是你可能会乐意看到控制性词汇被添加到记录中，因为它有助于减少文献的分散性。

你也可以截取关键词，以便捕捉主题的变化。例如，搜索有氧运动干预效果的研究时，使用截取的关键字“cogniti＊”。这样的话，就会搜索到“cognition”和“cognitive”这样的单词，以及任何其他具有相同首字母的单词。

接下来，我设置了一下检索参数。我决定使用术语“家庭作业”和“学习成绩”，我希望这两个术语都出现，因此我用了布尔语法运算符 AND。当你不想要包含关键字的文献时，搜索引擎还允许使用 OR 操作符，有时还允许使用 NOT 操作符。例如，你可能想要排除标题中包含“大学”一词的家庭作业研究报告。将“学习成绩”添加到检索词中就会将所有或大部分治疗情况下的家庭作业研究文档都排除掉。然后，搜索引擎告诉我是否需要对检索进行限制。比如，只包括期刊的文章，只针对特定读者的文章，或仅使用特定研究方法的研究。与我的问题界定一致，我只对两个参数进行限制。首先，我想要的文档只与学龄儿童（6～12 岁）和青少年（13～17 岁）有关，而不是儿童早期或成年期。其次，我只想要 2006 年以后出现的文档。2006 年，我们最后一次进行家庭作业的研究综合。

最后，我只想查看摘要中使用了“家庭作业”和“学习成绩”这两个术语的文献。我可以将文献限制为那些在标题中使用家庭作业的文献，但这似乎太严格。我知道一些研究使用家庭作业作为成学习成绩的许多预测因素之一，因此它更有可能在这些文章的摘要而不是标题中提到。将文本中提到家庭作业的文档都包括进来似乎太过宽泛。

你也可以进行多个搜索并以某种方式将它们组合起来。比如，我可以分别进行一个“家庭作业”的检索和“学习成绩”的检索。然后，要求搜索引擎将这些内容合并成第三个搜索或者创建第三个搜索（只包含出现在某个搜索中但没有出现在另一搜索中的文献）。在文献检索的早期，你还考虑概念定义的宽度以及是否可能有更广泛的定义时，这可能是一个很好的策略。它可以告诉你根据概念的宽度，有多少文献将会被增加或删除。

在做这些决定时，我是在回忆与搜索的精确性之间做出权衡。术语“回忆”与我的检索没有覆盖到所有文献的百分比有关。我想提高回忆以防止遗漏文献。然而，搜索的回忆越高（在搜索中，我使用了更多、范围更广的检索词），我获取无关文档的可能性就越大。术语“精确性”与我搜索的相关的所有已检索文献的百分比有关。我的搜索越精确，就越有可能错过一些相关研究。很明显，当搜索的回忆上升时，精确性就会下降。你选择的关键词将决定搜索的回忆和精确性。

搜索时我发现了大约 150 个符合标准的文档。然后，在保证搜索参数尽可能相同的情况下，我可以使用其他数据库重复搜索。

我还将举例说明对引文索引的搜索。我用谷歌学术搜索了我的书《家庭作业》（Cooper，1989）。首先，点击搜索框中的向下箭头，打开“高级学术搜索”。我提供了作者（Cooper）的姓和关键字（家庭作业），表示我想在书的标题中有这个关键字。另外，我还要求出现在1989年。这是一个非常严格的限制性搜索，因为它只查找单一出版物的引用。如果只输入“Cooper H”而不指定被引成果和年份，那么我将检索到所有相同姓氏和姓氏首字母学者撰写的论文。我检索到11个结果，我的书出现在列表的最前面。简短摘要下面有一个链接，显示“被引用528次”。点击这个链接就会看到每个引用这本书的文档的标题、作者、来源（例如，文章发表的期刊）以及简短摘要。

正如我的示例所示，仅基于文献数据库所引发的对搜索穷尽性的限制不是源于这些数据包含什么，而是搜索者如何访问它们。即使数据库覆盖了与你研究主题相关的所有文献，你也不可能发现每个与你研究主题相关的论文。搜索者可能无法回忆起所有需要的信息。与搜索互联网一样，搜索者必须通过与特定研究主题相关的检索词对数据库进行访问。如果搜索者没有意识到或者漏掉与研究主题相关的术语，他们可能会遗漏很多论文。所有搜索者都要在以下二者之间做权衡：（1）遗漏相关文献的可能性；（2）包含大量不相关文献的可能性。

3.7 确定文献检索的充分性

在搜索中使用哪些信息源和多少信息源没有通用答案。适当的来源部分取决于你正在考虑的主题以及你可以利用的资源。然而，搜索者必须使用具有不同入口和访问限制的多个渠道，以将检索到的文献和没有检索到的文献之间的系统性差异最小化，这是研究综合的一项规则。如果搜索者通过不同入口和访问限制的渠道发现了不同研究，那么研究综合的总体结论应该可以被使用不同来源但互补的一手研究者复制。这条规则体现了研究结果可复制的科学原则。因此，在研究综合中要问自己一个有关搜索策略充分性的问题：

是否为搜寻相关研究制定了策略？

如果有文献数据库和前瞻性研究注册，那么它们应该成为任何综合性文献检索的支柱。这些来源可能包含所有最接近相关研究的信息。它们通常撒出最多的网，限制也是已知的，并可以通过使用其他补充搜索策略弥补。

在本章前面，我提到仅使用有质量控制的渠道将会获得一些过分强调统计显著结果的研究。然而，由于这些资料来源涉及同行评议，因此可以认为这些研究经过了研究人员最严格的方法评估，质量可能是最高的。正如我们将在第5章中看到的那样，出版并不能确保高质量，错误的研究经常被期刊发表。此外，好的研究可能永远不会发表。

在两种情况下，只收集已发表的研究是合理的。首先，发表的研究通常包含几十项，有时甚至数百项相关研究。在这种情况下，虽然发表的研究可能高估了拒绝零假设的确定性和效应值，但它不太可能错误地确定关系的方向。这就意味着由于对零结果存在偏见，效应值需要调整（我将在第7章继续讨论）。

此外，要涵盖足够多的假设检验实例，以便对什么研究特征与研究结果产生共变进行合理考察。

第二，在文献中有许多多重检验的研究假设，而这些多重检验并不是研究的焦点。例如，尽管性别只是一手研究者的次要兴趣点，但是许多心理学和教育学研究在数据分析中都将参与者的性别包括进来，并且报告性别差异的假设检验。出版物显著性结果偏见可能限于主要假设。因此，在许多出版物中作为研究者次要兴趣假设受到对零结果偏见的影响程度，比研究者主要兴趣假设要轻。

然而，一般来说，只关注已发表的研究是不可取的。对零假设的偏见实在是太大了。此外，即使在研究综合中你最终决定只包括已发表的成果，也不应该将搜索限制在已发表的成果中。为了对什么文献需要被纳入、什么文献需要被剔除、领域内有什么重要议题等问题做出明智决定，你需要对文献进行彻底检索。

最后，来自诸如研究者人际接触渠道的信息不太可能反映从所有潜在渠道收集来的信息。然而，通过直接联系研究人员发现的文献可以对通过其他渠道获得的文献进行了弥补，因为它可能会发现最新的研究。

3.8　文献检索中存在的问题

根据数据库和研究主题，你可以通过各种渠道获取相关研究。对于某些文献特别是比较久远的文献，可能还必须使用缩微胶片记录（尽管越来越多的早期研究正在数字化导致缩微胶片记录的使用变得越来越少，但是它仍然有用）。文档的数字化使得文献获取更加容易，而且随着越来越多的文档被在线存储和访问，你会发现只需敲击键盘就可以完成文献检索。正如我前面提到的，开源期刊和机构订购期刊使得在线访问更加便捷。

然而，不管你试图检索得多么彻底和仔细，文件检索程序中的一些不足依然会让你备感挫折。例如，一些相关研究不会公开，即使最有责任心的研究者也无法获取。你知道有些文档的存在，但是没有能力获得。

研究综合者会发现无法通过个人订阅的期刊、机构图书馆、缩微胶片甚至是电子方式获得一些相关文档（基于它们的标题或摘要）。你应该对这些文献检索到什么程度？使用馆际互借是一种可行的方法。博士学位论文和硕士学位论文可以通过馆际互借方式获取，博士学位论文还可以通过 ProQuest UMI 购买获得。尽管人际接触通常会有较低的应答率，但直接联系一手研究者可以增加获得文献的可能性。一手研究者能否被定位以及愿意发送文档给请求者会部分受到材料年限、是否数字化以及请求者地位的影响。

一般来说，当决定要花大力气去检索难以获取的文档时，你应该考虑以下几点：(1) 所需文档实际包含相关信息的可能性；(2) 已知难以获取文献的百分比以及它们的研究结果与你已获取文献的研究结果有何不同；(3) 实施更多检索程序所需的成本（比如，馆际互借相对便宜，购买学位论文非常昂贵）；(4) 时间的制约。

3.9 文献检索对研究综合结果的影响

本章开头提到文献检索有两个不同目标：先前研究；与主题领域相关的个人或群体。因此，对你来说，针对每一目标衡量你所获研究的充分性是必要的。你必须问自己两个问题：(1) 检索到的研究与所有研究有何不同？(2) 已获得的研究中的个体或团队与你所有感兴趣的个体或群体有何不同？

本章主要讨论了如何回答第一个问题。并不是每项研究都有相同机会被检索到。通过你的检索渠道，易获取的研究可能与从来没有机会被检索到的研究不同。因此，必须仔细考虑无法检索到的研究其结果可能是什么，以及与已检索到的研究在结果上有何不同（我将在第7章继续讨论此话题）。

研究综合者的第二个兴趣点在于个体或其他基本分析单元。我们有充分的理由相信，相对于单个一手研究，研究综合更直接地与目标总体相关。整体文献可以包含在不同时间、不同分析单元和不同地点进行的研究。文献也可以包含在不同测试条件下用不同方法进行的研究。对于包含大量复制性问题的研究领域，研究综合者能获得的样本的多样性应该近似于一手研究的目标总体。

当然，必须意识到，对零结果以及相互矛盾的发现的偏见会影响我们能够获得的人群样本和研究。如果更多可被检索的研究与特定亚总体相关，那么检索偏差不仅与研究结果相关，而且与研究样本的特征相关。

在研究综合分析中，确保研究样本能够代表你的研究主题中所有相关研究的最好办法是对文献进行广泛而穷尽的检索。虽然收益在递减，但完整的文献检索至少包括以下几点：

- 搜索文献数据库。
- 浏览相关期刊。
- 查阅以往的一手研究文献和研究综合。
- 与活跃、知名学者进行人际接触。

检索得越穷尽，你就越有信心相信其他研究综合者使用相似但不是同一信息来源时也会得出同样的结论。表3-4给出了一个文献检索记录示例，可用于追踪你在文献检索过程中使用的方法。追踪这些信息非常重要，因为撰写研究综合报告时你会非常需要它们。

此外，在对研究综合结果进行分析时，你应该呈现可能存在的检索偏差指数。例如，许多研究综合者会考察已发表研究与未发表研究是否存在差异。还有一些学者会考察结果的分布以推断是否有些结果被遗漏了。第7章将继续讨论进行这些分析的方法。

表3-4　文献检索记录示例

研究者对研究者渠道	使用了吗？什么时候？	联系了谁？	联系日期	答复日期	回复形式
人际接触	是____ 日期____ 否____ 原因：	研究者姓名：			
大规模请求	是____ 日期____ 否____ 原因：	组织名称：			
传统隐形大学	是____ 日期____ 否____ 原因：	组织名称：			
电子隐形大学	是____ 日期____ 否____ 原因：	组织名称：			
有质量控制的渠道	**使用了吗？**	**组织名称或期刊名称**	**检索年份**	**检索到的文档数量**	**已发现的相关文档数量**
专业会议论文报告	是____ 日期____ 否____ 原因：	组织名称：			
同行评议期刊	是____ 日期____ 否____ 原因：	期刊名称：			
辅助渠道	**使用了吗？**		**覆盖年份**	**搜索到的文档数量**	**已发现的相关文档数量**
研究报告参考文献列表	是____ 日期____ 否____ 原因：	被查看的报告：			
研究书目	是____ 日期____ 否____ 原因：	书目来源（名称）：			
前瞻性注册研究	是____ 日期____ 否____ 原因：	注册名称：			

续表

辅助搜索渠道	使用了吗？		覆盖年份	搜索到的文档	已发现的相关文档数量
互联网	是______ 日期______ 否______ 原因：	搜索引擎： ______ ______ ______	______ ______ ______	______ ______ ______	______ ______ ______
文献数据库	是______ 日期______ 否______ 原因：	数据库名称： ______ ______ ______	______ ______ ______	______ ______ ______	______ ______ ______
引文索引	是______ 日期______ 否______ 原因：	索引名称： ______ ______ ______	______ ______ ______	______ ______ ______	______ ______ ______

练习题

1. 使用第2章确定的话题，对文献数据库进行搜索。对另一个数据库或互联网执行平行搜索。搜索结果有何不同？哪个更有用、更省时、成本更低？

2. 针对你选择的话题，请选择检索渠道对文献进行检索，并记录访问它们的顺序。描述检索过程中每一步的优势、局限以及成本效益。

第4章
第3步：收集研究中的信息

骆南峰　甘罗娜　李　祯[*]译

从每份研究报告中提取信息应采用哪些程序？

在研究综合中的主要作用

● 创建一个编码框，以便从研究中获取信息。

● 训练编码员。

● 评估提取信息的准确性。

程序上的变化可能导致结论上的差异

● 从每项研究中收集的信息的差异可能导致用于检验累积结果的影响因素的不同。

● 编码员培训上的差异可能导致编码表上的录入不同。

● 研究假设独立检验的规则差异可能导致用于得出累积结论的数据数量和特性方面的不同。

研究综合中评估拟纳入的信息时需要注意的问题

● 是否采取措施来确保从研究报告中无偏差地检索信息？

本章要点

● 如何构建编码指南，以便将收集的有关研究的重要信息纳入研究综合。

● 如何培训编码人员，以便可靠地收集相关研究的信息。

● 判断源自同一研究的多个分开结果是否应被视为独立结果的事项。

● 当某项研究的一些信息缺失时如何处理。

到目前为止，你已经提出了在研究综合中想要探索的问题。你知道了理论学者、研究人员和先前的研究综合者所提到的关键问题。你的文献检索正在进行中。下一步是构建编码指南。编码指南是你（以及协助你的人）将用于收集每项研究的信息的工具。大部分信息都来自研究报告本身，但某些信息也可能来自其他来源。

---

* 骆南峰，博士，中国人民大学劳动人事学院副教授、硕士生导师，电子邮件：nanfeng. luo@ruc. edu. cn；甘罗娜，中国人民大学劳动人事学院博士研究生，电子邮件：9venustear@sina. com；李祯，中国人民大学劳动人事学院博士研究生，电子邮件：lizhen2018000451@ruc. edu. cn。

4.1 纳入和排除标准

在讨论如何定义问题时，我谈到了如何判断研究的相关性：将概念性变量与可观察的研究操作和测量联系起来。与狭义定义的概念相比，研究综合中广泛定义的概念包含更多的操作性定义。在初步筛选研究之后，你设计的编码指南将指导编码人员从研究中检索信息。指南告诉编码人员纳入研究综合者需要呈现出哪些研究特征。这样就实现了将抽象概念落地到可操作的方法上。

但概念的相关性可能不是纳入研究的唯一标准。你可能会发现，某项检验你在理论层面感兴趣的假设或干预的研究不符合你希望达到的其他标准。例如，你想根据研究的开展时间来限定研究。我们对家庭作业的研究综合排除了在1987年之前进行的研究。我们使用这个标准是因为早期的研究综合包含了那一年之前的研究，我们不希望研究综合包括重叠的研究。有氧运动的研究综合仅针对那些随机分配参与者至实验处理的研究。采用这种可进行最强因果推论的研究是因为数量足够丰富，进而将研究综合限定于采用此种研究设计的研究是可行的（详见第5章）。除了时间段和研究设计之外，其他可能的纳入或排除标准包括研究情景的特征（例如，作者、传播渠道、资金来源），参与者样本的特征（例如，年龄、性别、社会经济地位、地理位置），以及结果的特征（例如，测量类型及其心理测量特征）。

有时，概念相关性之外的其他纳入与排除标准甚至可以在编码开始之前使用；识别和排除那些早于你所关注时间点的研究是很容易的。但是先开始编码，确定需要添加其他标准之后再做决定也是可能的。编码表应该允许你这样做。或者，你不去排除某些研究，而是将这种研究情景上的差异作为研究结果的一个调节因素，例如根据研究的国家进行排除。

4.2 开发编码指南

如果研究综合涉及的研究数量很少，那么在你开始检索文献之前，可能没有必要对要收集的有关研究的信息有一个准确完整的想法。你可以检索、阅读或反复阅读相关报告（如果只有十几个报告的话），直到充分认识到对研究的某些方面进行编码是有意义的，或者对他人所提议的重要特征真实地出现在你研读的研究报告中的频率有了相当的把握。例如，你可能感兴趣的是家庭作业的效果是否被学生的社会经济地位调节，但发现很少有研究报告参与学生的社会经济地位。

如果先阅读全部文献，然后决定每个研究的编码信息，你的编码选择就是事后的。同时，你的阅读会提示结果变量一些重要的预测因素，但你的编码选择不应该只被这些预测因素支配。如果这样做，你得到显著结果的所占比例可能大于仅根据理论或实践重要性来选择预测变量时。尽管如此，如果研究数量少，你仍然可以继续跟进读完文献后产生的新想法。然后，你可以返回先前阅读的研究，对第一次阅读时未意识到的重要信息进行编码。

如果期望涵盖大量的研究，那么反复阅读报告可能会非常费时。在这种情况下，有必要在正式编码开始之前仔细考虑从每份研究报告中检索哪些数据。当然，随机选择并阅读一些研究可以帮助你思考哪些信息需要编码，这是你应该做的事情。事实上，如果有兴趣进行研究综合，你可能对该领域的很多研究都已经非常熟悉了。

当研究领域庞大而复杂时，编码指南的构建并不是一项容易完成的任务。编码指南的初稿绝不应该是最后一版。首先，你需要列出想要收集的所有研究特征。然后，你需要考虑每个变量的潜在研究价值。例如，在增加成年人有氧运动干预措施的研究综合中，你想收集有关参与者年龄和干预特征的信息，例如干预的时长和强度。你可能会认为“成年人”的定义是18岁以上的人，但实际上研究参与者的年龄可能比18岁大太多，这可能会影响干预的效果。因此，你希望编码指南帮助你收集参与者年龄范围的信息。你会排除涉及青少年的研究，但编码指南仍要包含最年轻和最年长参与者的年龄，以及参与者的平均年龄和/或中位年龄。

在获得这组初步的编码问题和回答类别之后，你需要向学识渊博的人展示这份初稿，请他们提出意见和建议。他们肯定会建议其他的编码内容和回答类别，他们还会指出你的问题和回答中含糊不清而难以理解之处。在听取他们的意见后，你应该使用编码指南对一些随机选取的研究进行编码。这将进一步提高编码问题和回答类别的精确度。

创建研究综合编码指南的一个重要规则是，当涉及许多研究时，任一可能被认为相关的信息都应从研究中检索出来。数据编码一旦开始，从已经编码的研究中检索出新信息就是极其困难的。你在编码表中填写的一些信息可能永远不会出现在最终的研究综合中。很少有研究会报告你感兴趣的全部变量的信息。在其他情况下，众多研究在某一特征上取值的差异不足使你无法得到有效的推论。例如，你可能会包含一个关于参与者健康状况的问题，但是发现大多数（如果不是全部）运动干预措施都是针对有过健康问题的参与者开展的。尽管如此，相比于必须重新回到报告去寻找那些原先忽略的信息，通过编码指南（包含有关健康状况的问题）来收集更多可能最终有用的信息就不是一个问题了。

4.3 编码指南所包含的信息

每个研究综合的编码指南都需要针对研究问题进行定制，每个研究综合者都希望从一手研究的报告中广泛地收集各种类型的信息。我将这些信息分为8类：

1. 研究报告。

2. 预测变量或自变量。

(1) 如果研究报告描述了实验操纵，则收集有关操纵条件的信息，即实验干预（如家庭作业或锻炼项目）或自变量（如果研究正在测试基本理论预测能力，例如任务选择的影响）。

(2) 如果研究报告描述了非操纵的预测变量，则收集研究者如何收集这些变量及其心理测量学特征的信息（例如，用于衡量参与者个体差异及对强奸态度的量表）。

3. 研究发生的环境。

4. 参与者和样本的特征。

5. 因变量或结果变量及其测量方式（如学习成绩、体育运动量、动机或对强奸的态度）。

6. 研究设计的类型。

7. 统计结果和效应值。

8. 编码者和编码过程的特征。

本章我将重点介绍其中的6种。第5章和第6章将仔细讨论如何对研究设计和统计结果进行编码。

常规的编码指南永远不会涵盖所有研究的所有重要方面。指导你组织检索内容的指南应包括以下问题：

- 编码中是否需要包括理论性和应用性问题？
- 理论是否表明了哪些研究特征很重要以及各研究在这些特征方面有何不同？
- 实际应用中是否存在研究方式可能与干预或政策的影响有关的问题？
- 在解释过去的研究时是否存在方法学方面的问题？
- 研究方法的不同与研究结果是否有关？
- 文献中是否存在与如何进行研究有关的争议？

最后，完成的编码表通常包含大量未填写的条目（稍后将详述）以及在边栏中所做的注释。编码者有时会觉得他们的编码与别人格格不入。完美永不会实现。因此，好的做法是让编码人员留出空间来记录他们当时的决定。一般而言，构建编码指南的规则与为一项一手研究创建编码框的规则类似（Bourque & Clark，1992）；对研究综合这一过程的详细介绍可以参见 Wilson（2009）和 Orwin & Vevea（2009）。

报告的特征　表4-1提供了一个编码指南示例。这个例子是在打印出来的纸张上进行编码的。如果编码员直接编码到电子表格中，则不需要代表回答的列。电子表格清楚地标识哪一列专用于哪个编码是非常重要的。如果你使用的是诸如 Access 之类的程序，则每个编码变量可以拥有自己的页面，编码人员可以点击相应的回答框。此外，当直接编码到电子表格中时，你可以对各个回答进行编号并简单地将编码后的答案键入电子表格的单元格，例如通过在下面的问题 R4 中键入“期刊文章”而不是“1”。

当然，如果你直接在电子表格中输入答案，拼写错误将显示为单独的答案类别。从积极的方面来说，录入回复的内容可以很好地发现错误。如果录入的内容位于错误的列中，则录入“期刊文章”会比录入数字更为明显，因为数字可能会在相邻列中重复使用。

表4-1　编码指南的研究报告标识部分的编码表示例

报告标识	
R1. 研究报告的编号是多少?	___ ___ ___
R2. 第一作者的姓名是什么?(如果不知道请填“?”)	___________
R3. 这篇报告或出版物的出版年份是哪一年?(如果不知道请填“?”)	___ ___ ___
R4. 这是什么类型的研究报告? 1＝期刊文章 2＝书籍或其章节 3＝博士论文 4＝硕士论文 5＝个人报告 6＝政府报告（联邦、州、郡县、城市） 7＝会议论文 8＝其他（具体说明）__________ ?＝无法判断	___________
R5. 这是一份经过同行评议的文件吗? 0＝没有经过同行评议 1＝经过同行评议 ?＝无法判断	___________
R6. 这份报告由何种组织编写? 1＝大学（具体说明）__________ 2＝政府实体（具体说明）__________ 3＝外包制研究公司（具体说明）__________ 4＝其他（具体说明）__________ ?＝无法判断	___________
R7. 这项研究是由研究基金或其他赞助者提供资金吗? 0＝不是 1＝是的 ?＝无法判断	___________
R7a. 如果是，谁是资助者? 1. 联邦政府（具体说明）__________ 2. 私人基金（具体说明）__________ 3. 其他（具体说明）__________	

请注意，在第一列中每个问题的编号之前都标示了一个英文字母“R”。这样做是为了区分有关研究报告的问题和其他特征的问题，其他特征的问题将用其他字母来表示，例如“I”表示干预特征，“O”表示结果特征。这样做是出于个人偏好，你也可以连续编号。另请注意，每个问题所有可能的回答都列在相应问题的下方，每个回答都有一个编号，这些编号将由编码者输入第二列的空格中。有些回答只是简单地列为“其他”。如果编码者发现报告特征与此前列出的任何一种回答都不相符，则选择“其他”这一回答。使用“其他”回答

时，需要让编码者提供该特征的简要书面描述。一些问题提供了“无法判断”的回答选项。编码者将在回答空格中使用问号来代表“无法判断”。这样做能够很容易地将缺失信息与其他编码值区分开。我在大多数问题中都写了“无法判断”的回答。为了节省篇幅，编码人员在整个编码表中都可以采用这种惯例。

首先，你需要为每个研究报告提供一个唯一的编号（问题R1）。之后，你还要为报告中的每项研究（如果其中包含多项研究）、每个独特样本（如果一项研究包含多个不同的数据）以及每个样本中报告的每个结果变量提供唯一的编号。

接下来，你需要在编码表中填写该研究第一作者的详细信息，这样一来，如果你以后想按照作者对研究进行分组归类（也许是为了测试不同的作者是否得到不同的结果），就可以做得到。在表4-1中，第一作者的姓名就是为此填写的（问题R2）。请注意，这是编码指南示例中仅有的不使用数字的回答。

第三，你需要知道研究报告面世的年份。这可能会用于以后检查结果的时间趋势，或者仅用于（与第一作者的姓名一起）帮助你在汇总表中识别研究。

第四，你需要描述报告的类型以及报告在面世之前是否经过某种形式的同行评议。该信息稍后将用于测试偏倚的可能性。请注意，回答类别应该是“互斥”（每个报告只应属于一个类别）并且“穷尽”的（每个报告都有一个类别）。

最后，你可能对报告的组织类型以及报告是否由某种类型的资金支持感兴趣。如果发现某些资助者对研究是否获得某种特定的研究结果有金钱或者其他方面的兴趣，那么这些有关组织类型和资助的信息可能至关重要。举个例子，连锁健身房会为关于老年人运动的作用的研究提供资金支持。如果是这样，你可以看看这些研究与无资金支持的研究相比是否会产生不同的结果。收集这一信息的重要性取决于你的研究问题。

实验条件（如果有的话） 如果实验条件是研究的一部分，你需要仔细描述这些条件的一切细节（即干预变量或自变量）。编码指南的这一部分描述了定义实验条件的相关操作以及捕捉到实验条件操作化差异性的不同类别。人们在实验条件下体验了什么？干预的强度和持续时间是多少？与描述实验条件中发生的事情同等重要的是描述控制组或对照组的处理方式。是否有替代性的实验干预？如果有，是什么？如果没有，在比较条件下的实验参与者做了什么，或者控制组是如何设置的？变量上的不同将是造成研究结果差异的主要潜在原因。

表4-2提供了一些可以在编码表上收集的信息类型的示例。这一编码表针对那些完成家庭作业与未完成家庭作业的学生的研究。首先，请注意，家庭作业干预编码表为研究报告中描述的每项干预都提供了一个独特的研究编号。这样就可以对在一份报告中有多个家庭作业研究，或者在一项研究中有多个家庭作业干预（例如，一些学生做1小时的家庭作业，其他学生做1.5小时，还有一些人没做任何家庭作业）进行编码。

表4-2　家庭作业干预的编码表示例（部分）

家庭作业干预的信息 (针对研究报告中所述的每一项家庭作业干预，分别完成这些问题)	
I1. 这项研究的编号是什么?	___ ___ ___
I2. 下列哪些表述符合此项家庭作业干预的特征?（在符合情况的栏目处填写数字“1”，不适用则填“0”，没有报告则填“?”） 1＝关注学术工作 2＝由课堂教师布置（或研究者通过教师布置） 3＝应该在非学校时间或在校学习的时候完成	（发现于______页） ______ ______ ______
I3. 家庭作业的科目类别是什么？（在符合情况的栏目处填写数字“1”，不适用则填“0”） 1＝阅读 2＝其他语言艺术 3＝数学 4＝科学 5＝社会研究 6＝外语 7＝其他（具体说明）______	______ ______ ______ ______ ______ ______ ______
I4. 平均每周布置多少家庭作业?（没有报告则填“?”）	______
I5. 完成每项家庭作业所需的时间是多少（按分钟计算)?（没有报告则填“?”）	______
I6. 家庭作业被打分了吗? 0＝没有 1＝有 ?＝说不清楚	______
I7. 家庭作业被用来决定课程成绩吗? 0＝不是 1＝是 ?＝说不清楚	______
I8. 是否报告了表明家庭作业干预的操作与家庭作业干预的定义相似与否的证据?（例如，如果报告说每周应该布置3次家庭作业，但实际上每周只布置了1次家庭作业，对这个问题的回答就应该是“未按照研究方案实施”。） 0＝未按照研究方案实施：哪些信息为这一决定提供依据? ______ 1＝按照研究方案实施：哪些信息为这一决定提供依据? ______ ?＝没有报告执行保真度方面的信息 ______	______
I9. 是否有证据表明，接受家庭作业的小组可能也经历了控制组没有经历的期望改变、新颖度和/或干扰效应等? 0＝期望等没有变化 1＝期望等有变化 ?＝没有关于期望等变化的报告	______

I10. 对照组是如何处理的? 0=没有家庭作业与其他补偿活动 1=有其他补偿活动（具体说明）________________ ?=没有报告	________
I11. 家庭作业组和对照组来自同一所教学楼、同一年级吗? 0=不是 1=是 ?=没有报告	________
I11a. 如果I11的回答为“是”，那么家庭作业组和对照组的学生、家长和/或老师知道“谁处于哪种情况”吗? 0=没有 1=有 ?=没有报告	________

请注意，编码表第2列的第2个单元格（问题I2）还要求编码人员提供报告中相应信息的页码。这是一种很好的做法，它支持采用打印版的编码指南。当报告中的信息位置不明确时，这种做法是非常有用的。（我在表4-1中没有这样做，因为所有信息都可以在报告的标题页或前页上找到。）如果之后编码人员对如何编码特定的信息有疑虑，或者两个编码人员对某个编码有不同意见，那么在编码表上标示位置将简化查找相应信息的过程，并可节省大量时间。为了节省篇幅，类似操作我在表格中只提供了一次，其实对每个问题都可以这样做。如果编码人员使用的是自己的报告副本，你可以要求他们（在pdf文件中）找到信息的位置进行圈选或突出标记，并将编码指南中的问题编号也标在报告上。然后就很容易看到每个编码的来源。

下一个问题是，这项家庭作业干预是否符合定义家庭作业三个特征的每一个特征。如果对这三个中任何一个的回答为“否”，则都可能导致该研究被排除在分析之外。接下来的五个问题是研究综合者可能想要检验的调节家庭作业干预效果的因素。可能还会有更多此类问题。请注意，问题I3（即“家庭作业的科目类别是什么?”）使用数字来区分七种不同的回答，每种都给出“适用”、“不适用”或“未报告”的答案。这样做的原因是家庭作业可能涵盖六门科目中的任何一个、两个或更多。一共会有几十种这样的组合。如果把它们全部列出来，对你和编码人员来说会很乏味，特别是在你知道大多数组合将永远不会被编码的情况下。仅使用这七个编码对科目进行编码（仍然可以为你提供有关每个研究的准确信息），你可以检查每个组合发生的频率，并让计算机根据编码创建新变量。例如，你可能会发现大多数研究仅涵盖一个科目，但有一些则同时涵盖阅读和其他语言艺术。因此，你可以指示计算机创建一个具有八个值的新变量，赋予每种情况一个值，其中，每次只有一个科目是1而其他科目为0，第7种情况是阅读和其他语言艺术都为1，第8种情况则包含其他所有的组合。

问题I8涉及家庭作业干预实施的真实性。如果研究中实际完成家庭作业的方式与预期的干预方式不同，可能会使人质疑该研究是否为对家庭作业效果的恰当测试。对于这个问题，编码表还提供了一个注释，以帮助编码人员记住用于明晰如何编码一项研究的惯例。在这种情况下，"以类似的方式实施"的含义可能不明确，因此该注释澄清了其含义。使用这些注释将有助于确保不同的编码人员以相同的方式使用编码指南，从而减少他们之间的差异（以及减少每个编码人员对不同研究的回答的差异）。下一个问题（I9）询问是否有证据表明家庭作业干预受到实验组和对照组在实验处理的其他方面所存差异的干扰。如果存在这种干扰，则将使关于家庭作业作用的因果推论有效性大打折扣。对以上一个或两个问题的回答可能导致该研究被排除在研究综合之外，或者该信息可能被用于分组研究以检验这些特征是否与研究结果相关。

问题 I10 和 I11 与控制组的参与者有关。问题 I10 询问如何对待对照组，问题 I11 试图了解每种情况下的参与者是否知道研究中存在被区别对待的其他参与者。如果是这样，可能会影响他们的行为方式。这些都涉及实验操纵的构念效度。

研究场景　此信息通常包括研究的地理位置（例如，国家、州；城市、郊区或农村）。如果研究是在机构场景中进行的，例如学校、医院或体育馆，这些信息也能被找到。此外，一些研究将始终在机构内进行（例如，家庭作业研究总是在学校内进行），因此机构的差异可能会引起人们的兴趣（例如，"它是公立学校还是私立学校？""学校是否有宗教归属？"等）。表 4-3 列出了一些可能出现在家庭作业编码表上与研究场景相关的示例问题。

参与者和样本　通常从研究报告中收集的另一类信息涉及一手研究中参与者的特征。这可能包括年龄、种族和/或族裔群体、社会阶层以及一手研究者对谁可以参与该研究的限制条件。表 4-4 提供了一些参与者和样本特征的例子，这些特征在研究家庭作业的影响时可能很重要。另请注意，此处必须提供另一个唯一的样本编号，因为一些研究可能会呈现多个不同样本的信息。例如，一项研究可能会根据学习成绩处于优异还是平均水平来对其研究样本与结果进行划分。为了捕捉这种区别，每个样本将获得不同的样本编号，并且每个样本关于问题 P2 的回答也会不同。

预测变量与结果变量的特征　对于不涉及实验处理操纵而是将测量变量联系起来的研究（将一个变量作为另一个变量的预测因子，例如，个体差异预测对强奸的态度），或者对于涉及实验操纵的研究的结果变量（例如，对有氧运动后成年人认知功能的测量，或对选择操纵后动机的测量），你需要检索有关结果变量的类型的信息，它们是不是标准化的测量方法，以及有关结果变量的信度或效度的证据（如果可获得这些信息的话）。

表4-3　家庭作业研究综合中设置特征的编码表示例

研究场景特征	
S1. 参与者在哪里？（在符合情况的栏目处填写数字“1”，不适用则填“0”，没有报告则填“?”） 1＝在美国 2＝在美国以外的其他国家（具体国家）________	________
S2. 研究是在哪个州进行的？（写明邮政编码）	________
S3. 这项研究是在哪种类型的社区进行的？ 1＝城市 2＝郊区 3＝农村 ？＝说不清楚	________
S4. 这项研究是在哪种类型的学校进行的？ 1＝公立学校 2＝私立学校（世俗的） 3＝有宗教归属的私立学校（写明宗教团体）________ ？＝说不清楚	________
S5. 该研究环境下的教室类型是什么？（在符合情况的栏目处填写数字“1”，不适用则填“0”，没有报告则填“?”） 1＝普通教育 2＝特殊教育 3＝其他（具体说明）________ 4＝没有给出	________ ________ ________ ________

表4-5呈现了一些家庭作业研究的结果变量可能会问到的问题。请注意，同样，第一个问题是要求为每个结果变量编码一个唯一的数字。由此我们现在有了一个四层系统，也就是说，当编号串在一起时，可以唯一地标识每个样本中的每个结果变量、每个研究中的每个样本以及每个研究报告中的每个研究。一些研究报告了诸如多个年级水平或成绩的多种测量方法所对应的结果。当发现这种研究时，编码人员需要为每个包含两组的组合分开填写单独的表格。例如，一项同时包含标准化测试成绩和班级成绩衡量指标的研究，分开报告了五年级和六年级学生的这两项成绩，则将产生四份相关的结果编码表，即五年级和六年级的学生各有两份。

表4-4　家庭作业研究综合中参与者和样本特征的编码表示例

参与者和样本的特征 （针对家庭作业干预比较研究中的每个具有独立结果变量的样本，分别完成这些问题）	
P1. 这个样本的编号是什么？	___ ___ ___
P2. 下列哪个标签适用于本样本中的学生？（在符合情况的栏目处填写数字“1”，不适用则填“0”，没有报告则填“?”） 1＝高成绩	________

2 = 平均水平 3 = “危险区” 4 = 成绩不佳/成绩低于及格线 5 = 有学习缺陷 6 = 其他（具体说明）______	______ ______ ______ ______ ______
P3. 样本中学生的社会经济地位如何？（在符合情况的栏目处填写数字“1”，不适用则填“0”，没有报告则填“?”） 1 = 低社会经济地位 2 = 中下层社会经济地位 3 = 中层社会经济地位 4 = 中上层社会经济地位 5 = 上层社会经济地位 6 = 仅标注为混合	______ ______ ______ ______ ______ ______
P4. 样本中学生的年级水平如何？（在符合情况的栏目处填写数字“1”，不适用则填“0”。只有在没有报告具体年级信息的情况下才使用选项 13 到 16） 0 = K 1 = 1 2 = 2 3 = 3 4 = 4 5 = 5 6 = 6 7 = 7 8 = 8 9 = 9 10 = 10 11 = 11 12 = 12 13 = 标记为小学 14 = 标记为初中（middle school） 15 = 标记为初级高中（junior high school） 16 = 标记为高中（high school） 17 = 未标记年级信息	______ ______ ______ ______ ______ ______ ______ ______ ______ ______ ______ ______ ______ ______ ______ ______ ______ ______
P5. 样本中有哪些性别？（在符合情况的空白处填写数字“1”，不适用则填“0”） 1 = 男性 2 = 女性 3 = 没有提及性别信息 P5a. 如果报告了相关信息，女性的比例是多少？（没有报告则填“?”）	______ ______ ______ ______

表 4-5　家庭作业研究综合中对结果变量的编码表示例

结果变量的测量（针对每个样本中的每个相关的结果变量分别完成这些问题）	
O1. 这个结果变量的编号是什么？	___ ___ ___
O2. 这个结果变量测量的科目是什么？（在符合情况的栏目处填写数字“1”，不适用则填“0”） 1 = 阅读 2 = 其他语言艺术	______ ______

3＝数学 4＝科学 5＝社会科学 6＝外语 7＝其他（具体说明）__________ 8＝不是对科目的测试结果	______ ______ ______ ______ ______ ______
O3. 这种结果变量的测量方式属于哪种类型？ 1＝标准化成绩测试（具体说明）__________ 2＝另一种成绩测试（例如，教师自行开发的教材章节测试） 3＝课后作业成绩 4＝多种类型的学习成绩测量方法合成一种测量方法 5＝学生的学习习惯和技巧 ？＝不清楚	______
O4. 是否有证据表明该结果测量的效度/信度达到可接受的标准？（备注：在达到可接受标准的栏目处填写数字“1”，未达标准则填“0”，没有报告则填“?”。虽然没有报告具体的数值，但只要声明内部一致性是“可接受的”就足够了。引用外部信息源也足够达到要求） 1＝内部一致性 2＝重测相关性 3＝其他（具体说明）__________	______ ______ ______
O5. 在家庭作业干预后多少天进行了结果的测量？（在家庭作业学习的最后一天给出结果测量填“0”，无法确定则填“?”）	______

还要注意，不仅同一构念的不同测量方法会造成对（在同一报告同一研究中）同一样本的多种测量，研究人员两次或多次采用相同的测量方法收集数据也会导致这一问题。这就是结果变量编码表包含问题O5的一个原因。此外，研究人员可能会收集多个构念的数据。例如，家庭作业的研究综合可能不仅仅关注学习成绩，还收集与学习技能和/或对学校的态度相关的结果。如果是这种情况，结果变量编码表将扩展到包括与这些构念的测量相关的问题和回答。

结果变量编码表的第四个问题（O4）涉及该测量方法的效度和信度。这些问题可以用很多不同的方式表达，具体取决于你所希望收集信息的详细程度。该示例要求的信息不是非常具体，只询问了编码人员该测量方法是否达到“可接受”的信度水平。

编码者和编码的特征　编码指南还应包含一个部分，供编码人员输入他们的姓名或编号以及他们对研究进行编码的日期（见表4-6）。你可能还会要求编码人员写明他们在对研究进行编码上所花费的时间，以用于费用方面的事宜。在某些情况下，这一信息可能会被合并到你的数据文件之中。在这一部分，编码人员还可以写下他们想要与你分享的有关编码过程的任何叙述性评论。

表4-6　编码者和编码信息的编码表示例

编码者和编码信息	
C1. 请问你的编码者编号是多少?	___ ___ ___
C2. 你是在哪一天完成对这项研究的编码的?	________
C3. 你花了多少分钟完成对这项研究的编码?	________
备注（请在下面写下你对此项研究的附注或你对编码的疑虑之处）:	

4.3.1　低推论编码与高推论编码

示例编码指南中所需的绝大多数信息可能被认为是低推论编码，低推论编码要求编码者在研究报告中找到所需要的信息，并将信息转移到编码表上。在某些情况下，编码者可能会被要求提炼关于研究的高推论编码。你可能遇到过这种情况：有一些推论是需要编码者在家庭作业的编码表上进行的。例如，我之前提到编码者在使用结果变量的示例指南（表4-5）时会被要求对量表的内部一致性、重测信度（test-retest reliability）和其他信度与效度估计值的报告是否充分进行编码（问题O4）。如果让他们自己判断充分性，那么充分性评价实际上是一种偏主观的判断，可能会因编码人员的不同而有所不同。然而，如果你给了编码者一个定义“充分”的标准，编码者的判断就不会出现这种问题了。所以，这个问题可以换一种说法：“是否存在对内部一致性的估计？如果存在，它是否高于0.8?”或者，要求编码者收集内部一致性估计的实际值，然后可以使用这些实际值来测试量表效度/信度是否与研究结果相关。

其他高推论编码可能包括推断一项干预或实验操纵是如何被参与者体验到的。Carlson & Miller（1987）的研究综合为我们提供了一个很好的例子。他们总结了那些有关消极情绪状态为何增加人们伸出援手可能性的文献。为了检验这项研究的不同解释，他们需要估计不同的实验程序让参与者感到多么的悲伤、内疚、愤怒或沮丧的程度。为了做到这一点，他们要求一组评委阅读相关文章方法部分的摘录。评委们用1到9分的等级来评估“实验对象因消极情绪诱导而感到沮丧、悲伤的程度”。(p. 96）然后将这些评价添加到每个研究的编码表中。

这些高推论编码给研究综合者带来了一些特殊的问题。首先，必须注意高推论判断的可靠性。此外，评价者被要求扮演研究参与者的角色，角色扮演方法的有效性一直颇受争议（Greenberg & Folger，1988）。然而，Miller，Lee & Carlson（1991）的实证研究证明，高推论编码可以做出有效的判断，并为评价研究综合者理解文献和解决争议的能力增加了一个新的维度。如果你可以有效地从文章中提取高推论的信息，并提供有说服力的理由（比如，这将增加研究综合的价值），那么这种技术值得一试。

4.4 选取和培训编码者

研究综合中的文献编码不是一个人的工作。即使一个人最终确实从所有研究中收集了信息，研究综合者也必须证明这个人在数据提取方面做得很好。一个人编码过程中的（有意识的或无意识的）偏见、对于编码问题和回答的异质性解释、未经验证的简单机械性错误都被认为是科学的研究综合的一部分。例如，Rosenthal（1978）调查了21项检验记录错误的频率和分布的研究。这些研究表明，在所有记录的数据中，错误率从0%到4.2%不等；64%的记录错误倾向于证实研究的初始假设（同样可见Leong & Austin（2006））。

记录错误并不是编码不可靠性的唯一来源。有时，研究报告不清楚也会造成编码不可靠。再者，研究者提供的模糊定义也会导致对一项研究编码的分歧。最后，正如我前面提到的，编码者的个人倾向可能导致他们喜欢模糊编码的某一种解释而非其他。

斯托克及其同事们（Stock，Okun，Haring，Miller & Kinney，1982）在一项研究综合中实证检验了不可靠编码的数量。3个研究人员参与了编码（一个统计学家，两个教育学博士后），将30个文件中的数据划分到27个不同的编码类别中。斯托克和同事们发现，一些变量，如参与者年龄的均值和标准差（一种低推论编码）的编码是完全一致或接近完全一致的。只有一项关注研究人员所用抽样程序类型的编码结果没有达到80%的平均编码者一致性水平。

研究人员至少需要训练两个编码者，才能确保编码定义清楚得足以产生编码者之间的一致性，并且他们从研究报告中提取到了准确信息，也就是说一个编码者对问题的回答与其他编码者相差无几。如果要编码的研究数量很大，或者编码人员受过的培训有限，那么这样做尤为重要。目前已经很难找到只有一个编码者收集信息的研究综合了，而且这样的研究综合会被质疑。大多数研究综合涉及至少两个编码人员各自负责从一部分研究中收集信息。有些研究综合涉及三个或更多编码人员构成的团队。无论如何，把研究编码当作数据收集的标准练习来做是一种很好的做法。

有些研究综合者会让不止一个编码者对每个研究都进行独立编码，这称为双重编码。然后，对每项研究的编码进行比较，并在编码者会议或第三方会议上解决差异。这一过程可以大大减少潜在的偏差，对问题和回答做出显明不同的解释，并发现机械误差。

虽然所有的研究综合者都必须证明编码的可靠性，但是他们能在多大程度上确保编码的可靠性取决于要编码的研究数量、编码指南的长度和复杂性，以及完成这项任务的可用资源。显然，涉及复杂编码表以及大量研究的研究综合需要更多的编码时间。除非有大量的时间，否则要编码的研究太多会使每个研究编码两次变得更加困难。在某些情况下，如果有复杂的信息需要编码，研究综合者可以只对编码表上的复杂信息进行双重编码，对于其他信息则不需要这样做。研究综合者必须学会如何在有限的资源下尽可能获得可靠的编码。

双重编码并不是提高编码可靠性的唯一方法。首先，你可以选择拥有出色完成工作所需背景和研究兴趣的编码人员。具有丰富阅读和研究经验的人比新手更适合进行编码工作。培训可以克服缺乏经验的部分问题，但不能解决全部问题。

其次，编码表可以附以定义和解释每个研究特征区别的编码指南。在表4-1到表4-6给出的示例中，一些定义直接出现在编码表中。包含其他定义和特定问题编码惯例的编码指南可以随附在编码表中，越详细越好。

再次，在实际编码之前，应该与编码者进行讨论并针对一些例子做练习。用实际编码者来对你的编码指南进行预试是非常重要的。使用一些研究报告，最好选择你知道的能够代表文献中不同研究类型的报告，与编码者讨论如何编码。编码者可能会提出你没有想到的问题，这样一来，即便在研究报告不清楚的情况下，问题、回答和惯例也能更为清晰明了。

最后，编码者应该独立地从同一批少量的研究中收集信息，并以小组形式分享他们的回答。你应该和他们讨论错误。编码指南的清晰度将获得进一步提升。在这个阶段以及随后的编码过程中，一些研究综合者会试图向编码者隐瞒研究的某些方面。一些人会从报告中删除关于研究作者及所属机构的信息，这样编码者就不会被他们对作者的已有认识影响。一些研究综合者将研究报告的不同部分交由不同的编码者进行编码，这样一项研究的结果就不会影响到编码者对研究设计质量的评价。在以下情况下，上述程序变得尤为重要：(1) 可能涉及高推论编码；(2) 研究领域呈现极化观点和发现；(3) 编码者本身非常了解该领域，对研究“应该”有什么结果有自己的看法。

估计信度　一旦完成这些步骤，你就可以评估信度了。这一步骤应该在编码者大量研究编码之前开展并在编码期间定期进行。一般来说，获得编码者信度的数值估计是很重要的。量化编码者信度的方法有很多，但是似乎每一种都存在一定的问题（对评估编码决策的一般回顾参见 Orwin & Vevea (2009)）。其中，有两种方法在研究综合中出现的频率最高。最简单的方法是，研究综合者报告编码者之间的一致率。一致率是一致编码的数量除以编码的总数。通常，编码一致率指标会被细分到每个问题。如果编码的数量很大，研究者可能只提供一致率百分比的范围，然后讨论那些一致率低得看起来可能有问题的编码。例如，在关于选择与内在动机之间关系的研究综合中我们发现，在8 895个编码中，有256个存在分歧；也就是说2.88%的编码结果不一致。给编码者带来最大麻烦的问题是对控制组的描述，这个变量的编码出现了9.4%的分歧。

同样有用的是科恩卡帕系数（Cohen's kappa）。它是一种调整一致性概率的信度测量指标。卡帕值定义为编码者在随机性一致的基础上所提升的程度。通常，卡帕值与一致率百分比一起出现。

如前所述，一些研究综合者会让两个编码者检查每个研究，比较编码的结果，然后通过讨论或咨询第三个编码者来解决差异。该程序具有很高的可靠性，如果使用这一方法，通常不需要进行可靠性的定量评估。为了获得双重编码的有效可靠性，你必须组建两组两人的编码者团队和一个仲裁人员，比较两个编码团队的工作结果。你可以发现，只要编码的定义是清晰的，这个过程不太可能导致团队之间的编码差异。

还有一些研究综合者让编码人员分别对他们最不自信的编码进行标记，并在小组会议上讨论这些编码。这个过程也会提高编码的可信度。不管使用什么技术，在评估研究综合中的数据收集方法时，需要问的问题是：

> 这些程序是否能够保证用于衡量研究实质相关性的标准以及从研究报告进行信息检索的方法是无偏差的、可靠的？

4.4.1 转移信息至数据文件

前面我介绍了确保每个研究的信息被正确地记录到编码表中的技术。我建议最好的方法是每个研究由一个以上的研究人员来编码，然后对他们的编码进行相互比较。即使编码人员在编码表上达成一致，也最好由两个人将编码表中的结果转移至单独分开的数据文件之中（数据分析时计算机将使用这些文件）。然后，这些文件可以相互比较，以确定数据从编码表转移或直接输入到计算机时是否发生了错误。如果只有一个编码者，则可以要求他重复开展两次数据输入。虽然这个任务看起来很简单，但是数据转录中是可能出现错误的，当任务数据很复杂时尤为如此。当然，如果使用Access这样的计算机程序将编码直接转移到计算机可用的数据集中，则这种检查就没有必要了。不过，你仍然需要检查加入Access的条目。

4.5 从研究报告中获取数据的问题

在第3章中我们讨论了研究检索中的一些不足之处，这些不足之处使从事研究综合的学者感到沮丧，无论他们检索得多么彻底和仔细，在某些研究中，一些潜在的、没有公开的相关研究甚至连最严谨的搜索程序都无法发现。还有一些研究是你需要学习但无法得到的。

也许在收集证据的过程中，最令人沮丧的事情是研究综合者获得了一手研究报告，但这些报告并没有包含所需的信息。研究报告可能缺少关于研究特征的信息，从而无法确定研究结果与研究设计是否相关，甚至无法确定该研究是否属于相关研究。或者，研究报告中可能缺少统计结果方面的信息，导致研究综合者无法估计两组之间差异的大小或两个变量之间的关系。

4.5.1　不精确的研究报告

对于想要开展元分析的研究综合者来说，不完整的报告是他们最为关切的内容。研究综合者应该如何处理缺失的数据？对最常见的问题，建议使用几种约定俗成的方式来处理。

统计结果的不完整报告　有时研究报告缺乏一手研究者得出有关统计程序结果的重要信息。当研究人员试图拒绝零假设而零假设并没有被拒绝时，统计数据常常被省略。研究人员并没有给出确切的统计检验结果，只是说它没有达到统计上的显著性。在这些情况下，研究人员也不太可能提供该结果的相关系数或平均值和标准差。有时他们甚至不报告相关性或者组均值比较的正负方向。

当你知道一个关系或比较已经被测试，但一手研究者没有提供相关的均值和标准差、样本量、推断测试值（inference test value）、p 值、效应值时，你的选择是有限的。其中一种选择是联系研究人员并请求提供相应的信息。正如我在第 3 章中指出的，这种策略是否成功部分取决于能否找到研究人员以及请求者的地位。得到回应的可能性也取决于研究人员检索信息的难易程度。如果一项研究已经有一些年份，所需的分析与最初进行的分析不同，或者请求者要求提供大量数据，那么这一请求得到满足的机会就更小了。

如果你能让请求尽可能容易地实现，那么得到研究人员回应的机会就会增加。这可能包括为研究人员提供一个表格，他们只需在上面填上你需要的数值。永远不要要求多余的信息或过于细节的信息。你要求的信息越多，原作者越会担心你认为他们做错了什么，怀疑你的兴趣不只是把他们的研究纳入元分析。（当然，如果你认为自己发现了一个结果是错误的，跟进与其作者的联系也是很重要的。）

另一种寻找缺失数据的方法是检查对该报告有所描述的其他文献资料。例如，如果你发现一篇期刊文章报告了一些结果，但不包含所有你需要的结果，而附带的“作者说明”提及这项研究是作为博士论文进行的，那么，可能博士论文本身包含了这些信息。通常，博士论文都有附录，包含对结果的详细描述。或者，一些由政府机构和合同制研究公司编写的研究报告在撰写过程中可能考虑到其读者对细节不感兴趣。这些组织可能还拥有包含更多信息的技术性报告。

如果无法检索到所需的数据，则另一种选择是将结果视为发现了确切的零结果。也就是说，对于任何涉及缺失数据的统计分析，假定相关性为零，或者假定被比较的平均值之间完全相等。我们有理由认为这个惯例会使元分析的结果更加保守。通常，当使用这个惯例方法时，累计平均关系强度将比不显著关系的实际分析结果已知时更接近零。但是，将数据缺失值设定为零会改变结果的分布特征。由于这些原因，研究综合者已经很少使用这个方法。

第四种选择是将比较排除在元分析之外。这种策略可能会导致获得比缺失值已知时更高的平均累计关系。在其他条件相同的情况下，非显著性结果与抽样估计分布中偏小的关系估计有关。然而，大多数研究综合者还是会选择第四种方法，特别是当缺失值相对于已知值的数量较少时。如果研究综合者可以根据研究发现的方向将缺失值进行分类，也就是说，如果他们知道哪一组平均值更高或者相关性是正/负，这些结果可以用于投票计数程序（在第6章中讨论）。可以使用计数选票的方式来估计关系的强度（参见 Bushman & Wang (2009)）。在第7章中，我将讨论测试元分析结果的方法，以查看使用不同的方法处理缺失值所得出的结论是否会有所不同。当统计学家使用不同的统计假设来分析相同的数据时，他们将其称为敏感性分析（见第7章）。

其他研究特征的不完整报告 研究报告也可能缺少结果变量之外的其他研究特征的细节信息。例如，报告可能会缺失样本的构成信息（例如，一项家庭作业研究中学生的社会经济地位），研究场景信息（例如，学校地处城市、郊区还是农村），或实验处理的特征信息（例如，每周家庭作业的数量和长度）。研究综合者希望得到这些信息，以便检验实验效应或关系程度是否与研究开展的条件有关。

当缺少这类信息时，你有以下几个可选择的解决方案。首先，你可以问问自己，这些信息是否可以从研究报告以外的其他来源获得。例如，家庭作业编码指南包含一个关于学校地处城市、郊区还是农村的问题，以及一个关于学生社会经济地位的问题，如果你知道这项研究是在哪个学区进行的，这些信息就可以在学区或州网站上找到。如果研究报告中缺失有关测量的心理测量学特征信息，这些信息可能在介绍这些测量方法的报告中找到。

最简单的方法是，你可以将缺少信息的那些研究排除在分析之外。当然，这些你排除的研究可能被包含在其他分析之中，只要这些分析所需的信息在这些研究中可以找到。例如，缺少学生社会经济地位（这是经常发生的）的家庭作业研究明显不能用于检验学生社会经济地位这一特征是否影响家庭作业效果的分析，但可以用于对成绩水平的分析，报告中一般不会缺少这个信息。

另一种可能是，有时假定缺失值暗示了什么样的真实值应该是合理的，这是因为研究人员会假设读者将某些信息视为理所当然。例如，家庭作业研究人员几乎都会提及这项研究是在男校还是女校进行的。所以，当班级的性别构成没有提及时，我们可以放心地假设男生和女生都在场，而且人数大致相同。你可能会让编码者使用问号（?）对这一问题进行编码，然后告诉计算机这一编码的意思是"同时有男孩和女孩"。如果这样做了，你应该在写研究综合报告时在方法部分提到这一惯常的做法。此外，如果可能的话，这一分析可以重复两次进行，一次包含带问号（?）的编码，一次不包含带问号（?）的编码。

研究综合者对研究特征缺失的关心程度部分取决于导致数据缺失的原因 一些数据的缺失完全是随机的。也就是说，没有系统性的理由说明为什么有些报告包含了该特征的有关信息，而另一些则没有。如果是这种情况，除了会丧失一些统计上的效力，研究结果与研究特征之间关系的分析结果将不受缺失数据的影响。

如果数据缺失的原因与研究结果有系统性的关联，或者与缺失信息的值系统性相关，那么问题就更为严重。在这种情况下，缺失的数据可能会影响分析结果。例如，如果健康研究人员的研究结果表明一项活动干预的效果显著，他们更有可能报告研究参与者全部是女性或男性。不显著结果通常与混合性别样本有关，但这一点研究综合者并不清楚，因为发现不显著结果的研究人员不太倾向于报告样本的构成。在这种情况下，元分析很难发现干预研究的性别组成与干预效果大小之间的关系（例如，当群体由相同性别的人员组成时，锻炼身体多多少少都会有些效果）。

Pigott（2009）提出了一些处理研究特征缺失的其他策略。首先，研究者可以用已知研究特征数值的平均值来填充缺失值。这种策略不影响累计分析的平均结果，反而会提升其效力。当研究综合者在一个分析中同时考察多个研究特征时，这种做法是最合适的。在这种情况下，一个研究特征的缺失值可能将整个研究都排除在外，这显然是不可取的。其次，缺失值可以通过回归分析来预测。本质上，这一策略使用其他研究中发现的缺失变量的已知值来预测缺失数据的最可能值。Pigott（2009）介绍了几种更复杂的估计缺失数据的方法。

在大多数情况下，我会建议研究综合者坚持使用相对简单的技术来处理缺失的数据。随着技术越来越复杂，需要更多的假设来论证它们的正当性。此外，当使用更复杂的技术时，进行敏感性分析尤为重要。无论如何，将采用填充缺失值所获结果与简单删除缺失值后得到的结果进行比较，这总是好的。

4.6 识别独立的比较组

收集数据时必须做出的另一个重要决定是如何识别关系强度或群体差异的独立估计。有时一项研究可能包含对同一比较或关系的多项检验。发生这种情况有几个原因。首先，研究人员可以使用多种方式测量同一个构念，并单独对不同的测量进行分析。例如，选择效应的研究人员在衡量内在动机时可能会使用参与者的自我报告和对他们在自由游戏期间的活动进行观察。其次，研究人员可能测量了不同的构念，例如几个不同的人格变量都与对强奸的态度有关。再次，同样的测量方式可能在两个或两个以上不同的时点被采用。最后，在同一个研究中，人们可能被分成不同的样本，他们的数据可能被分开分析。例如，如果一个研究对强奸态度的学者对所有参与者采取了同样的测量方法，然后分别检验男性和女性的结果。在这些情况下，同一研究中分开的估计值并不是完全独立的——它们受到相同方法和情境的影响。在不同时间采取相同的测量方法时，研究结果的估计甚至会因对同样的人员采用同样的测量方法收集数据而受影响。

研究结果的非独立性问题值得进一步探讨。有时一份研究报告可以汇报多个由同一研究小组在同一地点连续进行的研究。因此，这两项研究很可能是在相同的背景下进行的（例如，同一个实验室），可能有相同的研究助理，以及研究参与者选取自同一个参与人员库。而且，同一研究综合中的多个研究报告经常描写的是同一研究项目负责人的多项研究。研究综合者可能会得出这样的结论：同一研究人员在同一地点进行的研究，即使多年以来出现在不同的研究报告中，也仍含有一定的相互一致性，因此，这些研究结果并不是完全独立的。一样的一手研究者具有同样的倾向性，他们可能会使用相同的实验室，从相同的总体中抽取参与者。

研究综合者必须判断什么时候可将统计结果视为研究问题的独立检验。有几种方法可以用于划分研究综合中正确的分析单元。

4.6.1 将研究团队作为分析单元

识别独立结果最保守的方法是将实验室或研究人员作为最小的分析单元。这种方法的支持者认为，如果研究报告的数量相同，那么同一研究团队重复研究的信息价值不如来自不同团队的研究报告的信息价值大。这种方法要求研究综合者收集同一研究团队的所有研究，并就特定团队的研究结果得出一些总体结论。因此，这种方法的一个缺点是需要研究者在一个研究综合里做整合，因为必须先在同一研究团队得到累计结果，然后在团队之间再一次得到累计结果。

将研究团队作为分析单元的方法很少在实践中用到。它通常被认为过于保守，而且是对信息的浪费。那些可以通过检验不同研究的结果变异来获得的信息，即使对同一个实验室中的研究也是如此。此外，也可以在探索调节变量时将研究者作为研究特征的一个方面，以此来确定研究团队是否与研究结果的系统性差异有关。

4.6.2 将研究作为分析单元

将研究作为分析单元要求研究综合者对单个研究报告的结果做出总体判断。如果一项研究包含同一个组间比较或相关多个测试的结果，研究综合者可以计算这些结果的平均值，并用它来代表该研究。或者，可以使用中位数的结果。再或者，如果有一种首选的测量方法——例如，一种具有良好测量特征的特定强奸态度量表——这一测量的结果可以代表这项研究。

将研究作为分析单元需要确保每个研究对总体综合结果的贡献是相同的。例如，如果一项关于对强奸的态度与权力需要之间关系的研究使用了两个不同的态度量表，并单独报告了男性和女性的结果，就需要报告四个非独立的相关系数。累计这些相关性（使用前面建议的技术之一），采用单一的相关系数来代表本研究，从而确保这一研究与另一项采用单一性别单一态度测量的研究给予同等考虑。

4.6.3　将样本作为分析单元

如果测试是在不同的人群样本上进行的，使用独立的样本作为分析单元则允许单个研究提供多个结果。例如，研究综合者可以将同一项对强奸态度的研究中对男性和女性的统计检验视为独立的，而不能将测量相同构念、相同人群但是使用不同量表的两项测试视为相互独立。

将样本作为独立分析单元，假设研究结果之间共享的最大方差来自对同一批参与者收集数据。这种共享的方差是可以消除的（通过组合样本中不同测量方式的结果可以做到），但忽略了研究层面上存在的样本间相关性的其他来源（例如，研究人员、环境）。如果你预期研究背景可能对研究结果产生很大影响，那么最好在组合研究结果前先对样本量进行平均（Borenstein，Hedges，Higgins & Rothstein，2009）。这是由于研究对效应值方差估计的贡献将因使用样本还是研究作为分析单位而有所不同。在第6章中，你将学习误差的固定效应模型（不会随分析单元的不同而变化）和误差的随机效应模型（随分析单元的不同而发生变化）。

将一项基于子样本得到的结果与另一项基于整体样本的研究结果综合到一起也可能会有问题。例如，如果对家庭作业的研究分别提供了四年级和五年级的结果，那么这两个子样本家庭作业的平均效果可能不同于基于整体样本的单一效果。如果有组均值、标准差和样本量，就可以得到研究的总体效应值（Borenstein et al.，2009）。如果有这些数据，你可以使用实用性元分析效应值计算器来计算总体效应值（Wilson，2015）。

当研究综合者计算不同单位之间的平均比较值或关系强度时，无论是针对研究中的样本还是整个研究而言，按样本大小对每个独立单元进行加权都是一个好做法。那时，无论是将研究中的独立样本还是整个研究作为分析单元，权重在功能上是等效的。例如，如果将研究用作单元，某项拥有100名参与者的研究将被加权100；而如果将样本用作单元，则其两个样本每个都将被加权50（关于此过程的更多内容将在第6章中说明）。

4.6.4　将比较值或估计值作为分析单元

确定独立分析单元最不保守的方法是将每一个组间比较值或关系强度的估计看作相互独立并以此作为独立分析单元。也就是说，由一手研究人员计算的每一个单独的比较值或估计值都被研究综合人员视为一个独立的估计。这种方法的优势在于它不会遗漏研究结果的潜在调节变量的任何信息。其缺点是，它很可能违反元分析统计程序中的估计间独立假设。而且，研究的结果不会在任一总体性结论中得到同等权重。相反，无论样本大小如何，总体的研究发现与各个研究中包含的统计检验的数量相关。以对强奸的态度和权力需要之间关系的研究为例，有四组比较的研究（对两个性别组分别用两种测量方法）对总体结果的影响将是只有一组比较的第二项研究（但总样本量相等）的四倍。因此，这通常不是一个好的加权标准。

4.6.5 转换分析单元

识别比较的折中方法是使用可转换的分析单元。在这里，每个结果最初都被编码为独立事件。因此，对强奸的态度与权力需要之间关系的研究中包含四项估计，研究者可以为这四项结果编写四份结果编码表。将两个结果编码表（两个测量量表）与本研究中两个不同的样本编码表（两种性别）做关联。然后，计算出一个总体的累积结果时（也就是说，可以回答“对强奸的态度和权力需要之间的总体关系是什么”这一问题时），各研究结果将首先被合并，这样一来，每个研究（将全部的四个结果都合并）或每个样本（将每个样本的两个结果合并）对总体发现的贡献是相等的。当然，每个结果仍然应该根据其样本量加权。然后将这些组合值添加到所有研究的分析中。

然而，当检验整体结果的潜在调节变量时，转换分析单元的方法使得一个研究或样本的结果只会在调节变量的单独类别中进行聚合。举个例子可以使这一点更清楚。假设你选择将研究作为基本的分析单元，如果一项检验对强奸的态度和权力需要之间相关性的研究分别呈现了男性和女性的相关系数，此研究只能为总体结果提供一个相关系数（男性和女性相关系数的平均值），而在分析性别对相关程度的影响时，则提供了两个相关系数（一个女性群体相关系数，一个男性群体相关系数）。更进一步讲，假设这项研究报告，每一种性别用两种不同的态度量表都得到两个不同的相关结果，这样就共有四个相关系数。然后，在检验性别的调节作用时，对每一种性别不同态度量表对应的相关系数都应进行平均。同样，将态度测量方法的类型作为调节变量时，应对每个态度量表对应的两个有关性别的相关系数进行平均。

实际上，转换分析单元的方法可以确保在对关系强度研究估计的影响进行分析时，单个研究可以为每个类别的调节变量贡献一条数据。这种策略是一个很好的折中方法，它允许研究保留它们最大的信息价值，同时将对统计检验独立性假设的违背降到最低。然而，这种方法并非没有问题。首先，为每个不同的调节变量创建与重建平均效应值是非常耗费时间的，而且在某些统计分析中这种操作是非常困难的。此外，如果研究综合者想要在单个分析中研究多个影响研究结果的因素，而不是一次研究一个影响因素，分析单元可以快速地分解为单个的比较分析。

检验对强奸态度相关性的研究综合包含65份报告，囊括72项研究，共来自103个独立样本的数据。一手研究者共计算了479个相关系数。显然，如果把每个研究的相关系数当作独立的结果来使用，就会极大地夸大它们的累积信息价值。为进行整体分析，以103个独立样本为分析单位，对每个样本的所有相关系数取平均值。然而，对不同强奸态度量表的平均相关系数差异的分析则是基于108个相关系数，这是因为有5位一手研究者对同一参与者样本使用了两种量表进行测量。

4.6.6 统计调整

Gleser & Olkin (2009) 讨论了非独立检验问题的统计解决方案。他们对研究中多个结果之间的相互依赖关系以及多个研究之间所含结果的不同数量进行统计调整提出了若干程序。成功使用这些技术的关键在于研究综合者必须对统计检验之间的相互依赖性有可靠的估计。例如，假定一项关于对强奸态度的研究既包括对接受度的测量，也包括对受害者指责的测量，为了使用这些统计技术，研究综合者必须估计研究样本中这两个量表之间的相关性。一手研究者通常不会提供这类数据。如果他们没有给出这一数据，我们可以从其他研究中进行估计，或者可以用低估计值和高估计值进行分析，从而产生一个区间范围。

4.7 数据收集对研究综合结果的影响

研究综合者从研究中收集信息时所使用方法程序上的差异可能会导致一手研究在研究综合数据库中所代表的内涵产生差异。这进而可能导致研究综合者结论上的差异。这种差异产生的途径至少有三个。

第一，如果研究综合者只是粗略地描述了研究操作，他们的结论可能会遗漏结果上的重要差异。如果一项研究综合的结果显示没有重要的影响因素，这一结论可能是因为真的不存在这样的影响，也可能是因为研究综合者的数据库中遗漏了重要的影响因素。如果研究同一问题的不同研究综合者在相关的研究细节方面缺乏重叠，也会导致他们在结论上的差异。然而，如果你认为一项研究综合包含越多对总体结果潜在影响因素的检验则其结果越可信，这种观念应该被弱化，因为测试的影响因素越多，研究者就越有可能仅凭运气得出显著的结果。因此，最佳实践是要明智地选择所要检验的影响因素。尽管如此，如前所述，所构建的编码指南应该全面详尽，但并不是所有编码的内容都需要检验。

第二，研究综合者可能对研究文献得出不同的结论，因为他们对研究的编码并不相同。如果两个研究综合在变量的细致定义和编码人员的培训方面存在差异，那么它们在数据库的错误数量方面也很可能存在差异，并且由于这些错误，它们的结论也会不同。显然，在其他条件相同的情况下，具有更严格编码过程的研究综合具有更高的可信度。

第三，研究综合的结论可能因研究综合者运用不同的规则来判断研究是否为独立检验而产生差异。在这里，一些研究综合者可能更重视独立性，而另一些则认为从数据中提取尽可能多的信息更有价值。

练习题

针对一个与你感兴趣的主题有关的研究：

1. 编写一份初步的编码指南。
2. 找到几个与该主题相关的研究报告。
3. 用编码指南对几个研究（其中一些你以前没有读过）进行编码。

第5章
第4步：评估研究的质量

张昱城　张　蒙　李　晶*译

一个研究是否被纳入是基于研究综合方法的适用性还是研究实施中的问题？

在研究综合中的主要作用

● 确定和应用标准，将以符合研究问题的方式进行的研究与不符合的研究区分开。

程序上的变化可能导致结论上的差异

● 研究方法决策标准的变化可能导致研究综合存在系统性差异。

在评价个体研究的方法和实施与预期的综合推断之间的对应关系时需要注意的问题

● 如果出于设计和实施方面的考虑剔除一些研究，这些考虑因素是否具有明确、可操作的定义？是否适用于所有研究？

● 是否对研究进行了有效分类，以便在研究设计和实施方面对它们进行重要区分？

本章要点

● 判断一手研究方法充分性的问题。

● 描述研究设计和实施差异的方法。

● 如何识别结果非常极端的研究报告，以确保将其排除在最终的研究综合之外。

数据评估阶段涉及判断个别数据点是否足够可信地被纳入最终的数据分析。作为研究人员，我们应该考虑："这个数据点（即研究）是否对假设进行了合理的检验？还是在研究过程中存在的问题影响了它对假设的解释能力？"数据评估首先要求建立标准来判断用于收集数据以测试变量关系的程序的充分性。其次，必须检查每个数据点以确定是否有错误对它产生影响。最后，必须确定这些影响是否足够大，以决定应该从研究中删除数据点还是谨慎解释。

---

* 张昱城，河北工业大学经济管理学院教授、博士生导师，电子邮件：yucheng. eason. zhang@gmail. com；张蒙，河北工业大学经济管理学院博士研究生，电子邮件：mengzhang _ 001@163. com；李晶，河北工业大学经济管理学院博士研究生，电子邮件：janelwz0909@gmail. com。基金项目：国家自然科学基金项目（71602163和71702043），河北省自然科学基金面上项目（G2019202307），河北省高校百名优秀创新人才（71972065）。

无论数据是个体在一手研究中的得分，还是研究综合中研究样本的结果，我们都必须对个体数据点进行评估。一手研究者和研究综合者都需要检查影响数据质量的因素或量化个体参与者（在一手研究中）或个体研究（在研究综合中）信度的指标。此外，当一个数据点的值相对于数据集中其他值非常极端以至于它不太可能属于这个总体时，还需要检查数据点是不是统计异常值。

对于一手研究和研究综合这两种类型的研究，识别可能被污染数据的方法是不同的。在一手研究中，个别参与者的回答有时会被删除，因为研究者有证据表明参与者没有注意到适当的刺激或者反应指令被误解了。如果研究中使用了欺骗或其他形式的误导，参与者的数据也可能会被删除，因为参与者不相信实验的操作或推断出隐藏的假设。

在研究综合中，除了研究的概念相关性之外，还有一个重要的标准被用来质疑数据的可信度：研究的设计和实施可以帮助研究者进行研究推论。如果一项研究使用的方法不符合研究者的预期，你可以考虑是否要把这项研究纳入最终的分析中，或者是否降低该研究在整个样本中的权重。本章的大部分内容将讨论如何判断研究设计和实施与从研究中得出的推论之间的匹配关系。

你可能注意到，我已经就如何判断一手研究使用的方法所能支持的推论与研究综合者想要做出的推论之间的关系进行了讨论。你可能想知道："为什么不简单地谈谈研究质量呢？有些研究质量高，有些研究质量低，不是吗？"答案是肯定有一些标准可以作为一项研究的质量好于另一项研究的指标。尽管测量的可信度很大程度上取决于所要回答的问题，然而它却是一个普遍的衡量研究质量的指标。因此，无论被测的变量是学习成绩、认知功能还是对强奸的态度，采用更有效的措施进行的研究都可以被视为高质量的研究。

然而，其他标准更依赖于研究背景：它们取决于所研究的关系类型。例如，一项对成年人频繁锻炼的干预研究，相比于允许参与者选择是否接受干预，将参与者随机分配到干预和控制条件下的研究的因果效用会更好（在其他条件相同的情况下）。同样，一项研究从选择参与干预的老年人开始，然后匹配参与者以便使对照组和干预组在重要的第三个变量上大致相等，这项研究要比没有使用等式程序的研究"更好"地得出因果推论。另一方面，参与者的随机分配与对强奸态度的个体差异研究无关。虽然我们很想知道这些个体差异是否会导致个体对强奸态度的差异，但还没有人设计出一种方法来随机地将人们分为不同的性别、年龄或性格。因此，揭示因果关系价值最小的相关研究对于研究自然发生的关联可能具有很高的价值。研究的"质量"取决于它用来回答的问题。

虽然使用质量标准来讨论研究方法之间的差异是一个很好的方法，但如果它造成的假象是，一套质量标准可以适用于所有研究，而不管研究的问题所要求的推论性质如何，那么这就不是一个好做法。因此，我们将使用质量术语来说明目的，但是应该牢记使用它的意义是，高质量意味着方法和所需推论之间的高度对应。

5.1　判断研究的质量

5.1.1　判断倾向

大多数社会科学家都认为方法和推论之间的一致性应该是判断如何在研究综合中处理一手研究的主要标准。然而，研究者对结果的预期会对研究的评估产生很大的影响。因此，考察研究综合者对研究领域的先验信念的来源和影响是非常重要的。

几乎每个一手研究者和研究综合者都会带着对研究结果的预期开展研究。在一手研究中，方法学家已经构建了精细的控制来消除或最小化人为因素对结果的影响。其中最值得注意的是对实验者期望效应的控制，具体来说，就是确保实验者在不同条件下对待参与者的方式不会有意增加假设被证实的可能性。

在研究综合中，对预期效应的防范变得越来越少也越来越不可靠。随着一项研究被收集、编码和评估，研究综合者通常会对他们正在考虑的研究结果做出预期的判断，而这种倾向可能会直接影响研究方法的评估结果。在过去，研究者的倾向对研究综合的影响是非常大的，因此我们再次引用了 Glass（1976）的研究：

> 将带有不一致研究发现的几项研究综合起来的一种常用方法是梳理除少数研究之外所有研究的设计或分析缺陷，这些少数研究指的是自己的研究或者学生、朋友的研究。然后，研究者需要选择一两个“可接受”的研究作为标准。(p. 4)

Mahoney（1977）的一项实验测试了研究者的倾向对研究评估的影响。在研究中，他对《应用行为分析杂志》(*Journal of Applied Behavior Analysis*)的编辑进行了抽样调查，并让他们对受控稿件的几个方面进行评分。Mahoney（1977）发现，如果一项研究证实了评估者对结果的倾向，那么稿件的方法、讨论和贡献都会得到更有利的评估。在一项相关的研究中，Lord，Ross & Lepper（1979）也发现读者认为支持他们态度的研究在方法上比相反态度的研究更可靠。更引人注目的是，虽然参加洛德（Lord）及其同事的研究的本科生都阅读了相同的摘要，但他们的态度出现了两极分化。也就是说，所有参与者被要求阅读两份研究报告：支持他们先前观点的研究报告和反驳该观点的研究报告，当他们阅读了两份研究报告后，研究者发现研究结果支持了他们的这一观点。Nickerson（1998）的研究也回顾了关于验证性偏差的实证文献。

因此，研究者认为偏好结果的倾向会影响研究综合者对一项研究是否能很好地检验假设的判断。如果一项研究与研究综合者的倾向不相符，他们很有可能发现研究的某些方面变得无关紧要或在方法上不健全。另一方面，偏好结果的倾向也使得研究者将相关性存在疑问或者方法与假设不匹配的研究纳入研究综合。

一种将研究者的倾向对研究评估的影响降到最低的方法是让不了解研究结

果的编码人员来收集有关信息。为了实现这种操作，我们让不熟悉这个研究领域的编码者去编码文章的不同部分。例如，一个编码者编码文章的方法部分，另一个编码者负责结果部分的编码。然而，Schram（1989）评估了这种“差别影印”程序。她发现这种方法降低了编码的内部信度。

以有利于研究结果与编码者倾向的方式编码研究，这一点解释了为何要在编码开始之前明确编码决策的标准，以及对每个研究都由至少两名独立工作的研究人员进行编码的重要性（见第4章）。首先，这些程序可以减少研究者无意识地将评估标准转向有利于他们期望结果的研究的可能性。其次，如果编码人员的编码确实反映了他们的倾向，那么在完成信息收集之前，研究者可以发现这种倾向并加以修正。

5.1.2 编码者对研究质量的评估存在分歧

对一项研究做出质量判断还存在一个问题：即使对研究不感兴趣的研究者也会对一项研究是否为高质量存在不同的意见。例如，许多研究都检验了心理学（Fiske & Fogg，1990；Scarr & Weber，1978）、教育学（Marsh & Ball，1989）和医学（Justice，Berlin，Fletcher & Fletcher，1994）的论文评估信度。这些研究通常会计算出不同评估者对论文是否应该发表的建议之间的一致度。然而，通常情况下，这种一致性水平是十分低的。

在一个有趣的实验中，Peters & Ceci（1982）向他们最初发表文章的期刊重新提交了12篇已发表的文章。这些文章手稿与原件是相同的，只是提交者的姓名发生了变化，并且他们的工作隶属关系从排名高的机构转变为排名低的机构。结果发现，在这12篇文章中只检查出3篇需要重新提交。在完成重新审查过程的9篇文章中，有8篇未被接受发表。

在很多情况下，审稿人的判断要比研究综合者的判断更为复杂。审稿人必须考虑研究综合者不感兴趣的几个方面，包括期刊读者的兴趣等。此外，期刊编辑有时会故意选择代表不同观点的审稿人来审稿。然而，编辑仍然希望审稿人能够就手稿的处理达成一致意见。当然，如果存在完全客观的标准（并被采用），审稿人也会同意这些决定。

Gottfredson（1978）的研究控制了审稿人和研究综合者之间的判断差异。他通过要求作者提名有能力评估其文章的专家来消除评审中的大部分差异，这些差异可能是由不同的初始偏见造成的。Gottfredson（1978）为121篇文章中的每一篇文章至少邀请两名专家进行评估。专家们用只包含三个问题的量表来评估文章的质量，使得“质量”一词的含义模糊不清，从而获得交叉一致性系数 $r=0.41$。而在一个包含36个题项的量表中，研究者挖掘了研究质量的许多明确的方面，最后得到了 $r=0.46$ 的交叉一致性系数。这些一致性水平比我们的预期低很多。

为什么研究者对研究质量的总体判断有所不同？除了判断的倾向有差异

外，质量判断的差异还可能有两个来源：研究者对不同的研究特征具有不同的重要性权重判断；评判者对特定研究符合特定标准的程度判断。为了证明差异的第一个来源，我进行了一项研究：6 名研究学校种族歧视的专家对 6 项研究设计特征的重要性权重进行排序，以确定学校种族歧视研究的效用或信息价值(Cooper，1986)。这 6 个特征是：(1) 实验操作（或在这种情况下，废除种族歧视的定义）；(2) 对照组的充分性；(3) 结果测量的有效性；(4) 样本的代表性；(5) 研究周围环境条件的代表性；(6) 统计分析的适当性。专家对排名的相关系数从 $r=0.77$ 到 $r=-0.29$ 不等，平均相关系数为 $r=0.47$。很明显，即使将评价标准应用于特定的研究之前，评判者对不同的评价标准的重要性判断也存在差异。

总体说来，评判者对方法质量评估的研究表明，评估的一致性低于我们的预期。提高质量判断可靠性的一个方法是在任何给定的研究中都增加更多的评判者。例如，相比于两名评判者与任何其他两名评判者的评分，一项基于五名评判者的平均评分（或将一项研究纳入或排除在研究综合报告之外的决定）与其他五位评判者的平均评分（来自同一评判者群体）将会是更好的评判方法。然而，用这么多的评判者对研究综合中的研究做出高质量的判断很少见。通常来说两三个已经是极限了。

5.1.3 差异化的质量量表

我之前提到，评审人评判的两个差异来源是：研究者对不同的研究特征具有不同的重要性权重判断，以及评判者对特定研究符合特定标准的程度判断。许多研究综合在尝试解决第一个问题时使用的技术涉及质量量表。在这里，研究综合者使用一个预先开发的方案来告诉评判者什么评估维度是重要的。因此，这些量表通常会使用预先安排的权重方案，以便在应用时将相同的权重置于质量判断的维度上。研究综合者希望编码人员应用相同的明确标准来编码信息，这将引导不同的编码人员做出更透明和一致的评价。总的来说，质量量表的目标是消除评分过程中存在的个人主观性。

在很多研究中，允许每位评审人确定自己的质量评判标准方面得到了很大改进，质量标准已经达到了目标要求，但取得的成效还十分有限。在医学研究方面，Jüni，Witshci，Bloch & Egger (1999) 证明了质量量表可以在使用相同量表的人之间建立一致性，但这并不意味着不同的量表会得出相同的判断。Jüni et al. (1999) 将 25 种不同的量表（由其他研究人员构建）应用到同一组研究中，然后进行了 25 项元分析，每项元分析使用一个量表。结果发现，元分析的结论因使用不同的质量量表而存在很大差异。其中有 6 个质量量表显示，高质量的研究表明新方法和旧方法没有区别，而低质量的研究表明新方法有显著的积极作用。7 个质量量表的情况正好相反。剩下 12 个质量量表得出的结论表明，高质量和低质量研究的结果没有差异。因此，尽管质量量表在一定程度上提高评审者使用相同量表的信度，但他们得出结论的有效性仍然令人怀疑。

Valentine & Cooper（2008）对质量量表为什么会导致如此糟糕的一致性给出了如下解释：首先，正如个别评审者对于哪些研究特征对质量判断的影响更重要这一问题持有不同的意见一样，对质量等级的判断同样存在很大的差异。例如，在 Jüni et al.（1999）中，一些量表几乎完全关注的是研究允许因果推论的能力；而其他量表更多关注研究的多种特征，例如样本的代表性和统计能力。

大多数质量量表仍然为评审人将个人的主观判断带入到评审过程中创造了很大的空间。确切地说，量表使用了诸如“充分的”“适当的”“足够的”等术语来描述设计特性（例如，“测量的内部一致性是适当的吗?”），但没有为这些形容词提供操作性定义。这种量表对于一些评审人来说可能是合适的，但对其他评审人来说可能是不合适的。这意味着即使识别出重要的特征，任何单个维度编码的可靠性仍然不够完美。它还表明，虽然确定特征使判断更加透明，但仍就不十分清楚的是应用于每个评价标签的标准是什么。

与个别研究人员相似，大多数量表采用不同的方案来衡量不同方法特征的重要性。通常，质量量表会将每个特征的差异性具体到某一确定的部分。所以，即使我们使用相同特征的量表，量表之间也会存在关于每个特征的重要性的变化。例如，Jüni et al.（1999）发现有些量表赋予相同设计特性的权重是其他量表的 16 倍。产生这种差异的一部分原因是量表使用了不同数量的设计特性，也可能是量表开发人员对相同的设计特性做出了不同的评价。

单分数的质量评估 我们通常会把质量量表上不同题项的得分加总为一个分数。在 Jüni et al.（1999）进行的 25 项元分析中，这个分数用来区分一个研究是不是高质量的研究。Valentine & Cooper（2008）提出了质疑：将研究评估降低到单一的二分法判断（这项研究是好还是坏）或是单一的连续判断（这项研究的质量评分是多少）是否有意义？单分数方法的结果是一个数字，这个数字是对研究设计和实施的差异性方面的总结，其中许多方面不一定相互关联。例如，将参与者分配到实验条件的过程与研究中使用的结果测量的质量之间没有必要的联系。因此，一项关于家庭作业的研究可能会随机地将参与者分配到不同的环境中，并且使用自我报告的成绩作为学业的衡量标准。第二项研究可能将做作业和不做作业的学生进行匹配，最后使用学生彼此记录的成绩。在这种情况下，第一个研究有更好的设计来进行因果推断，但第二个研究有更有效的测量结果。当量表将研究设计的这两个要素组合成一个分数时，可能会掩盖它们之间的重要差异；这两项研究可能得到相同或相似的分数。如果这两项研究产生了不同的结果，那我们应该怎样解释这种差异呢?

5.1.4 研究的先验排除与研究差异的后验检验

倾向性以及对研究设计定义质量特征的不同意见表明了主观性会干扰科学研究的客观性。这一点很重要，因为研究综合者经常争论，是否应该使用对研究质量的先验判断来排除他们正在进行的研究。这一争论最初是在 Eysenck (1978) 和 Glass & Smith (1978) 关于 Smith & Glass (1977) 早期心理治疗研究元分析的观点交流中产生的。Smith & Glass (1977) 综合了 300 多项研究来检验心理治疗的有效性，并没有基于研究方法论质量而进行研究的先验排除。Eysenck (1978) 认为这种策略代表着放弃学术的批判性判断：

> 大量好的、坏的和无关紧要的报告被输入计算机里，希望人们不再关心作为结论基础的材料的质量……“无用输入-无用输出”是计算机专家的一个著名格言，它同样适用于此。(p. 517)

Eysenck (1978) 的结论是：“只有研究质量高的实验才能让我们更好地理解所提出的观点。”(p. 517)

Glass & Smith (1978) 提出了几个辩证性的观点。第一，他们认为，如果不同研究的结果出现了一致的情况，那么不同研究的不良设计特征就可以相互抵消。第二，如上所述，排除研究所需的先验质量判断可能会因评审人的不同而产生很大的差异，同时会受到个人偏见的影响。最后，格拉斯 (Glass) 和史密斯 (Smith) 声称他们是不会放弃质量评判标准的。相反，他们认为设计质量对研究结果的影响是“一个经验的后验问题，而不是一个先验的观点问题”(Glass et al., 1981, p. 222)。他们建议研究综合者应该对每项研究的设计方面（好的和坏的）进行全面编码，然后根据经验（通过元分析）确定研究结果是否与研究的开展方式有关。

关于何时将研究排除在研究综合之外的争论，我认为最好的解决方法是结合各种方法来进行判断。一般来说，在先验基础上做出的包括或排除研究的决定首先需要的是研究者对研究质量做出一个总体判断，这种判断通常是主观的，其他人可能会觉得不可信。同时也可能存在这样的情况：在研究综合中，高质量的研究占有很大的比例以至于低质量的研究可以被忽略。例如，在有氧运动影响认知功能的研究综合中，我们就采用了这样的方式。足够多的研究都采用了随机分配的方式，因此我们可以只关注这些研究。在关于家庭作业的研究综合中，我们发现很少采用随机分组的研究，所以需要纳入那些没有强因果推断的研究。在关于家庭作业的研究综合中，我们探究了学生随机分组是否会影响研究结果。因此，关注如何进行研究综合是非常重要的问题：

> 如果出于设计和实施方面的考虑而剔除一些研究，这些考虑因素是否具有明确、可操作的定义？是否适用于所有研究？

一般来说，最好的做法是列举研究的特征并比较使用不同方法得出的研究结果。如果实验证明“好的”研究（即这些研究得出的结论与你希望做出的推论是相符的）产生的结果不同于“差的”研究（即方法与预期推论不一致的研究），那么好的研究的结果应该是可信的。在这种情况下，参考“差的”研究并不会对推论的有效性造成伤害，或许你还能学到一些关于未来如何进行研究的知识。当发现结果没有差异时，保留一部分或全部“差的”研究也是可以的，因为它们包含了方法上的其他变化（例如，不同的样本和地点），通过这些变化，可以帮你回答与研究问题相关的许多其他问题。在大多数情况下，让数据说话——也就是说，几乎包括所有研究，并经验性地检验与方法相关的结果的差异——可以用研究结果的呈现方式来消除研究综合者的倾向带来的影响。在为研究的方法特征提出编码方案之后，我将再次回到这个问题。

5.2 研究方法的分类方式

通过实证检验对研究结果的影响，并不能消除研究者所有的评估责任，研究者依旧需要就编码哪些研究方法特征做出决定。正如之前所指出的，这些决定将取决于正在编码的研究问题的性质及其类型。如果一个问题主要通过实验室环境中的实验操作来解决（例如，选择对内在动机的影响），那么研究实验操作的差异比基于相关系数的研究中关于样本特征的差异更重要。对研究进行编码有两种方法，但它们很少单独使用：第一种方法要求编码者对研究中存在的效度威胁做出判断；第二种方法则需要细化研究的目标设计及其方法特征。

5.2.1 威胁-效度法

Campbell & Stanley（1963）提出效度威胁的概念后，这一理念改变了社会科学的研究模式。他们认为，与每个研究设计相关的一系列外部影响可以被认定为“可能产生与实验刺激相混淆的效果”（p.5）。不同的研究设计具有不同的效度威胁。研究设计可以根据推理能力进行比较。更重要的是，当单一的“完美”研究无法进行时，可以对不太理想的研究设计进行相互印证，从而在多个研究中得出强有力的推论。

Campbell & Stanley（1963）认为，在关于研究质量的讨论中，他们提出的观点可以增加研究质量的敏感性和客观性。但不久之后，他们的方案在应用中出现了一些问题，这些问题涉及效度威胁详尽列表的创建，以及对每种威胁的含义的确定。

最初，Campbell & Stanley（1963）提出了两大类效度威胁：内部效度威胁和外部效度威胁。首先，内部效度威胁与实验操作和实验效果之间的因果关系相对应，这种对应关系在某种程度上受到了研究设计缺陷的影响，因此将研究结果作为因果关系的解释受到质疑。Campbell & Stanley（1963）列出了八个内部效度威胁。第二大类为外部效度威胁，该类威胁与研究结果的普适性有关。外部效度的评估过程中需要评定研究参与者、研究情景、研究干预和测量的代表性。虽然无法得到一项研究外部效度的精准评估，但 Campbell & Stanley（1963）提出了四类代表性威胁。

Bracht & Glass（1968）提供了外部效度威胁的扩展列表。他们认为“在

Campbell & Stanley（1963）中，外部效度没有像内部效度那样被全面地处理”（p. 437）。为了纠正这一遗漏，Bracht & Glass（1968）区分了两大类外部效度：（1）总体效度，指研究结论对未纳入研究的人群的普适性；（2）生态效度，指研究结论对未纳入样本的研究情景的普适性。他们分别描述了两种对总体效度的具体威胁，以及十种对生态效度的威胁。

Campbell（1969）还提出了内部效度的其他威胁（即不稳定性），这类威胁被定义为“测量的不可靠性、抽样人员或成分的波动、重复测量或等效测量的不稳定性”（p. 411）。

接下来，Cook & Campbell（1979）将33个效度的具体威胁分为四大类：在内部效度和外部效度的基础上，进一步增加了构念效度和统计结论效度的概念。构念效度指“某一特定因果构念的操作可以使用一个以上的构念进行解释的可能性”（p. 59）。统计结论效度则指数据分析技术的效力和适用性。最后，Shadish et al.（2002）将威胁更新为四大类。

从效度概念发展的简短历史来看，使用严格的效度威胁评估实证研究质量出现的问题是一目了然的。首先，不同的研究人员可能会使用不同的威胁列表。例如，Campbell（1969）提出的不稳定性威胁像最初提出的那样构成一种威胁，还是构成了Shadish et al.（2002）重新定义的若干威胁（例如，低统计效力与测量的不可靠性）？生态效度构成一种威胁还是多达十种不同的威胁？第二个问题是威胁的相对权重：涉及历史混淆效应（与实验操作同时发生的其他社会事件）的威胁是否与构念间受限的普适性威胁具有相同的加权值？方法学家可能会对特定威胁的分类产生分歧，例如，Bracht & Glass（1968）将实验者预期效应视为对于外部效度的威胁，而Shadish et al.（2002）将其列为对于内部效度的威胁。

除上述问题外，用于评估研究的效度威胁实现了严谨性的进一步提升，并明显优于它所取代的对于研究质量的先验单一判断。每一个连续的威胁量表都代表着判断精确度的提高以及对研究设计和推论之间关系理解的进一步深入。此外，效度威胁量表为研究综合者提供了一组明确的应用或修改标准，从该意义上讲，效度威胁判断使人们对研究综合评判规则的争论变得公开化。与此同时，该方法使研究评估过程变得更为客观。

5.2.2 方法-描述法

在评估研究设计和实施的第二类方法中，研究综合者对一手研究者在每个研究中所使用方法的客观特征进行编码。例如，实验设计（如何比较所构建的不同处理组）主要涉及消除内部效度威胁。Campbell & Stanley（1963）描述了三种预实验设计、三种真实验设计和十种准实验设计，之后不同研究设计的分类也被多次拓展（参见Shadish et al.（2002）；May（2012））。在该方法中，编码员没有就研究设计的内部效度（一种可能导致分歧的抽象评估）进行评估，而仅将研究中使用的设计与可能性列表中的设计进行匹配，从而检索设计类型。这是一个低推论编码，它应该在编码者之间保持相对一致；当出现不一致时，分歧应该是很容易解决的。大多研究领域都需要研究设计详尽描述如何在相关研究中形成比较，但所需研究设计的数量远少于现存的数量。

用于评估研究的方法-描述法存在与效度威胁判断相同的问题（该问题在质量量表的使用中很明显）：不同编码者对方法特征的判断不同。因此，尽管方法描述法会产生更可靠的编码，但它仍然没有解决对什么研究特性进行编码的问题。

方法-描述法的另一个问题在于需要进行编码的方法特征往往非常冗长。我们需要记住，效度威胁具有四类：内部效度威胁、外部效度威胁、构念效度威胁和统计效度威胁。每一类都需要对大量研究设计和实施特征进行编码，从而找出对效度产生威胁的各个研究方法特征。此外，将每个特征当作研究结果的调节变量并对其测试的做法是不可取的：测试数量将非常庞大，一些特征只在偶然间具有重要性（即第一类错误被夸大）。因此，我们需要在威胁-效度法和方法-描述法之间做出权衡，前者具有简约性，后者具有可靠性。

对效度威胁的判断称为统计效力（与统计结论有效性相关），该判断提供了一个很好的例子。编码者必须通过结合几个明确的研究特征来判断一项研究是否能够拒绝错误的零假设：样本大小，是否使用主体间设计或主体内设计，统计检验的固有效力（例如，参数与非参数），分析中提取的其他方差来源数量以及研究中的相关系数预期值。使用威胁-效度法时，同一研究的两位编码者在判断研究是否具有低统计效力时可能存在争议，原因在于他们对这些因素赋予了不同的加权值或考虑了不同的因素。但他们很可能对独立因素的编码达成一致，这有利于方法-描述法的使用。使用方法-描述法仍然具有主观性：比如什么时候样本量太小，从而不足以产生足够的统计效力？如果所需的判断种类过多（我只列出了几十个效度威胁中的五个），那么它们与研究结果间的连接会削弱合成结果的效度；在如此众多的测试中，一些测试所体现的重要性将具有一定的随机成分。如果偶然性在元分析产生重要结论的过程中发挥了作用，那么分析出的结果将难以解释。所以从另一角度来看，使用威胁-效度法更有利于避免这一缺陷。

5.2.3　混合标准法：DIAD

我们或许会思考能否将这两种方法的优势结合起来，最大限度地减小其劣势。在结合方法中，你可以对研究方法的许多潜在方面进行编码，并构建一个方案，将它们明确地组合成关于不同效度威胁的判断，这与上文提到的统计效力的例子不同。一些效度威胁可能需要直接编码，例如，内部效度威胁涉及对照组许多方面的特征，最好直接编码为效度威胁，尽管它们很大程度上依赖于一手研究人员提供的研究描述（示例编码表4-2问题I9中也做了这样的处理）。混合标准法没有消除评估研究中的所有问题（我将在以下段落中对其进行描述），但这将是朝着明确的和客观的质量标准迈出的一步，该质量标准同时也考虑了研究结果描述的效用。

Valentine & Cooper（2008）试图创建一种可以应用于研究综合的混合标准法，进行一手研究评估，该工具被称为研究设计和研究实施的评估工具（study design and implementation assessment device，DIAD）。DIAD为研究综合者提供了一个用于构建评估量表的框架。此外，DIAD允许研究综合者从几个不同的抽象层次进行选择，以描述研究方法和期望推论之间的对应关系。DIAD要求用户：（1）对所选择的标准进行详细和明确的说明；（2）在开始评估研究之前对这些标准进行定义；（3）在所有研究中一致地应用这些标准。DIAD基于这样的假设：研究者希望对干预的有效性做出因果推断，例如，旨在促进成人进行有氧运动的干预措施能否改善参与者的认知功能？DIAD被分为与四类效度相对应的四部分，因此它也可以用于其他类型的研究。DIAD的完整论述已经发表（参见Valentine & Cooper（2008）），这里的简要介绍可以使读者了解它是如何将威胁-效度法和方法-描述法结合起来的。

从最抽象层面来看，DIAD为研究者提供了与研究构念效度、内部效度、外部效度和统计结论效度相关的四个问题的答案：

1. 概念与操作之间的拟合度：是否对研究中的参与者进行操作，并且保证测量结果与干预的定义及提出的效用保持一致。

2. 因果推理的清晰度：研究设计能否对干预有效性得出明确的结论？

3. 调查结果的普适性：是否对参与者、情景、结果以及代表其预期受益的场合进行了干预测试？

4. 结果评估的准确性：能否从研究报告中得出干预影响的准确估计值？

干预这一术语在DIAD中代表一手研究做出的任何实验操作。因此，这四个问题都与我们的研究案例相关，包括家庭作业有效性的研究，增加成年人有氧运动的方案以及选择对内在动机的影响研究，这些研究案例都试图揭露因果关系。但由于选择和内在动机的研究是在实验室进行的（具有很好的实验控制），所有这类研究都应具有良好的内部效度，因此对于这类研究综合，DIAD或许可以省略问题2中的“因果推理的清晰度”。第4个研究案例中，个人态度的个体差异研究并不关注因果关系，因此在研究综合中评估研究方法和推论之间的对应关系时，也可以省略问题2。关于DIAD的其他整体问题则与所有研究案例相关。

从更具体的层面来讲，DIAD将4个整体问题分解为8个复合问题。如图5-1所示，一个整体问题分为两个更具体的问题。你或许已经想到，4个整体或8个复合问题自身便可以形成质量量表。换言之，评判者只被要求对每项研究中的各个问题进行作答（或者以连续测量的方式给予该项研究分数）。这是一个用于质量评估的纯粹的威胁-效度法案例，并将展示出效度威胁判断的优缺点。

DIAD试图在操作层面上定义研究的方法特征，这些特征回答了8个复合问题和4个整体问题。完成此任务需要达成以下两点要求：(1) 该工具能够在回答8个复合问题的同时，考虑研究设计与研究实施特征；(2) 该工具能够提供一种方法（算法）来总结其积极的和消极的特征，从而回答8个（进而4个）问题。为此，DIAD要求编码人员回答有关研究设计和实施的30多个问题，这些问题列在表5-1中，每个编号都与对应的问题相联系，表明特定方法特征与哪个整体和复合问题相关。

依据表5-1中的问题，你可能想知道在DIAD中我们如何就研究设计和研究实施做出抉择。在这里，我们与开发质量量表的研究人员遇到了同样的问题。为了做出抉择，我们首先参考了其他量表的内容，许多方法的参考书和文章。然后，我们将DIAD的早期稿件分享给一些备受尊敬的方法学家，并在公开的会议和网站上寻求对该工具的意见。因此，DIAD中对于研究设计和研究实施的30多个问题的共识可能要高于大多数质量量表中对于此类问题的使用。

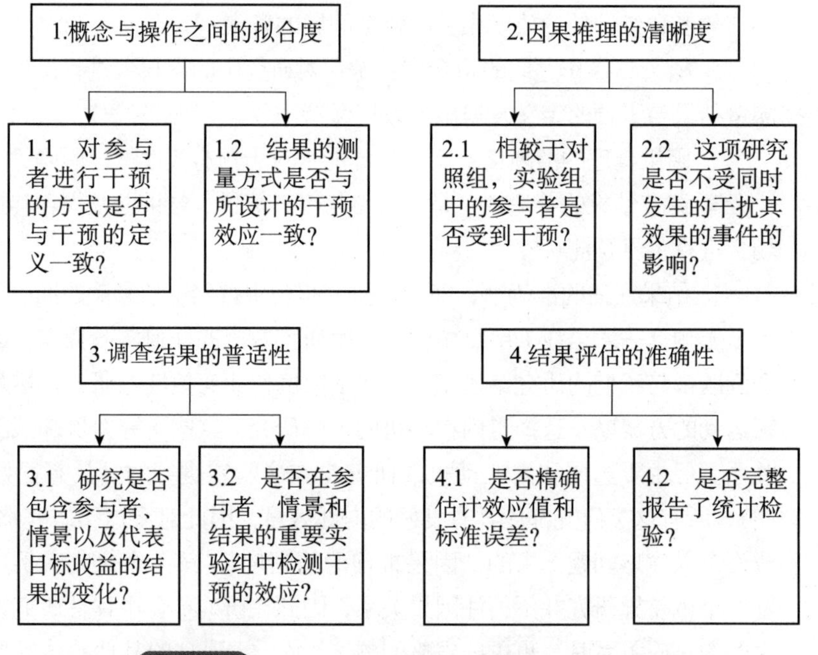

图5-1 DIAD中关于学习质量的8个复合问题

资料来源：Valentine J C，Cooper H. A systematic and transparent approach for assessing the methodological quality of intervention effectiveness research：the study design and implementation assessment device (Study DIAD). Psychological Methods，2008 (13)：141-142. 2008年美国心理学会版权所有，经许可使用。

表5-1 DIAD中研究设计与研究实施相关问题

1.1	对参与者进行干预的方式是否与干预的定义一致?
1.1.1	干预在多大程度上反映应当包含的普遍或理论推导的特征?
1.1.2	对干预进行描述的详细程度是否允许其他实现者进行复现?
1.1.3	是否有证据表明实验组经历了预期或干预效果的影响，而对照组则没有（反之亦然）?
1.1.4	是否有证据表明干预的实施与其所定义的方式相似?
1.2	结果的测量方式是否与研究设计的干预效果一致?
1.2.1	结果测量的题项是否代表该研究综合关注的内容（例如，具有内容效度）?
1.2.2	测量结果是否完全可信?
1.2.3	测量结果是否与干预条件一致?
2.1	相较于对照组，实验组中的参与者是否受到干预?
2.1.1	是否将参与者随机分配到不同的实验条件?（若不是，请回答问题2.1.1a）
2.1.1a	对于准实验：是否有足够的一致程序用于重建选择模型?
2.1.2	在分组后，实验组和对照组之间是否有差别损耗?
2.1.3	在分组后，是否有严重的全面消耗?
2.2	这项研究是否不受同时发生的干扰其效果的事件的影响?
2.2.1	在研究进行地是否有重要历史事件发生?
2.2.2	实验组与对照组是否在相同的总体中提取?（若是，则回答问题2.2.2a）
2.2.2a	若是，那么研究参与者、提供者、数据收集者以及/或者其他权威人员熟知干预条件吗?
2.2.3	根据该研究的描述，是否有充足可信的数据支持其他干预会影响本研究?
3.1	研究是否包含参与者、研究情景以及代表目标收益的结果的变化?
3.1.1	样本中的参与者是否具有目标总体的必要特征?
3.1.2	样本在多大程度上具有参与者来自目标总体的重要特征?
3.1.3	该研究多大程度上包含目标情景的重要特征?
3.1.4	该研究多大程度上包含测量结果的重要类别?
3.1.5	该研究是否在适当的时间测量了干预效果?
3.1.6	该研究是否在适合进行因果推断的时间范围内进行?
3.2	是否在参与者、情景和结果的重要实验组中检验干预的效果?
3.2.1	多大程度上，在参与者的重要实验组中进行了干预效果的检测?
3.2.2	多大程度上，在情景的重要实验组中进行了干预效果的检测?
3.2.3	多大程度上，在重要的结果类别间进行了干预效果的检测?
4.1	是否精确估计效应值和标准误差?
4.1.1	是否满足独立性假设? 如果不满足，是否在估计效应值及其标准误差时考虑了非独立关系（包括聚类产生的非独立关系）?
4.1.2	数据的统计特性是否有效地估计了效应值?
4.1.3	样本量是否足以提供精确的效应值估计?

4.1.4	结果测量是否足够可靠，对效应值的估计是否足够精确?
4.2	是否完整报告了统计检验?
4.2.1	在汇报统计信息时，是否报告了样本量?
4.2.2	多大程度上，可以估计测量结果的方向?
4.2.3a	多大程度上，可以估计测量结果的效应值?
4.2.3b	效应值的估计可以通过标准公式（或代数等价）计算吗?

资料来源：Valentine J C，Cooper，H. A systematic and transparent approach for assessing the methodological quality of intervention effectiveness research：the study design and implementation assessment device（Study DIAD）. Psychological Methods，2008（13）：141-142.

你可能会意识到表5-1中的问题仍然在某种程度上涉及编码人员的判断，并且这30个问题仍然包括充分和全面等术语。DIAD更加具有前瞻性，因为它要求用户在应用工具之前更精确地定义表5-1中列出的术语，否则会对这些术语产生不同的解释。表5-2列出了进行DIAD的程序，其中包含的文档需要在DIAD应用之前由研究综合者完成。第1列包含术语定义的要求，需要注意的是，这些定义专属于所关注的研究领域。有些术语与特定内容领域高度相关，例如干预的重要特征（表5-2中的问题1）。其他术语可能更普遍些，但仍然随着主题的变化而变化，例如，最低可接受样本损失标准（如研究参与者的流失，以及关于样本损失的问题12和13）可能更具普遍性，但对某些研究会有所不同，例如，家庭作业的有效性研究、有氧运动干预的有效性研究。

表5-2中第2列展示了每个答案适用的复合问题。第3列展示了应用DIAD法研究家庭作业效用的研究综合者对相关问题的解答。例如，将DIAD法应用于每项家庭作业研究的编码人员没有被要求对结果测量的最低可接受内部一致性做出选择（表5-2中的问题4）。相反，编码人员被告知主要调查人员将信度的最低可接受水平设置为0.60。通过这种方式，8个复合问题中的所有判断都获得了操作性定义。

在使用DIAD的最后步骤中，一组算法被应用于解答研究设计和研究实施出现的问题（表5-1），以便将它们结合起来回答图5-1中的8个问题。表5-3列出了这8种算法中的一种。此外，还存在将8个复合问题组合成4个整体问题的算法，例如，表5-4展示了将DIAD应用于McGrath（1993）关于家庭作业对学习成绩影响的研究的结果。

对于任何研究，DIAD都会产生3组关于研究方法问题的答案，或进行假设检测的质量：（1）大约30个关于研究设计和研究实施的问题；（2）8个复合问题；（3）4个整体问题。实际上，研究的任何特征都可用于判断或检测研究方法特征是否与研究结果相关。如果你想根据DIAD结果先验地排除其他研究，可以设置研究必须达到或超过的最小分布，以便将其包含在研究综合中。例如，McGrath（1993）可能会被排除，因为它在整体问题2中关于内部效度的解释只有一个“可能是”（见表5-4）。

表5-2　应用DIAD需作答的情景问题

情景问题	DIAD的组合问题	回答示例：评估家庭作业对学习成绩影响的研究
1. 干预的定义和实施应体现哪些共同的和/或从理论上推导出来的特征?	概念定义-干预间的拟合	● 关注学术工作 ● 由课堂教师（或研究员通过教师）分配 ● 非在校期间或在校期间完成
i. 哪些特征对所定义的干预措施是必要的? 该干预“完全”“大部分”还是“有些”反映了共有的和/或理论衍生的特征?		● 对于干预“完全”反映了共有的和/或理论衍生的特征的研究，必须呈现所有3个特征 ● 没有“大部分”或“有些”反映了共有的和/或理论衍生的特征的研究
ii. 干预的哪些变化对于检验效应值的潜在调节变量很重要?		● 任务的频率 ● 花费在每个任务上的期望时间 ● 覆盖的主题 ● 个性化程度 ● 任务的强制性与自愿性 ● 目的 练习（强化、排练） 准备（引进新技能） 整合（结合两种技能） 拓展（应用到新的内容领域） 丰富 ● 完成时间 ● 个人或小组任务
2. 我们需要知道干预的哪些重要特征，从而可以在不同参与者、情景下以及其他时间进行可靠复制?	外部效度	● 任务的频率 ● 花费在每个任务上的期望时间 ● 花费在每个任务上的实际时间 ● 覆盖的主题 ● 学生的年级水平 ● 个性化程度 ● 任务的强制性与自愿性 ● 个人或小组任务
3. 什么是重要的结果类型?	概念-结果间的拟合	● 测验 标准化成绩测试 其他测试 ● 班级成绩 ● 学习习惯与技能 ● 学生对于以下两点的态度： 学校 题材 ● 学生的自信 ● 家长对学校的态度
i. 需要何种类型的结果才能得出结论：已经包括并测试了合理范围的操作和/或方法?		● 任何两类结果都是合理的范围

续表

情景问题	DIAD 的组合问题	回答示例：评估家庭作业对学习成绩影响的研究
4. 研究综合是否具有最低级别的评分信度，以便在评审中考虑结果？若有，那么内部一致性、时间稳定性和/或内部信度（视情况而定）的最小系数是多少？	概念-结果间的拟合	● 是 ● 内部一致性估计＞0.60
5. 考虑到本研究的情景，应该在什么时间段进行与当前条件相关的研究？	外部效度-抽样	● 1982—2007 年
6. 考虑到本研究的情景，干预目标的受益特征是什么？	外部效度-抽样	● K-12 的学生 ● 来自美国、加拿大、英国、澳大利亚的学生
7. 如果研究不使用随机分配，那么参与者有哪些与干预效果相关必须被控制的重要特征？	随机推理-选择	● 结果预测或先前成绩 ● 年级水平或年龄 ● 社会经济地位
8. 参与者实验群体的哪些特征对于以下几点是重要的：（1）有变化；（2）在研究中测试，以确定干预在这些群体中是否有效？哪些级别或标签捕捉到了这种变化？	外部效度-实验群体间的效应检测	● 适用于学生的成绩标签 有天赋的、普通的、“有危险的”、有学习障碍的、学习成绩不良的/低于年级水平的以及有学习缺陷的 ● 年级水平 k-12 ● 社会经济地位 低 低-中 中 中-中上 上 ● 学生性别
i. 参与者子群体的哪些特征被用来得出以下结论：特征的“有限”或“合理”范围已被包括或被检测？		● 任何一个能得出“有限”的特征 ● 任何三个能得出“合理”的特征
9. 哪些情景特征对于研究中的检测至关重要，决定了干预在这些组别中是否有效？	外部效度-实验群体间的效应检验	学校情况 ● 班级规模 ● 特殊教室与常规教室 ● 教室准备 ● 材料条款 ● 老师建议的工作方式 ● 老师提供的课程链接 ● 始于课堂，止于家中 ● 反馈 书面评论 评分 奖励 班级评分的一部分 ● 与学术内容保持一致 ● 在课堂讨论中使用 家庭情况 ● 家庭的社会经济地位 ● 兄弟姐妹的数量及类型 ● 家中成年人的数量

续表

情景问题	DIAD 的组合问题	回答示例：评估家庭作业对学习成绩影响的研究
i. 这些特征及情景中，哪些部分被用来总结已检测变量的"完整的"、"合理的"或"有限的"范围？		● 所有即为"完整的" ● 两个源于"学校"，一个源于"家"的情况为"合理的" ● 任何一个即为"有限的"
10. 什么时间段最宜测量与最终干预相关的干预效果？	外部效度-包容性抽样	● 任何时间都合适
11. 考虑到研究内容，为有效抽样，什么构成了参与者的抽样特征？	内部效度-缺乏干预	就读于同一教学楼、同一年级的学生
a. 若参与者来自同一个总体，他们知道哪个是实验组，哪个是对照组，那么哪些实验组（例如，学生、老师、家长、管理员以及社会工作者）可能会干扰对照组的保真度？		● 两组学生 ● 两组学生的家长 ● 老师
12. 对于该主题的研究，你如何定义实验组与对照组的样本流失？	内部效度-选择	不同小组之间具有超过 10% 的样本流失率差异
13. 对于该主题的研究，你如何定义严重的总体样本流失？	内部效度-选择	原始样本中有超过 20% 的样本流失
14. 对于该主题的研究，什么构成了能够对效应值做出完整精确估计的最小样本？	统计效度-效应值估计	每组 50 位学生
15. "完全"、"大部分"以及"几乎没有"报告出来研究结果各需多大比例的重要统计信息（样本量，效应方向、效应值）？	统计效度-报告	● 如果已知完整测量结果的全部统计结果，那么结果被"完全报告" ● 如果已知完整统计结果的 75%～99% 的测量结果，那么结果被"大量报告" ● 如果已知完整统计结果低于 75% 的测量结果，那么结果"几乎没有"被报告出来
16. 考虑到结果测量以及研究问题的内容，什么构成了干预和结果的"过度一致"和"不一致"	概念定义-结果测量的拟合	● 没有任何结果与对该研究问题的干预过度一致 ● 如果家庭作业涉及的主题与评估明显不同，那么结果就与干预不一致

资料来源：Valentine J C，Cooper，H. A systematic and transparent approach for assessing the methodological quality of intervention effectiveness research：the study design and implementation assessment device（Study DIAD）. Psychological Methods，2008（13）：141－142. 2008 年美国心理学会版权所有，经许可使用。

表 5-3　结合研究设计与研究实现的算法

1.2 的答案："概念和干预之间的拟合度：结果测量：结果的测量方式是否与设计的干预效果一致？"

	反应模式（阅读下列以确定问题的答案）		
1.2.1 结果测量的题项是否代表该研究综合关注的内容（例如，具有内容效度）？	是	是	是/否

续表

	反应模式（阅读下列以确定问题的答案）		
1.2.2 测量结果是否完全可信？	是	是	是/否
1.2.3 测量结果是否与干预条件一致？	是	是	是/否
与该回应模式相联系的问题 1.2 的答案	是	或许	否

资料来源：Valentine J C，Cooper，H. A systematic and transparent approach for assessing the methodological quality of intervention effectiveness research：the study design and implementation assessment device（Study DIAD）. Psychological Methods，2008（13）：141－142. 2008 年美国心理学会版权所有，经许可使用。

表 5-4　家庭作业对学习成绩影响研究的整体和综合评定案例（McGrath，1993）

整体评定		综合评定	
问题	评定	问题	评定
1. 参与者被干预的方式以及测量结果的方式是否与干预的定义以及设计的效应值一致？	是	1.1 对参与者进行干预的方式是否与干预的定义一致？	是
		1.2 结果的测量方式是否与所设计的干预效果一致？	是
2. 研究设计可以得出与干预有效性相关的明确结论吗？	或许是	2.1 相较于对照组，实验组中的参与者是否受到干预？	是
		2.2 这项研究是否不受同时发生的干扰其效果的事件的影响？	或许是
3. 是否对参与者、情景以及代表目标收益的结果进行了干预测试？	否	3.1 研究是否包含参与者、情景以及代表目标收益的结果的变化？	否
		3.2 是否在参与者、情景与结果的重要实验组中检测干预的效果？	否
4. 研究报告中能否得到对于干预影响的准确估计？	否	4.1 是否精确估计了效应值及其标准误差？	否
		4.2 是否完全报告了统计检验？	是

资料来源：Valentine J C，Cooper，H. A systematic and transparent approach for assessing the methodological quality of intervention effectiveness research：the study design and implementation assessment device（Study DIAD）. Psychological Methods，2008（13）：141－142. 2008 年美国心理学会版权所有，经许可使用。

DIAD 是一个复杂且耗时的工具，研究者需要经过深思熟虑和充分锻炼才能正确使用。但这种复杂性反映了这样一个事实：对研究质量做出谨慎而公开的判断并非一件简单的事。如果我们在研究中承认这一事实，那么 DIAD 将具有许多值得信赖的特征。首先，广泛地借鉴社会科学研究人员的意见，我们得出了构成该工具核心的研究设计和研究实施的 30 多个特征（见表 5－1）。更多的共识是，这 30 个特征是在评估研究质量时需要重点考虑的，这与其他质量量表中出现的情况不同。其次，DIAD 要求使用者在应用之前明确重要术语的定义（表 5－2），意味着这些术语的含义对于研究综合者来说是简单易懂的。如果对这些定义存在分歧，可就分歧所在部分进行富有成效的讨论。最后，算法明确将研究设计和研究实施特征结合到了更抽象的问题中，如图5-1所示。

你可以通过多种方式运用DIAD，最好完全掌握它。但如前所述，如果你想使用威胁-效度法，还可以使用整体的和/或复合问题进行引导，或使用30多个设计和实施问题来指导对方法描述方式的应用。将30多个问题转移到类似于第4章中所示的编码表是一项简单的任务。表5-2中的定义可被直接包含在编码定义中。

研究综合中最重要的是，在考虑如何对一手研究的设计和实施进行评估时，你会提出以下问题：

> 是否对研究进行了有效分类，以便在研究设计和实施方面对它们进行重要区分？

5.3　识别统计异常值

在所有数据都已编码且输入计算机并进行第一次数据分析之后评估研究的另一个方面才能继续进行。此时，需要检查各个研究中的极端结果，看它们是否为统计异常值。如果你发现最极端数据与其他结果相差过大，则可以认为该异常数据不属于同一分布序列。比如，假设你有60组受访者年龄与其对某事件态度之间的相关系数。其中59个相关系数在－0.05到＋0.45之间，正值表明年龄偏大的受访者较年轻受访者对该事件呈更不接受态度。但第60个相关系数为－0.65，你可以使用统计程序或惯例将此最极端数据与整体样本分布进行比较，这种最极端的研究结果与整体分布过于不同，从而不将其纳入结果的考虑范围。

由于编码表或数据传输过程中会出现错误，有时会出现统计异常值，但可以对这些异常值进行纠正。出现异常值也可能是由于一手研究者造成的同类型错误，对于该类错误，只能通过要求一手研究者确认结果来更正。有时数据点成为统计异常值的原因不得而知，尽管如此，当数据点过于极端以至于不太可能属于应有的结果分布时，研究综合者应该采取一些针对性措施。一种方法是简单地从数据库中删除该数据，另一种策略是将结果重置为高于均值的三个标准差或其邻值。

例如，关于内在动机对选择影响的元分析中，我们应用Grubbs（1950）的测试识别了每个测量结果的异常值。这些分析根据研究结果识别了无异常值或一两个异常值。我们无法得出异常值出现的原因，但可以将它们设置为临界值，并保留该研究以进一步分析。

Barnett & Lewis（1984）对如何识别统计异常值以及找到该异常值后的处理方法进行了系统的检验。无论选择哪种方法，我们都需要找到统计异常值，并在找到后以某种方式对其进行处理。特定研究是否帮助你获得最佳答案，并激励你进行研究综合，这是问题评估的最后一步。

练习题

1. 完成表5-2中的综合主题。

2. 选择一个与你的主题相关的研究，并回答表5-1中的问题。

3. 结合表5-1和表5-2中的回答，为你的研究主题构造编码指南的方法部分。与一位同学结组，将编码框架应用到彼此的主题研究中。你遇到了什么问题？这些问题将如何改变你在表5-2中的问题作答方式？

第 6 章

第 5 步：分析与整合研究结果

李超平　胥　彦　王佳燕[*]译

可以通过什么方法合并研究结果?

在研究综合中的主要作用

● 确定合并研究结果的方法，检测研究结果间的差异。

程序上的变化可能导致结论上的差异

● 用于总结和比较元分析研究中各类研究结果的方法（如综述、唱票、平均效应值）不同，可能导致最终累积的研究结论不同。

分析和整合研究结果时需要注意的问题

● 是否使用了合适的方法合并和比较研究结果?

● 是否使用了合适的效应值指标?

● 是否报告了平均效应值和置信区间? 是否采用了合适的模型对效应值中的独立效应和误差进行估计?

● 是否进行了效应值的同质性检验?

● 是否检验了以下两个研究结果的潜在调节变量：研究的设计和实施特征；研究的其他关键特征，包括历史背景、理论背景和实践背景?

本章要点

● 元分析的合理应用。

● 总结研究结果的统计方法，包括：计算研究结果；计算平均效应值；计算研究之间的效应值差异。

● 元分析中可能遇到的现实问题。

● 元分析中的高级技术。

数据分析是指对调查者收集到的独立数据进行精简，并形成关于研究问题的统一陈述，包括对数据进行排序、分类和总结，并检验样本研究所得到的结论是否可以推广至样本总体。在结论推广过程中，需要使用一些判定规则去识别噪声（或偶然波动）中的系统性数据模式。在这个过程中，使用的判定规则虽不完全相同，但一般包括：目标群体分布（如正态分布）的假设；为保证系

* 李超平，中国人民大学公共管理学院教授、博士生导师，人才与领导力研究中心主任，电子邮件：lichaoping@ruc. edu. cn；胥彦，中国人民大学公共管理学院博士研究生，电子邮件：xuduyy@163. com；王佳燕，中国人民大学公共管理学院博士研究生，电子邮件：wangjiayan@ruc. edu. cn。基金项目：国家自然科学基金项目（71772171）。

统性的数据模式可靠必须达到的标准（如给出研究结果具有统计显著性的阈值概率）。总之，数据分析的目的是以一种正当、合理的解释方式来总结和描述数据。

6.1 一手研究和研究综合中的数据分析

任何学科的研究都需要经历从具体操作到抽象概念的飞跃，一手研究和研究综合也需要将样本数据研究得出的结论推广到目标总体。但是，直到20世纪70年代中期，一手研究和研究综合所使用的分析技术仍几乎完全不同。一手研究报告需要提供样本统计数据，并报告经过统计检验结果验证的研究推论，通常包括：(1) 不同研究组样本均值的比较或其他关系的计算测量结果；(2) 将样本研究结果向总体推广的推论；(3) 在总体中也存在与样本相关的系统性差异。

对一手研究结果进行解释的传统统计学方法在一定程度上受到了批评。批评者认为，显著性检验只能说明当零假设为真时观察结果出现的可能性（例如，Cohen (1994)；Cumming (2012))，除此之外，没有提供其他信息。批评者还认为，在样本总体中，零假设很少为真，因此检验结果的显著性主要受到从样本总体中抽取的样本量的影响。此外，将样本研究结论推广到总体也存在一定的局限性，因为无论一种关系在统计学上有多强的相关性，其结果也仅适用于那些参与了研究的人。

对解释原始数据的传统统计学方法的怀疑，在一定程度上促进了使用原始统计数据的研究者在后期研究中对研究程序做出改进，并以一个合适的视角看待其研究结果。尽管如此，如果研究结果没有一些统计数据的辅助（或可信数据的支持），一手研究者仍然会对自身的研究结果感到不安。一手研究不接受“我看组均值和别人看组均值的意义是不一样的”这一说法。

与一手研究不同，直到现在，研究综合也没有在解释累积结果时使用任何统计技术。传统的研究综合中，研究者可能会使用直觉性的推理规则（甚至研究者自身都不清楚的规则）来解释数据。这使研究综合结果带有研究者的主观性。在这种情况下，很难对研究综合中使用的共同推理规则的一致性进行描述。

研究综合的主观性引发了对研究综合结论的诸多质疑。为了解决这一问题，方法学家开始在综合过程中引入定量方法。这种方法的主要数据则源于一手研究报告中的统计数据。

6.2 元分析

本书第1章提到，对当前研究综合发展产生最大影响的两个事件是研究数量的增长和计算机检索系统的快速发展。第三个主要事件则是在研究综合过程中引入定量分析程序，即元分析。

社会科学研究数量的爆炸式增长，使研究者开始关注如何在缺乏统一标准的情形下从一系列相关的研究中得出更广泛的结论。而在许多领域的研究中，不可能对每个相关的研究都进行单独的描述。传统的做法是从几十个或几百个研究中选择一两个作为重点进行论述。但这种方式无法准确地描述当前研究领域的知识积累状态。当然，如果领域内仅有数十或数百项研究，作者必须对独立的一手研究进行描述，以便读者理解使用一手研究的方法。

然而，完全依靠一手研究的结果来代表所有研究的结果，可能会产生严重的误导。首先，选择性地关注某些研究可能产生验证性偏差：研究者可能只关注支持其初始立场的那部分研究。其次，选择性关注的研究只是所有研究中的一部分，忽视了可用检验结果的数量，或是对可用的检验结果只给予很小或不精确的权重。在没有对整个相关领域的研究结果进行累积分析的情况下，只呈现一两个研究，可能导致读者无法评估研究结论的信度。最后，选择性关注支持的证据无法很好地评估关系的强度。但随着与某个研究主题相关的证据积累，研究者开始对变量之间的关系强度感兴趣，而不仅限于关注变量之间是否具有相关性。

不使用元分析的研究综合者在考虑研究结果间的差异时也会遇到问题。尽管可能会发现研究结果中一些特定程序特征的分布情况，但研究结果在许多其他特征上还是有所不同。没有元分析，很难准确地辨别研究程序和研究方法的差异是否会影响研究结果。

由此看来，在很多情况下，研究综合者需要进行元分析。定量推理方法在研究综合中的应用是对文献扩充的必要回应。适当的应用统计技术与方法，可以提高研究综合结论的有效性。定量的研究综合是对一手研究中严谨数据分析的推理规则的扩展。如果一手研究要求研究者必须指出数据与研究结论之间的关系，那么在定量研究综合中也应该提出相同的要求。在单个研究中使用的推理程序在研究综合中也应该被使用。

6.2.1　日渐成熟的元分析

早期，在研究综合中使用元分析受到了一定的批评。元分析出现初期，定量研究综合的价值受到了类似于对原始数据分析的批评和质疑（例如，Barber (1978)；Mansfield & Bussey (1977)）。但大部分并不是对元分析这一研究方法本身产生的质疑，而是因为在研究中使用了不适合的定量整合步骤，如缺乏对调节变量的关注，这被错误地认为是使用定量整合程序造成的，但实际上，这些步骤只是研究综合者独立（并且不好）的决策。本书最后一章将会回到对元分析的批判部分，并描述实施严谨的研究综合的一般标准。

元分析现已成为一种公认的研究方法，在社会学和医学中的应用也越来越多。如今，已发表了成千上万篇元分析的文章，而且数量仍在继续增长。图6-1中元分析数量的增长表明元分析在科学和社会学领域的影响力不断增加。数据来源于对科学网核心合集（2015年4月3日检索）的检索结果。以“研究综合”（research synthesis）、“系统性综述”（systematic review）、“研究综述”

(research review)、“文献综述”（literature review)、“元分析”（meta-analysis）为主题，检索1996—2014年中偶数年使用文献数量的增长情况。这一数字表明，参考文献中引用元分析的数量每年都在不断增加。研究综合和元分析在我们的知识中所起的作用是巨大的，而且这种影响还在不断扩大。

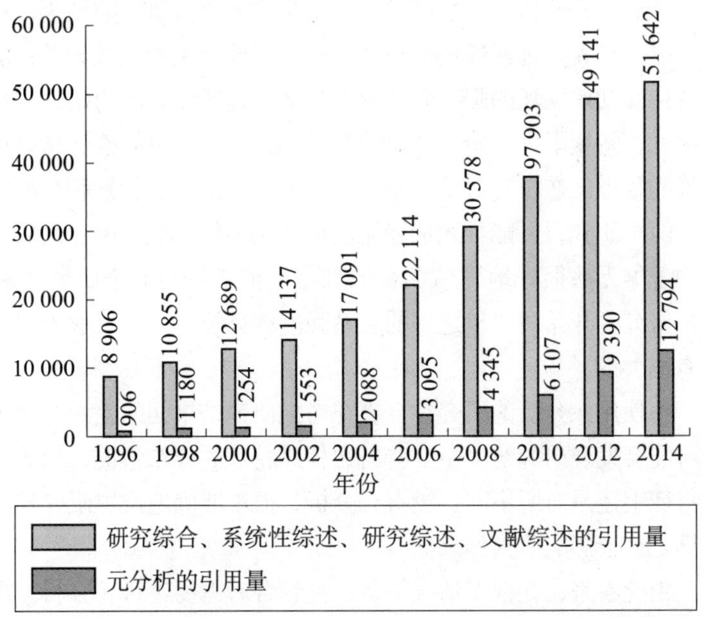

图6-1　科学网核心合集中研究综合、系统性综述、研究综述、文献综述与元分析的数量

6.2.2　什么时候不需要做元分析

本章的大部分内容将描述元分析的一些基本程序以及使用方法。但必须明确指出，在某些情况下，研究综合中并不适合使用定量方法。

首先，定量程序（元分析）只适用于研究综合，而不适用于具有其他研究重点或目标的文献综述（见第1章）。例如，我们如果对追溯“内在动机”这一概念发展的历史感兴趣，就没有必要进行定量的研究综合。但是，如果我们还希望推断内在动机的不同定义是否会对研究结果产生影响，那么对相关的研究进行定量整合是合适的。此外，如果文献综述的目的在于从批判视角或历史视角对以往的每个研究进行评估性研究，或是确定某一领域中一些至关重要的研究，也不需要元分析。在这种情况下，更适合从历史视角去组织文献综述，而不是对累积结果进行统计整合。但是，如果我们对研究结果是否随着时间的推移而变化感兴趣，那么元分析就是合适的。

其次，在研究综合中使用统计学方法的基本前提是一系列的研究涉及相同的概念假设。如果文献综述的前提不包括这一假设，就没有必要对相关的研究进行累积统计。与此相关的是，不应该在比假设的相关概念更为广泛的概念层次上对研究结果进行定量整合。虽然在极端情况下，大多数社会科学研究可以被归为一个单一的概念假设研究，即社会刺激对人类行为的影响。实际上，出于某些目的，这样的假设检验可能非常具有启发性。但不能仅仅因为有方法可以做到这一点，就把概念和假设在量化研究中混为一谈（参见 Kazdin，Durac & Agteros（1979））。我们必须注意文献中那些对读者来说有意义的区别。例如，在选择对内在动机的影响的元分析中，我们并没有将 9 种不同的研究结果结合起来。因为这样做会模糊结果之间的重要区别，并可能误导读者，因此对某一结果类型的研究综合是研究的重点。

另一种过多整合的例子与假设检验有关，即研究中的控制或干预部分。例如，一项对每日进行有氧运动对成年人认知功能水平的影响的研究，可能将每日进行有氧运动的干预组与不进行有氧运动的对照组进行比较，也可能将每日进行有氧运动的干预组与仅接受有关运动重要性信息的对照组进行比较。将这两类研究的结果进行统计上的合并可能并没有什么意义。那么，将何种类型的控制或干预研究结果合并更有意义？我们发现，在定量分析中，对控制组的类型进行区别非常重要（对不同类型的控制组的调节效应分析可能适用于此），不能在统计上直接合并两项研究结果。

再次，在某些条件下，元分析可能无法得出研究综合者期望的广泛性结论。例如，认知心理学家或认知神经科学家可能会认为，他们的研究方法通常提供良好的控制和合理的、有把握的研究结果，因为他们的研究不会受到研究环境较强的影响。这些领域的研究可能更多涉及变量的选择及其理论或解释意义方面。在这种情况下，研究综合者可能需要使用概念和理论手段而不是统计手段来产生令人信服的广泛性结论。

最后，我们可能希望对同一主题的一系列研究进行统计结果上的整合，但是结果发现，这一主题的研究数量很少，而且一手研究中使用的方法、样本和结果测量之间也存在明显的差异。当多种方法没有明显的区别时（例如，某一特定研究设计经常发生在某一特定类型的受试者身上），研究的统计合并可能掩盖一些重要差异，从而难以对研究综合结果进行解释。在这些情况下，最好不要使用元分析，或者在同一研究综合中合并具有相似特征的研究进行几个独立的元分析。

同样需要指出的是，使用元分析并不能保证研究综合者不会受到所有推理错误的影响。仍然可能存在分析者对样本总体特征产生错误推断的情况。正如在单一实证研究中使用统计方法一样，产生错误推断的结论可能是由于目标群体分布特征不适合统计分析技术，或者是因为统计结果的概率性质。如果你认为人口统计学数据不符合你所选择的统计检验假设，那就找一个更合适的统计检验假设，或者干脆不使用元分析。总之，在评估研究综合时需要注意的重要问题是：

是否使用了合适的方法合并并比较研究结果？

6.2.3 综合技术对研究综合结果的影响

本书第1章描述了我与罗森塔尔（Cooper & Rosenthal，1980）进行的一项研究，展示了使用非定量研究综合和元分析进行研究综述时可能导致的结论差异。在这项研究中，研究生和大学教职工对同一组研究进行评估，一半使用定量程序进行分析，另一半使用他们感兴趣的任何标准进行分析。结果发现，研究综合者得到了更多的支持，得出的变量之间的关系也更强。尽管这一研究结果没有达到统计显著性，研究综合者也更倾向于认为未来没有必要复制研究。

进行元分析时使用的统计方法不同也可能导致不同的研究结论。在定量整合传统推理检验模型方面，出现了几种不同的范式（Hedges & Olkin，1985；Rosenthal，1984；Schmidt & Hunter，2015），一些人使用贝叶斯元分析方法（Sutton，Abrams，Jones，Sheldon & Song，2000；United States Department of Health and Human Services Agency for Healthcare Research and Quality，2013）。不同的技术手段会产生不同的元分析结果。因此，进行定量分析的规则可能因研究综合者所选择的方法不同而不同，从而在如何解释研究综合结果上产生差异。我们也可以假设传统的文献综述使用的规则各不相同，但由于其本身的模糊性质，对其进行正式的比较也有难度。

6.3 元分析中的主效应和交互效应

在检验几种定量技术的可用性之前，有必要仔细研究累积结果的一些独特特征。第2章关于问题的构想中我们提到，大多数的研究综合首先关注的是一手研究中的主效应检验，因为主效应检验的复制研究比三个或更多交互关系的检验更为常见。例如，一手研究中可能有很多关于选择是否会影响内在动机的主效应检验，而没有关于这种关系是否受所给出的选择数量影响的交互效应检验。这里指的是单个研究中的交互效应检验，而不是在研究综合层次上检验选择数量影响的能力，因为不同研究在测试主效应时提供的选择数量不同。

但并不是不能对一手研究的交互效应检验进行合并，而是这样的复制研究比较少。下一章关于交互效应检验合并的解释可能更复杂一些。在对一系列研究进行整合时，交互效应的检验在统计上可以通过两种不同的方法合并。一种是汇总每个研究中交互效应检验的关系。另一种是分开整合两个交互变量与第三个变量之间的关系。假设存在这样一组研究，一手研究者检验了选择对内在动机的影响是否会受到给出的选择数量的影响。研究综合者可以根据给出的选择数量来估计内在动机的差异。他们可以将做出选择和没有做出选择这两种情况下的动机测量结果进行汇总。对于在两个或三个选择下的动机测量结果，也可以这样做，然后比较效应值的差异。这可能比直接估计交互作用的效应值更有用，也更容易解释。但是，要做到这一点，一手研究中必须报告将交互效应作为两个独立的简单效应分开检验的相关信息。同时研究综合过程中可能还需要对选择的数量进行分组（例如3～5个选择、超过5个选择），以便有足够的检验来产生一个良好的估计。

主效应检验结果通常是元分析的重点。在许多情况下，交互作用也会被简化为简单效应的研究，所以本章对定量整合技术的讨论将只涉及主效应。对元分析中的交互作用进行研究在数学上也较为简单直接。

6.4 元分析和研究结果中的差异

在研究综合中，主效应和交互效应检验存在一个明显的特征，即相同关系在不同研究中进行的检验，可能会产生不同的结果，我们需要探究这种差异的来源。

6.4.1 研究结果差异的来源

研究结果差异的来源有两种。其中一种是最常被忽视的普遍存在于非定量研究综合中的抽样方差。在学者对定量研究综合感兴趣之前，Taveggia (1974) 就认识到了这一重要影响：

> 经常被作者忽视的一个方法论原则……综述的研究结果具有概率性。这一原则表明，任何单一的研究结果本身是没有意义的，它们可能只是偶然产生的一种结果。也就是说，即使对一个特定的主题进行了足够多的研究，但仅凭偶然因素，就可能出现不一致和相互矛盾的研究结果！而看似矛盾的结果也可能只是调查结果分布的正向和负向细节。（pp. 397 - 398，原文中强调）

Taveggia (1974) 强调了概率理论和抽样技术的应用在样本总体结论推论中的意义。

假设测量每个美国学生做家庭作业与学习成绩之间的关系。同样，假设我们已经完成了调查，并发现做家庭作业的学生和没有做家庭作业的学生学习成绩完全相同，即两个分组的成绩测试均值完全相同。但是，如果从1 000人的样本总体中随机抽取了50个做家庭作业的学生样本和50个没有做家庭作业的学生样本（分别从1 000个样本总体中抽取），分析测试成绩发现，这两个样本几乎表现出完全不同的组均值。大约一半样本表现出做了家庭作业的学生学习成绩更好，另一半样本表现出没有做家庭作业的学生学习成绩更好。此外，如果使用 t 检验和 $p<0.05$ 的显著性水平（双尾）对样本均值进行统计学比较，约25个比较结果显示出支持做了家庭作业组的学生学习成绩更好的显著差异，约25个比较结果显示出支持没有做家庭作业组的学生学习成绩更好的显著差异。通过抽样研究估计出的样本均值与真实的总体均值在一定程度上总是存在差异的，这也是产生这种研究结果差异的主要原因。而且，仅凭偶然性（偶然

因素），有些比较可能会产生与真实总体均值相差很大且方向相反的样本估计值。

当然，结果并不完全是偶然因素造成的，毕竟950个比较结果并没有表现出差异，而显著性结果在正向结果和负向结果中平均分配。然而，在实践中，结果的模式很少会如此清晰。正如文献检索一章中提到的，因为其不可获取性，我们可能无法了解、获取所有的零结果。更为复杂的是，即使两个变量之间确实存在一定的关系（即零假设为假），一些研究也可能会得出两个变量之间不存在关系的显著性结果。如果做了家庭作业组的学生比没有做家庭作业组的学生平均学习成绩好，那么从两个亚组中随机抽取一些样本进行比较，比较的结果有可能支持没有做家庭作业组的学生学习成绩更好这一假设，这在一定程度上可能取决于变量间关系的强度、样本的大小以及比较的次数。研究结果差异的一个来源可能是总体样本中进行的抽样估计不准确而造成的偶然波动。

研究综合者对研究结果差异的第二个来源更感兴趣：研究方法的差异，它与抽样估计不准确导致的差异同属一类。正如样本的抽取一样，可以将一系列研究的方法看作从所有可能的研究方法中抽取的样本。研究可以采用不同的方法（正如人们拥有不同的个人属性一样），因此就可能会对研究结果产生影响，从所有研究方法中抽取“样本方法”的研究，可能与使用其他方法的研究之间产生差异。在研究做家庭作业组学生和不做家庭作业组学生的学习成绩时，样本可以是不同年级的学生；学习成绩可以用单元测试、班级成绩或标准化测试的成绩，也可以用不同科目的成绩作为衡量标准。研究方法或研究背景的每种差异都可能导致不同的研究结果，即产生与来自同一样本总体的另一项研究不同的研究结果。

与研究层次相关的差异和研究结果的差异可能存在联系。例如，对小学生进行的家庭作业问题的研究可能与对高中生进行的家庭作业问题的研究产生不同的系统性结果差异。我们在第2章中引入综合衍生证据来描述研究特征和研究结果之间的联系。

研究结果中存在两类差异来源，一个是由抽取参与者产生的，另一个是由抽样研究产生的，这产生了一个有趣的困境。当一组研究中出现结果差异时，是否应该尝试去识别这种差异产生的来源？或者只是简单地假设研究结果的差异是由抽样不准确（参与者和/或研究步骤）产生的？当前的研究中，有一些辅助检验来帮助回答上面的问题。将抽样误差（与参与者或参与者和研究两者都相关）作为零假设进行检验，对研究结果的方差进行估计，如果仅是抽样误差造成的研究结果变异，结果的方差是可以预期的。[①] 如果观察到的研究结果差异太大，仅用抽样误差无法解释，则拒绝零假设，表明可以否定所有结果都

① 你可以选择仅基于样本差异，还是同时基于样本差异和研究水平差异来估计抽样误差。后面讨论固定效应模型和随机效应模型时将再予以讨论。

来自同一样本总体。

下面几节将介绍一些定量研究综合技术，这些技术相对简单且适用范围较广。我将详细介绍每种技术的概念及相关信息，通过学习，读者可以完成一个完整的、基本的元分析。如果读者希望对这些技术及其来源、衍生以及技术产生的过程有更详细的了解，或者读者的元分析具有某些特殊性质，需要使用本书没有介绍的方法来研究数据，推荐进一步参考本书所引用的一些一手研究。接下来的讨论中需要读者对社会科学中使用的基本统计推论知识有一定的了解。

需要指出的是，在对一系列研究进行整合统计结果的效度检验中，有三个假设至关重要。首先，也是最明显的一点，累积分析中的单个结果都应该检验相同的比较或相同的关系，即纳入元分析的单一实证研究都尝试去解决同一个问题。其次，用于累积分析的每个研究必须彼此独立。第4章专门对此进行了讨论。最后，必须相信一手研究者在计算检验结果时做出了有效的假设。如果需要合并两组均值之间的比较效应值，就必须假设在一手研究中，两组的观察结果独立且正态分布，方差也大致相等。

6.5　唱票法

合并独立统计检验最简单的方法是唱票法，唱票法既可以计算调查结果的统计显著性，也可以只关注调查结果的方向。

计算调查结果[①]的统计显著性，需要将每个调查结果进行分类：与预期一致的统计上的显著性结果；与预期不一致的（消极的）显著性结果；不显著的结果，即研究结果不允许拒绝零假设。然后，可以建立这样一个规则：哪个类别中包含的研究数量最多，就代表目标群体中关系的方向。

唱票法很直观很常用，但又过于保守，往往会产生错误的结论（Hedges & Olkin，1980）。按照统计显著性的传统定义，仅有约5%的可能性会对显著性效应产生错误的判断。而唱票法只有在对少于1/3的正向且具有显著性的研究结果进行统计时，才可能表明在样本总体中存在真正的差异。也就是要求在宣布结果成立时，至少34%的结果是正向的且具有统计显著性。

具体地说，假设总体样本中两个变量之间的相关性 $r=0.30$，并且每个样本中有40人参与了20项研究（这在社会科学中并不罕见）。如果使用前文所描述的决策规则，与本系列研究相关的唱票结果得出正相关关系的概率小于6/100。因此，对显著性结果进行分类的唱票法，往往会得出接受零假设的结果，并可能忽视一些理论成果或有效的干预研究，但实际上这样的结论并没有

① 在本章以及后面的章节中，我将交替使用结果（findings）、研究（studies）和比较（comparisons）这些术语来指代构成元分析输入的离散的、独立的假设检验或关系估计。这样做是为了阐述方便，虽然有时这些术语可能有不同的含义，例如，一项研究可以在相同条件下包含多个比较。

依据。

调整三种类型的研究结果（正向、负向和零）的频数，考虑每个研究结果的真实预期百分比（95%为零，每个方向为2.5%的显著性），就解决了以上问题，但同时又出现了另外一个问题。由于研究者不太可能报告零结果，因此研究综合者也不太可能检索到零结果。因此，如果在唱票法中使用了合适的期望值，往往会同时出现正向和负向的显著性结果，而且出现的频率都比单独偶然出现的预期要高。使用唱票法很难获取不显著的研究结果。

只关注调查结果方向的唱票法，是将统计上显著的正向结果与负向结果出现的频率进行比较。其假设前提是，如果零假设普遍存在，那么预期显著的正向和负向结果出现的频率是相等的。如果两种结果出现的频率不相等，则可以拒绝零假设，支持主流方向的研究结果。这种方法存在的一个问题是，即使零假设不成立，无论是正向的研究结果还是负向的研究结果，不具有显著性的研究结果的数量仍然可能远远大于具有显著性的研究结果的数量。这种方法也将忽略许多研究结果（即所有不具有显著性的研究结果），并且其统计效力非常低。

在研究综合中使用唱票法的最后一种方式是，不论统计结果的显著性如何，都对正向结果和负向结果的数量进行统计。在这种方法中，仅根据结果的方向对其分类，忽视了研究结果的统计显著性。同样，如果零假设成立，即样本总体中的变量之间不存在关系，则预期每个方向上的结果数量是相等的。

一旦统计了每个方向上的研究结果数量，元分析者就可以执行一个简单的符号检验，以发现累积结果是否表现出一个方向出现的频率比期望的频率高。符号检验的计算公式如下：

$$Z_{VC}=\frac{(N_P)-\left(\frac{1}{2}N\right)}{\frac{1}{2}\sqrt{N}} \tag{6-1}$$

式中，Z_{VC}是总体研究结果的标准正态偏差，或称Z分数；N_P是正向结果的数量；N是所有研究结果的数量（正向结果＋负向结果）。

Z_{VC}被称为标准正态偏差，用来发现与累积定向结果相关的概率（单侧）。如果需要双侧P值，则应将表中P值一列的值乘以2。表6－1给出了与不同P值相关联的Z分数。这个符号检验既可以用于对所有方向进行简单统计的唱票法，也可以用于只统计显著性结果的方向的唱票法，但更建议用于第2种唱票法。

假设36个研究中有25个研究的结果表明，进行有氧运动干预的成年人比没有进行干预的成年人表现出更好的神经认知功能。考虑到目标人群（所有的干预测试）在两种情况下表现出的神经认知功能是相同的，那么结果在一个方向上的可能性是$p<0.02$（双尾），Z_{VC}为2.33。这表明干预具有积极效果这一假设得到了支持。

表6-1 标准正态偏差分布

Z分数	从Z到-Z	P值 双尾	P值 单尾	Z分数	从Z到-Z	P值 双尾	P值 单尾
2.807	0.995	0.005	0.002 5	1.645	0.9	0.1	0.05
2.576	0.99	0.01	0.005	1.440	0.85	0.15	0.075
2.432	0.985	0.015	0.007 5	1.282	0.8	0.2	0.1
2.326	0.98	0.02	0.01	1.150	0.75	0.25	0.125
2.241	0.975	0.025	0.012 5	1.036	0.7	0.3	0.15
2.170	0.97	0.03	0.015	0.842	0.6	0.4	0.2
2.108	0.965	0.035	0.017 5	0.674	0.5	0.5	0.25
2.054	0.96	0.04	0.02	0.524	0.4	0.6	0.3
2.000	0.954	0.046	0.023	0.385	0.3	0.7	0.35
1.960	0.95	0.05	0.025	0.253	0.2	0.8	0.4
1.881	0.94	0.06	0.03	0.126	0.1	0.9	0.45
1.751	0.92	0.08	0.04				

资料来源：Wikipedia，http：//en.wikipedia.org/wiki/Standard _ normal _ table.

不考虑结果显著性而仅使用结果方向的唱票法的优点是能够使用所有统计结果的信息。不过，这种方法也有一些缺点。与其他方式的唱票法类似，它不通过样本大小来衡量一个研究结果对总体结果的贡献。因此，研究者可能会赋予一个样本量为100的研究结果与一个样本量为1 000的研究结果相同的权重。此外，它没有考虑每一项研究结果中所揭示的关系程度（如干预效果），即干预使参与者认知功能得到极大提升与干预使参与者认知功能有较小程度下降的研究结果同等重要。最后，方向型唱票法的一个实际问题是，如果研究结果在统计上并不显著，一手研究者通常并不会报告研究结果的方向。

尽管如此，方向型唱票法可以作为其他元分析过程的补充，甚至可以用来估计关系的强度。Bushman & Wang（2009）提供了可用于估计总体关系强度的公式和表格，前提是研究者需要知道研究结果的数量、每个研究结果的方向以及样本量。例如，假设干预组和对照组之间有36个比较，其中每一个比较的样本量都为50。使用Bushman & Wang（2009）的技术，发现当干预组的36个比较中有25个（69%）显示出更好的认知功能时，组员和活动之间相关性的总体相关系数$r=0.07$。当然，这个例子假设所有的样本大小都相等。但在许多情况下，不仅样本量不同，还有一些无法确定方向的比较（唱票），这使得估算技术非常复杂。过去使用这种技术时（参见Cooper，Charlton，Valentine & Muhlenbruck（2000）），需要使用不同的假设集进行多次分析。一般来说，应该谨慎地使用唱票法，并且需要与其他能够产生较为确定性结论的技术结合使用。

综上所述，研究者可以通过比较方向型研究结果的数量和/或显著方向型研究结果的数量，对研究结果进行唱票统计。但两种方法都不够精确且较为保守，也就是说，更精确的研究方法表明应该拒绝零假设时，唱票法分析可能会接受零假设。第一种情况下，许多研究不会报告所有结果的方向，同时不显著的研究结果也不能用于第二种情况的分析。因此，可以使用唱票法，但需要与其他更精确的元分析方法相结合。

6.5.1　合并显著性水平

解决唱票法缺陷的一种方法是将每次比较结果相关的确切概率值合并。Rosenthal（1984）对16种合并推理检验结果的方法进行了分类，得到对零假设的整体检验。使用确切的概率值，合并分析时能考虑到不同的样本大小以及研究结果的关系强度。因此，合并显著性水平克服了唱票法加权不当的问题。但是这种合并也有严重的局限性。首先，与唱票法一样，合并概率值仅对"是否存在相关性"进行了回答，而没有回答"存在多大的相关性"。其次，唱票法过于保守，合并显著性水平却过于强大，对于已经产生大量研究结果的假设或关系来说，拒绝零假设的可能性也较大，因为即使是非常小的关系也能产生显著的合并概率值，反而使合并显著性水平变成了一种不太有效的分析方式。所以，这一方法基本上已不再使用。

6.6　测量关系强度

到目前为止所描述的分析方式其基本功能是帮助研究者接受或拒绝零假设。直到最近，大多数社会理论和社会干预的研究者都满足于简单地确定具有一定解释价值的关系。这种"是否存在相关性"问题的普遍存在，部分原因在于社会科学的理论和假设相对不精确。社会假设通常是对事实初步近似值的粗略陈述。社会研究人员很少被问及有效的理论和干预是如何解释人类行为的，以及这些具有一定价值的相关解释之间的比较。如今，随着社会科学的理论和干预手段变得越来越复杂，社会科学家也越来越多地关注关系强度。

对零假设显著性检验本身不满意的增加进一步推动了关于"存在多大的相关性"这一问题的研究。如前所述，是否可以拒绝零假设与特定的研究密切相关。如果有足够数量的参与者，或者采用了更精细的研究设计，最后拒绝零假设很正常。类似结论在包含合并显著性水平的元分析中更为常见，因为这种方法功能强大到即使很小的关系也可以被检测出来。因此，拒绝零假设的结论并不能保证已经实现了对社会的洞察。

最后，在应用社会科学研究中，唱票法和合并显著性水平技术并不提供关于处理（干预）效果的相关信息，以及变量之间关系强度、关系重要与否等相关信息。例如，如果我们发现参与者属于青少年或成年人两种不同类型样本的哪一种，与认为在发生强奸案时女性负有一定的责任之间具有统计显著性且$r=0.01$，那么这种关系强度是否表明这个干预措施具有足够的影响效应？如果得出的研究结果具有统计显著性且 $r=0.30$，又表明这种干预具有多强的影响效应？这个例子表明“是否存在相关性”往往不是当前研究中最重要的问题。相反，“参与者的年龄对对强奸的态度产生多大影响”变得更为重要，两者之间可能没有关系，也可能存在较小的或较大的关系。这个问题的答案可以帮助研究者更好地设计实施对强奸态度的干预措施，从而提升干预措施有效性。考虑到这些问题，研究者转而计算平均效应值。同样，我们将很快看到，“关系是否不等于零”可以通过调整“存在多大的相关性”的置信区间来回答，而不需要单独进行零假设显著性检验。

6.6.1 效应值的定义

为了回答“存在多大的相关性”这一问题，我们必须就差异的幅度、关系强度或通常所说的效应值等术语的定义达成一致。一旦定义了这些概念，就需要有定量表达这些概念的方法。Cohen（1988）在 *Statistical Power Analysis for the Behavioral Sciences* 一书中给出了效应值的标准定义。他将效应值定义为：

> 在不考虑任何因果关系的情况下，可以方便地使用“效应值”一词来表示某一现象在人群中出现的可能性，或零假设为假的程度。通过计算效应值可以很容易地看出，当零假设为假时，它在某种特定程度上是错误的，即效应值（ES）在样本总体中是某个特定的非零值。而且这个值越大，所研究的现象出现的可能性就越大。（pp. 9－10）

图6－2给出了三个假设关系，说明了Cohen（1988）关于效应值的定义。假设图中的结果来自三个实验，比较有氧运动干预组和不做处理的控制组对成年人认知功能的影响。最上面的图表示一个零关系。也就是说，接受干预的参与者与未接受干预的参与者的认知功能得分均值和分布相同。中间的图表示干预组的平均认知功能得分略高于无干预组，第三个图表示接受干预与没有进行干预之间组间的差异较大。效应值必须表示这三个结果，一般情况下，效应值越大，与零值的偏离越大。

Cohen（1988）包含许多不同的指标来描述关系的强度。每种效应值指标都与特定的研究设计相关联，其计算方式与两组比较相关的 t 检验、多组设计相关的 F 检验和频率表相关的卡方检验类似。接下来我们将描述研究者最常用的三个指标，几乎任何研究成果都可以使用其中一种指标来表示。读者如果想获得关于这些效应值指标以及其他许多指标相关的更详细信息，可以参考Cohen（1988）或Cumming（2012）。同时，Cohen（1988）还描述了几个允许对多自由度比较进行效应值估计（例如，涉及两个以上群体的比较，如三个宗教群体对强奸的态度）的指标，不过这些指标使用频率较低，稍后将讨论原因。此处对指标的描述仅限于那些与单自由度检验匹配的指标。

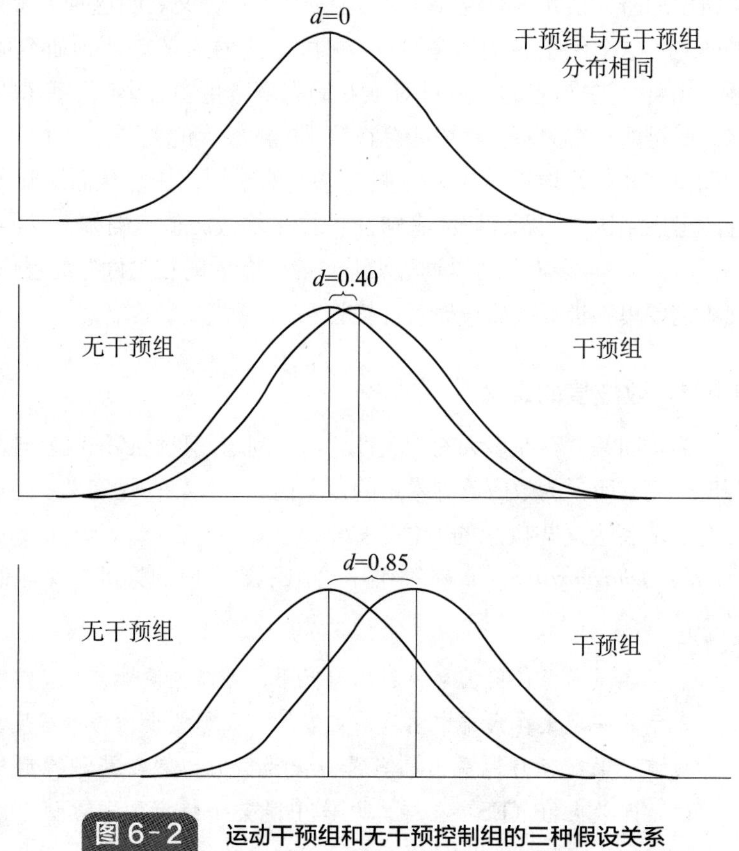

图6-2 运动干预组和无干预控制组的三种假设关系

6.6.2 标准均值差：*d* 值或 *g* 值

在比较两个平均值之间的差异时可以使用 d 值或标准均值差作为效应值指标。d 值通常与基于两组或实验条件下比较的 t 检验或 F 检验结合使用。d 值用共同标准差来进行两个均值之间的比较。所谓共同标准差，即如果我们可以精确测量两个子目标群体中两个样本的标准差，那么它们是相等的。

图6-2所示的三个研究假设对比了一项有干预（有氧运动）组和无干预控制组对成年人认知的影响，以此来说明 d 值。因变量是对神经认知功能的一些测量，可能是短期记忆或处理速度。第一个图表明研究结果支持零假设，d 值为零。也就是说，干预组与控制组之间没有差异。中间的研究结果显示 d 值为0.40，即干预组均值位于控制组均值标准差右侧的4/10处。在第三个图中，d 值是0.85。这里，干预组均值位于控制组均值标准差右侧的85/100处。

d 值的计算较为简单，公式如下：

$$d = \frac{\overline{X}_1 - \overline{X}_2}{SD_{\text{within}}} \tag{6-2}$$

式中，$\overline{X}_1$ 和 $\overline{X}_2$ 是两组的样本均值；SD_{within} 是组内标准差，可以使用以下公式计算：

$$SD_{\text{within}} = \sqrt{\frac{(n_1 - 1)SD_1^2 + (n_2 - 1)SD_2^2}{n_1 + n_2 - 2}} \tag{6-3}$$

式中，SD_1 和 SD_2 是组 X_1 和组 X_2 的标准差；n_1 和 n_2 是组 X_1 和组 X_2 的样本量。

d 值计算简单，而且无标度。也就是说，公式中作为分母的标准差调整意味着使用不同测量量表的研究之间可以进行比较或合并。例如，一项关于运动干预效果的研究中，使用短期记忆作为结果测量指标，而另一项研究使用处理速度作为结果测量指标，那么单纯地合并这两个（干预与没有干预）原始均值，即只合并 d 值计算公式中的分子部分将毫无意义。但是如果先将两个结果转换为标准均值差，合并将有意义。假设这两个结果测量的是相同的潜在概念变量（即认知功能），那么这两种结果就转化为一个共同的度量标准。

d 值的方差可以用下面的公式表示：

$$V_d = \frac{n_1 + n_2}{n_1 n_2} + \frac{d^2}{2(n_1 + n_2)} \tag{6-4}$$

式中，所有变量的定义与前面一致。

d 值的 95%置信区间为 $d - 1.95\sqrt{V_d} \leqslant d \leqslant d + 1.95\sqrt{V_d}$ 。

在许多情况下，研究者会发现，一手研究者不会报告单独每组的均值、标准差和样本量，但会报告与均值差异及其关系方向相关的 t 检验或 F 检验。在这种情况下，Rosenthal（1984）提供了一个非常接近的 d 值计算公式，这个公式不需要单独每组的均值和标准差。公式如下：

$$d = \frac{2t}{\sqrt{df_{\text{error}}}} \tag{6-5}$$

式中，t 是与比较相关的 t 检验值；df_{error} 是与 t 检验（$n_1 + n_2 - 2$）误差项有关的自由度。

如果是只报告了一个自由度的 F 检验，可以将分子 t 替换为 F 值的平方根（即 $t = \sqrt{F}$），然后代入上式。同样，这些 d 值的近似值也假定研究者知道均值差的方向。

事实上，可以计算许多不同的数据模块和研究设计的 d 值。具体可以参考 Practical Meta-Analysis Effect Size Calculator（Wilson，2015）这个网站。该网站可以基于 30 种不同的信息数据以及研究设计来计算 d 值。一些元分析软件程序也可以计算效应值，但是必须确保分析过程中所选的方法与所处理的数据类型和研究设计匹配。如果没有相关软件，还可以使用较为可靠的互联网计算器来计算效应值，然后将其转录到元分析程序中。

从总体值估计中消除较小的抽样偏差：g 值　一个样本统计量，无论是效应值、均值还是标准差，通常以从样本总体中抽取的少数人为基础。如果测量总样本的每一个人，我们会发现，样本统计数据与总体统计数据的值并不完全相同。正是由于样本的效应值估计并不总是无偏地反映总体值，研究者设计出了调整这种偏差的方法。

Hedges（1980）认为，小样本的 d 值可能在一定程度上高估了总体效应值。但是，当研究的样本量大于 20 时，这种偏差就会很小。如果元分析者计算样本量小于 20 的一手研究的标准均值差，则应使用 Hedges（1980）的 g 值计算公式。公式的区别在于：在 g 值公式中，总体标准差的合并估计值代替式（6-2）分母中的合并样本标准差。在互联网上搜索效应值计算器可以方便地找到几种使用不同公式计算效应值估计的网站（Ellis，2009）。

除了抽样偏差影响效应值估计之外，元分析者在解释任何基于小样本统计数据的研究时都应该保持谨慎。因为当样本量很小时，单个极值就可以产生一个非常大的效应值估计。

为 d 值标准差选择一个估计值 显然，影响 d 值的一个重要因素是用于估计总体均值方差的标准差。之前提到，d 值的计算公式基于这样一个假设：如果可以精确测量两组的标准差，那么它们是相等的。很多时候研究者别无选择，只能做出这样的假设，因为 d 值需要通过相关的 t 检验或 F 检验来估计，相当于间接做出了以上假设。但是，如果报告中给出了两组标准差的相关信息，且标准差不相等，研究者需要选择一组标准差作为 d 值计算公式中的分母，以便标准化均值差。例如，在比较干预组和控制组时，标准差有所不同（可能是因为干预改变了组均值，造成了更大的结果差异），那么就应该使用控制组的标准差。

6.6.3 基于两个连续变量的效应值：r 值

第二个效应值 r 值，是皮尔森积差相关系数（Pearson product-moment correlation coefficient）。当研究者想要研究两个连续变量之间的关系时，r 值是效应值最合适的度量指标。举个例子，如果研究参与者接触色情内容的数量和他们认为女性对强奸负有责任程度之间的关系，可以用相关系数来估计。

大多数社会科学家都熟悉 r 值，但计算 r 值时需要两个连续变量的方差和协方差，因此很少能从一手研究报告提供的信息中计算出来。其实也不需要对 r 值进行单独计算，因为一手研究者在大多数情况下会报告 r 值。但如果研究中只给出与 r 值相关的 t 检验值，r 值也可以通过以下公式计算得出：

$$r=\sqrt{\frac{t^2}{t^2+df_{\text{error}}}} \tag{6-6}$$

r 值的方差可以用下面公式进行计算：

$$V_r=\frac{(1-r^2)^2}{n-1} \tag{6-7}$$

r 值的 95%置信区间为 $r-1.95\sqrt{V_r}\leqslant r\leqslant r+1.95\sqrt{V_r}$。

r 值的正态分布 当 r 值较大时，即当估计的总体值明显不同于零时，会出现非正态抽样分布。这是因为 r 值必须在 1.00 到 -1.00 之间。因此，当总体值接近这两个极限值时，得出的样本估计值的范围也将被限制在接近极限的尾部部分（参见 Shadish & Haddock（2009））。

为了对此进行调整，大多数研究者在合并或测试调节变量的效应值之前，会将 r 值转换为 Z 分数。Z 分数没有限制值，呈正态分布。从概念上讲，这种转换“拉伸”（stretches）了分布的受限尾部，恢复了钟形曲线。计算出平均 Z 分数之后，可以再转换回 r 值。在 r 与 Z 的转换中，当 r 的绝对值等于 0.25 时，r 与 Z 两个值几乎没有差别。当等于 0.50 时，相关的 Z 分数等于 0.55。当等于 0.8 时，相关的 Z 分数等于 1.1。Z 分数也可以通过以下公式直接计算得出：

$$Z=0.5\left[\ln(1+r)-\ln(1-r)\right] \tag{6-8}$$

式中，ln 表示自然对数。

Z 分数的方差为：

$$V_z=\frac{1}{(n-3)} \tag{6-9}$$

研究者也可以在网上找到 r-z 转换计算器（如 http：//vassarstats.net/tabs_rz.html），还可以计算离散程度。但需要指出的是，虽然我们计算了 Z 分数，但在呈现结果时仍应将其转换为相关系数 r。

6.6.4 基于两个二分变量的效应值：比值比和风险比

第三类效应值指标适用于两个变量都是二分变量的研究，如自变量为老年人是否接受有氧运动治疗，结果变量为五年后是否被诊断为患有阿尔茨海默病。在这种情况下，我们会选择比值比作为效应值指标。比值比在医学研究中比较常用，研究者经常对治疗干预对死亡率或疾病控制的影响相关的主题比较感兴趣。比值比也用于刑事司法研究，结果变量一般是犯罪者再次犯罪（经过一定时间后再次被捕），也可用于其他领域的研究。

顾名思义，比值比描述了两组比值之间的关系。例如，假设研究者进行了一项关于老年人有氧运动干预效果的研究。200 名参与者被随机分配在干预组和控制组中，5 年后诊断参与者是否患有阿尔茨海默病。研究结果如下：

	干预组	控制组
没有患阿尔茨海病	75	60
患有阿尔茨海默病	25	40

为了计算比值比，元分析者首先确定，在干预条件下，参与者患阿尔茨海默病的概率为 3∶1（75∶25）。在无干预的情况下，概率为 1.5∶1（60∶40）。在本例中，比值比为 2，意味着控制组中老年人患病的概率是干预组的两倍。当两种情况下的比值相同时（即干预没有效果时），比值比为 1。比值比也可以直接根据表格计算出来，将主对角元素的乘积除以非对角元素的乘积就是比值比，在本例中则为（75×40）/（60×25）。

衡量两个二分变量效应值的另一种方法是风险比。风险比表示一种情况对于另一种情况的相对风险。在这个例子中接受干预的老年人患病的风险是0.25或25%。如果不进行干预，患病风险是0.40或40%。那么风险比就是这两个数字的比值：如果干预组的患病风险值在分子上，则比值为0.625；如果控制组的患病风险值在分子上，则比值为1.60。

同样，实用的元分析效应值计算器（Practical Meta-Analysis Effect Size Calculator）（Wilson，2015）也可以计算比值比和风险比。与 r 值类似，在计算之前，应该将各个比值转换为对数值（也由计算器提供），最后在报告时再转换回来。

因为在社会科学中较少使用比值比，所以下一节不会过多讨论这一概念。下一节讨论的大多数元分析技术都较为简单。在实际研究中，我们也可以使用其他指标来计算两个二分变量的相关性，Fleiss & Berlin（2009）对衡量两个二分变量之间关系的众多效应值估计进行了概述。

使用网络效应值计算器之前，需要对这些程序中使用的公式进行检查。它们可能在某些方面不同于本书给出的简单公式。一般情况下，只要网站来源可靠，计算就应该是可靠的，但手动计算部分效应值总是有用的，也有助于更好地了解软件程序的数据分析过程。

6.6.5 实际计算效应值过程中可能存在的一些问题

虽然效应值的计算很简单。但在实际计算时也会遇到很多问题。其中最主要的问题是数据缺失，第4章和下一章都讨论了数据缺失的处理。还有一些与研究设计以及效应值本身的一些独特特征相关的问题。下面描述计算效应值过程中可能存在的问题。

采用不同的研究设计时选择一个合适的度量标准 在对同一关系进行研究时，有时使用参数统计（假设正态分布），有时使用非参数统计（不对分布做出假设的统计）。例如，在关于选择的研究中，可以通过计算每个参与者在一段时间内自由选择花在任务上的平均时间（连续变量所决定的参数检验），也可以记录每个参与者在一段时间内是否选择了（二分变量所决定的非参数检验）一个特定的任务来测量内在动机。因此就会出现使用不同的研究设计对同一个关系进行研究的情况。在研究的文献中，通常会有一种研究设计方法是领域内的主要设计方法。然后，我们需要转换与合并来自不常使用的研究设计方法的统计数据，最终得到与主要研究设计类型具有相同意义的数据。只要这些转换的数量很小，就不会对研究结果的真实性产生很大的影响。如果测量结果变量的不同研究设计之间有实质性（确切）区别，或者参数检验和非参数检验之间的研究数量相对均衡，那么可以分别对这两组研究进行元分析。

与效应值指标的选取相关的是，在单一实证研究中，研究者有时会将连续变量转换为二分变量进行研究。例如，研究个体差异与对强奸态度之间关系的一手研究者可能会将人格得分分为高分组和低分组，使用 t 检验来确定高分组和低分组在对强奸态度的连续测量时的均值差异。这种情况下用 d 值来估计这种关系是最合适的。其他研究者也可能将相同的人格量表测量结果以连续变量的形式保留下来，并报告变量之间的相关性。需要指出的是，不同的效应值指标之间可以进行相互转换。r 值与 d 值之间相互转换的公式如下：

$$d=\frac{2r}{\sqrt{1-r^2}} \tag{6-10}$$

或

$$r=\frac{d}{\sqrt{d^2+a}} \tag{6-11}$$

式中，a 是用于调整两组不同样本量的一个校正因子。

校正因子 a 可以通过下面的公式计算：

$$a=\frac{(n_1+n_2)^2}{n_1 n_2} \tag{6-12}$$

当给出与 2×2 列联表相关的卡方统计数据时，r 的计算公式如下：

$$r=\sqrt{\frac{\chi^2}{n}} \tag{6-13}$$

式中，χ^2 是与比较相关的卡方值；n 是比较中观察的总数量。

在互联网上搜索“效应值转换器”，可以找到几个实现不同的效应值指标转换的网站。

即使指标之间可以相互转换，研究者也只能选择其中的一个来描述结果。如何选择表达效应值的指标，取决于研究者的变量类型和研究设计。因此，应该基于概念变量的特征选取效应值指标。在进行研究综合时，我们需要注意：

是否使用了合适的效应值指标？

当我们将个体差异与对强奸的态度联系起来时，r 值就是最合适的指标，因为这两个变量均为连续变量。如果一项研究将连续的个体差异测量结果分为高分组和低分组，d 值是最合适的计算指标，最后再使用式（6-11）将 d 值转换为 r 值。

研究两组以上比较的样本时效应值指标的选取　假设我们进行了一项关于有氧运动干预影响的研究，并对三组样本进行比较，一组是运动干预组，一组是信息干预组，一组是控制组。在这种情况下，我们可能需要计算两个 d 值，一个用于比较运动干预组与控制组，另一个比较运动干预组与信息干预组（当然，如果需要，我们也可以考虑将信息干预组与控制组进行比较）。[①] 最后得出的两个 d 值均依赖于同一干预组的均值和标准差，不具有统计独立性。但是，合并因子的检验是优于与多组推论检验相关的效应值计算的。

当同时比较两个以上亚组，需要计算各组解释因变量方差的百分比时，可

① Borenstein et al.（2009）提出了合并两个非独立效应值的公式，还提供了用来合并在相同样本研究中使用不同测量工具的效应值，以及在不同时间使用相同测量工具的效应值计算公式。如果已知均值、样本大小和总体多自由度 F 检验结果，使用 Meta-Analysis Effect Size Calculator 就可以计算出任意两组比较的 d 值（Wilson，2015）。

以使用一个效应值指标。其优势在于，无论研究中有多少组，都可以使用该指标（实际上，它也可以用于两个连续变量的测量），所以适用性非常强。但是也存在一个小小的缺点，即得出的效应值并不能显示多个条件中哪个均值最高，或者更具体地说，没有关于均值的排序以及每个条件之间差异程度的信息。而且，相同的方差百分比也可能与组均值的不同等级排序或是组均值之间的距离有关。这种情况下，研究者就无法得知不同组之间的均值是如何叠加的。实际上，如果我们观察单自由度比较，各组的效应值之间可能会相互抵消，从而得出各组之间没有差异的研究结论。正因为方差百分比无法捕捉到以上信息，所以这种方法也很少使用。

估计包括多个预测变量分析的效应值　另一种影响效应值的方式涉及在一手数据分析过程中使用的因子数量。例如，检验做家庭作业和不做家庭作业对学习成绩的影响的实证研究可能还包括个体差异变量，如学生的性别或以前的学习成绩，甚至此次研究之间的测试成绩。而一手研究者可能也不会报告做家庭作业组和不做家庭作业组学生学习成绩的均值和标准差。此时研究者面临两种选择。

第一种方法是根据研究者报告的 F 检验结果计算出效应值。但是，由于检验过程包含个体差异因素，因此误差项减少。这相当于减小了 d 值计算公式中的 S_{within}。但是在进行相同的定量研究综合时，不同的效应值很可能会以一种系统性的方式（即组内标准差的计算方式）产生差异。那么就存在这样一种可能性：如果分析中的其他因素与测量结果的方差相关（如单元测试的分数），那么，在其他条件都相同的情况下，这个因素将产生比是否做了家庭作业这个干预更大的效应值。

第二种方法是试图获取忽略所有无关因素（即并没有从用于计算 F 检验的误差项中删除）时的标准差数据。在研究中应尽可能使用这种方式，也就是说，即使想要研究的比较是分析中唯一的比较也应该尝试计算效应值。最好的方法是联系一手研究的作者，看看他们是否会提供你所需要的数据。更现实的方法也许是通过对附加变量和结果测量之间关系的估计来调整效应值。Borenstein et al.（2009）给出了一些计算估计值的方法。需要注意，效应值的最终估计值应该仅与用于调整关系的估计值一样。

实际上，如果一手研究中没有报告，或者没有 t 检验或单自由度 F 检验，通常很难得出两组未调整的标准差估计值。在这种情况下，检验研究结果的影响因素时：(1) 如果估计值的数量很少，就不去考虑；(2) 判断检查分析中包含的因子数量是否与效应值有关，如果有关系，就分别报告只使用单一因子的研究结果。例如，在家庭作业研究的元分析中，一项实验研究只报告了家庭作业对几个协变量影响的协方差分析。那么这项研究结果就不能与没有调整协变量的研究结果相合并。有一些研究只在多元回归分析中给出了家庭作业时间与学习成绩之间关系的结果，也不能与仅呈现简单二元相关（bivariate correlations）的研究合并。

人为因素影响的调整　效应值也会受到数据收集过程中人为因素的影响。Schmidt & Hunter（2015）描述了10类人为因素，如自变量和因变量的测量误差（缺乏可靠性），测量的构念效度不够好，对连续变量的二分，以及采样值范围的限制等，这些因素可能会使效应值偏小。

存在测量误差时，误差较大的测量方法对于检测涉及概念变量的关系不那么敏感。例如，假设两个人格维度与对强奸的态度具有相同的真实关系。但是，如果一个人格变量的测量误差大于另一个，那么在其他条件相同的情况下，这种测量误差将产生一个较小的相关性。因此，可以通过测量可靠性数据（如内部一致性）来估计测量的可靠性对效应值的影响。或者，如果无法直接获得测量的可靠性数据，还可以估计可靠性的分布（平均值和标准差）。通过Schmidt & Hunter（2015）描述的方法，可以估计出没有测量误差的平均效应值，也可以计算置信区间，得到更准确的效应值估计标准差。

是否应该对人为因素导致的效应值偏差进行修正？这首先取决于一手研究和研究综合的目标。尤其当研究目标是以测量为基础的概念之间的关系或者现实世界中的预期关系时，就需要对人为因素导致的偏差进行修正，例如学生做的家庭作业数量和后续取得的学习成绩可能无法得到准确的测量，但是如果综合的目的在于描述家庭作业研究中什么会影响父母、老师和学生所期望的测试成绩，那么对人为因素进行纠正就是不合适的。[①] 另一方面，选择对动机影响的元分析研究，可能需要合理地纠正动机测量的不可靠性，因为研究目的是检验理论概念。而测量误差可能会导致最后接受零假设，但实际上零假设应该被拒绝。

此外，应该记住，当纠正人为因素产生的误差时，结果至少要与对人为因素影响的估计一样。如果人为因素导致的测量结果是不可靠的，或者基于有限的数据估计人为因素的分布，那么进行一个敏感性分析可能是有用的，也就是说，对人为因素校正的高估计和低估计进行分析，并对比结果。

6.6.6　效应值的编码

进行元分析需要将与计算效应值相关的一些统计数据资料进行收集与编码。表6-2提供了一个简单的例子，说明了编码人员可能需要收集的关于研究统计结果的信息。这里举的例子是家庭作业对学习成绩的影响的实验研究。大多数比较两种情况的元分析（是否选择任务，是否进行运动干预）看起来非常相似。相关性研究或两个二分变量研究的编码表也是类似的，可能比表6-2中的示例更简单。分析时可能不会用到编码表上的一些信息，并且大部分信息也无法完整收集。例如，当一手研究给出样本均值和标准差时，可能不会用到

---

①　请记住，测量工具的信度也可以作为效应值的调节变量，因此，如果不矫正测量工具误差，可以将它们按信度分组，然后检验“家庭作业的影响大小是否与学习成绩测量工具的信度有关”。

t 检验的数据。但是，当一手研究报告中没有给出均值和/或标准差时，就需要零假设显著性检验的其他信息来计算 d 值。或者如果你想检验实验组和对照组的标准差是否存在差异，不管采用哪种方式计算 d 值，都需要进行相关数据的收集与编码。所以，在开始元分析之前，我们并不知道什么样的信息是最重要的。

表6-2　家庭作业学习对成绩影响的实验研究统计结果的编码表示例

效应值估计

E1. 家庭作业对学习成绩的影响方向用什么表示？

+ = 正向（positive）

− = 负向（negative）

E2. 各实验组相关信息（没有报告信息，留白；*M* ＝均值，*SD*＝标准差）

做家庭作业组

a. 结果检验前 *M*（如果有）

b. 检验前 *SD*

c. 结果检验后 *M*

d. 检验后 *SD*

e. 样本量

不做家庭作业组

f. 结果检验前 *M*（如果有）

g. 检验前 *SD*

h. 结果检验后 *M*

i. 检验后 *SD*

j. 样本量

k. 总样本量（如果没有给出则每个组单独计算）

E3. 关于零假设显著性检验的相关信息

a. 独立性 t 检验的值（或单因子方差分析 F 检验的平方根）

b. 检验的自由度（分母）

c. 检验的 p 值

d. 配对样本的 t 检验

e. 检验的自由度（分母）

f. 检验的 p 值

g. F 检验（包括在多因素方差分析中）

h. F 检验分母的自由度

i. F 检验的 p 值

j. 多因素方差分析中的变量

E4. 效应值估计

a. 效应值的测量指标（d/r/*OR*/*RR*/其他）

b. 是否使用了效应值计算器

0 = 否

1 = 是

c. 如果使用了计算器，是什么计算器？

6.7　合并效应值

计算完效应值之后，需要计算相同比较或关系的效应值的均值。更大的样本往往意味着更精确的总体估计，例如，样本量为500的研究与样本量为50的研究相比，其d值或r值能够更精确地估计总体效应值。因此，应该基于各研究中的样本量来衡量单个效应值在总体效应值估计中的作用。已发表的元分析成果中有的报告了非加权效应值均值，同时也报告了加权效应值均值。

在计算平均效应值时，考虑到效应值的精度，可以将每个估计值乘以其样本量，然后用乘积之和除以样本量之和。Hedges & Olkin（1985）首次详细提出了一种更精确的方法，这种方法有许多优点，但计算也更复杂。

6.7.1　d值

计算d值时首先需要计算一个加权因子w_i，w_i是每个d值方差的倒数。可以取式（6－4）结果的倒数，也可以直接用下面的公式计算：

$$W_i = \frac{2(n_{i1}+n_{i2})n_{i1}n_{i2}}{2(n_{i1}+n_{i2})^2+n_{i1}n_{i2}d_i^2} \tag{6-14}$$

式中，n_{i1}和n_{i2}是研究i中组1和组2数据点（样本量）的个数；d_i是进行组间比较的d值。

虽然w_i的计算公式看起来很复杂，但计算起来其实很简单，只需要三个数值，就可以计算出d值。编写一个统计软件或使用专门的程序包计算d值也很容易，使用已有的元分析程序（如CMA）也可以自动计算d值。

表6－3给出了七个比较组的样本量、d值和加权因子（w_i）。假设七组数据都来自做和不做家庭作业对学生学习成绩影响的实验结果，七个实验都得出了做家庭作业的学生学习成绩更高的结论。如果七组都是对进行有氧运动的干预组和不进行有氧运动的控制组认知功能差异的比较，也很容易得出结论。想象多个具体的例子来观察假设数据，能够看到例子之间的概念相似性。这里的关键是，表6－3中的研究设计比较了一个连续变量的两组均值。虽然大多数结果变量是连续变量，但是如果由于某种原因结果变量是二分变量，如学生是否通过了课程、老年人是否得了阿尔茨海默病、研究对象是否在空闲时间选择了任务，大多数结果也可以转换为连续的，即比值比或风险比可以转换为d值。

表6－3　d值估计实例以及同质性检验

研究	n_{i1}	n_{i2}	d_i	w_i	$d_i^2 w_i$	$d_i w_i$	Q_b 分组
1	259	265	0.02	130.98	0.052	2.619	A
2	57	62	0.07	29.68	0.145	2.078	A
3	43	50	0.24	22.95	1.322	5.509	A

续表

研究	n_{i1}	n_{i2}	d_i	w_i	$d_i^2 w_i$	$d_i w_i$	Q_b 分组
4	230	228	0.11	114.32	1.383	12.576	A
5	296	291	0.09	146.59	1.187	13.193	B
6	129	131	0.32	64.17	6.571	20.536	B
7	69	74	0.17	35.58	1.028	6.048	B
合计	1 083	1 101	1.02	544.27	11.69	62.56	

说明：$d. = 62.56/544.27 = +0.115$

$CI_{d.95\%} = 0.115 \pm 1.96\sqrt{\frac{1}{544.27}} = 0.115 \pm 0.084$

$Q_t = 11.69 - \frac{62.56^2}{544.27} = 4.5$

$Q_w = 1.69 + 2.36 = 4.05$

$Q_b = 4.5 - 4.05 = 0.45$

下面进一步说明权重因子。通过观察表6-3可以发现，权重因子的值约等于样本量均值的1/2，但随着两组样本量的差异越来越大，权重因子与样本量均值1/2的相似度越来越小。因此，得到加权平均效应值之后，下一步是将每个d值与w_i的乘积之和除以权重之和，得到加权平均效应值。计算公式如下：

$$d. = \frac{\sum_{i=1}^{k} d_i w_i}{\sum_{i=1}^{k} w_i} \tag{6-15}$$

式中，k是比较的总数。

从表6-3可以看到，七个比较的加权平均d值为0.115。

使用w_i而不是样本量作为权重的优点是，w_i可以用来生成平均效应值的置信区间。计算平均效应值，需要先计算平均效应值的估计方差。首先，对所有w_i求和，取其倒数，再开方，就可以得到平均效应值的估计方差；然后，用估计方差的平方根，乘以置信区间对应的z分数。因此，95%置信区间的计算公式如下：

$$CI_{d.95\%} = d. \pm z_i \sqrt{\frac{1}{\sum_{i=1}^{k} w_i}} \tag{6-16}$$

式中，z_i是置信区间对应的z分数。

表6-3显示，七个关于家庭作业的比较的95%置信区间包括d值（平均d值±0.084）。因此，该效应值的95%估计值落在$d.=0.031$和$d.=0.199$之间。注意，应使用区间不包含$d.=0$而不是零假设检验的显著性水平，来检验总体不存在关系的零假设。在这个例子中，我们会拒绝做和不做家庭作业的学生在学习成绩上没有差异的零假设。

6.7.2 r 值

求加权平均r值及其置信区间的过程与计算d值的过程类似。首先，应用以下公式，将 r 值转换为对应的 z 分数 z_i：

$$z. = \frac{\sum_{i=1}^{k}(n_i - 3)z_i}{\sum_{i=1}^{k}(n_i - 3)} \quad (6-17)$$

式中，n_i是第 i 次比较的总样本量。

计算平均效应值的步骤是类似的：首先对效应值与权重的乘积求和，然后除以权重之和。因此，与 d 值计算过程相同，将每个 r 值乘以它的权重因子之后，用乘积之和除以权重之和，就可以得出加权平均 r 值。计算平均 z 分数置信区间的公式为：

$$CI_{z.95\%} = z. \pm \frac{1.96}{\sqrt{\sum_{i=1}^{k}(n_i - 3)}} \quad (6-18)$$

为了得到平均 r 值的置信区间，只需替换式（6-18）中分母的权重即可。

记住，在计算之前，需要将 r 值先转换为 z 分数，尤其是当相关系数的值大于 0.25 时。计算出置信区间之后，再将 z 分数转换回相关系数。

表 6-4　r 值（转化为 z 分数）实例以及同质性检验

研究	n_i	r_i	z_i	n_i-3	$(n_i-3)_i$	$(ni-3)\ z_i^2$	Q_b 分组
1	3 505	0.06	0.06	3 502	210.12	12.61	A
2	3 606	0.12	0.12	3 603	432.36	51.88	A
3	4 157	0.22	0.22	4 154	913.88	201.05	A
4	1 021	0.08	0.08	1 018	81.44	6.52	B
5	1 955	0.27	0.28	1 952	546.56	153.04	B
6	12 146	0.26	0.27	12 143	3 278.61	885.22	B
合计	26 390	1.01	1.03	26 372	5 462.97	1 310.32	

说明：$z. = \frac{5\,462.97}{26\,372} = 0.207$

$CI_{z.95\%} = 0.207 \pm 1.96\sqrt{26\,372} = 0.207 \pm 0.012$

$Q_t = 1\,310.32 - \frac{(5\,462.97)^2}{26\,372} = 178.66$

$Q_w = 34.95 + 50.40 = 85.35$

$Q_b = 178.66 - 85.35 = 93.31$

表 6-4 给出了计算平均 r 值的示例。例如，这六组相关系数可能来自研究样本在权力主义方面的个体差异与他们对强奸虚构事件接受程度的关系，也可能是研究样本花在家庭作业上的时间和单元测试成绩之间的关系。同样，这些变量都是连续的。z_i的平均值为 0.207，95%置信区间为 0.195～0.219。注意，因为效应值估计是基于大样本的，这个置信区间相当窄；并且，r-z-r 的转换会导致两个 r 值产生一些细微的变化。如果 r 值更大，就不会出现这种情况。与前面的示例一样，置信区间不包含 $z_i = 0$。因此，我们可以拒绝零假设（样本在权力主义上的个体差异与他们对强奸虚构事件的接受程度之间没有关系，

或花在家庭作业上的时间与单元测试成绩之间没有关系)。

总而言之，通过计算不同研究的平均效应值可以得出每个效应值参数，同时也可计算置信区间。因此，在进行研究综合时，需要注意：

> 是否报告了平均效应值和置信区间，是否采用了合适的模型对效应值中的独立效应和误差进行估计？

6.7.3 关于合并多元回归斜率的说明

到目前为止，合并和比较研究结果的程序都假定效应值的测量指标是均值差、相关系数或比值比。然而，回归分析也是社会科学中常用的一种技术，尤其是在用许多变量预测一个变量的非实验研究中。与标准均值差或相关系数类似，回归系数 b 或标准化回归系数 β，也可以用来测量效应值。研究者通常更倾向于用 β，因为 β 与 d 值和 r 值一样，在不同的研究中，当使用不同的方式对相同概念变量进行测量时，能够将效应值估计标准化。β 表示控制所有其他预测变量后，一个标准单位预测变量的变化所导致的效标变量的变化。

在元分析中使用回归系数作为效应值会遇到很多问题。首先，使用非标准化的 b 权重，就像使用一手数据的分数差异作为效应值一样，在不同的研究中，预测变量和结果变量使用的测量量表通常会有所不同，直接将它们合并起来可能会导致无法解释的结果，这个问题可以通过使用标准化的斜率估计（β）作为特定的预测指标来解决。[①] 但是，多元回归模型中包含的其他变量，在不同的研究中通常是不同的（参见前面关于多因素方差分析的相关讨论），每个研究的回归模型可能包含不同的预测变量，因此，在不同的研究中，预测因子的斜率也将代表不同的偏相关关系（Becker & Wu，2007）。例如，在对家庭作业和学习成绩之间的关系进行的元分析中，虽然许多研究都分析了花在家庭作业上的时间和学习成绩之间的关系，但是每个研究的回归模型也都包含其他不同的变量，使得 β 是否应该直接合并成为一个问题。鉴于此，我们没有直接平均所有的 β，而是描述了各研究的 β 和 β 的范围。这些研究大多基于大样本，使用了多种学习成绩的测量方式，结果显示，花在家庭作业上的时间和学习成绩之间正相关。验证了之前通过有目的干预、使用单一的结果衡量标准（单元测试分数）来测试家庭作业效果的小型研究产生的结果，即做家庭作业会对学习成绩产生积极影响。

当研究以相似的方式测量结果变量和预测变量，模型中的其他预测因子在研究中相同，且预测因子和结果得分分布相似时，可以直接合并回归斜率（Becker，2005）。但是同时满足这三个假设的研究是非常少的。通常，不同的研究采用的测量方式不同，回归模型中包含的其他变量也不同。

---

① 当结果不同时，半标准化（half-standardizing）是创建相似斜率的另一种方法（Greenwald，Hedge & Laine，1996）。

6.7.4　例子

下面，我们通过标准均值差和效应值相关系数来计算示例的效应值。在合并家庭作业实验研究中的效应值时，采用 d 值表示有目的操纵作业的比较结果，然后测量学生在单元测试中的分数差异。五项研究的加权平均 d 值为 0.60，95%置信区间为 d=0.38 到 d=0.82，可以拒绝零假设。在家庭作业的调查研究中，也使用相关系数来估计在家庭作业上花费的时间与各种学习成绩指标之间的关系。在 69 个相关系数中，50 个为正，19 个为负。在 95%置信区间下，加权平均相关系数为 r=0.24，r 的范围为 0.24～0.25。由于参与研究的样本量较大，因此得出的置信区间非常小，调整后的平均样本量为 7 742。

个体差异与对强奸态度关系的元分析也使用了相关系数来衡量关系强度。在涉及个体差异时，在 15 个相关系数中，年龄较大的参与者比年龄较小的参与者更容易接受强奸发生时女性也负有一定责任这一态度，平均 $r.$ =0.12 (95%CI=0.10～0.14)。

在干预措施对刺激成年人有氧运动的影响和选择对内在动机的影响两个元分析中，都使用了标准化均值差来衡量效应。对 29 项研究的加权平均 g 值进行计算发现，参与干预的成年人在注意力和处理速度方面 $g.$ =0.158 (95%CI=0.055～0.260)、执行力方面 $g.$ =0.123 (95%CI=0.021～0.225) 和记忆力方面 $g.$ =0.128 (95%CI=0.015～0.241) 都有所提高。计算 47 个关于选择对内在动机影响研究的加权平均效应值 $d.$ =0.30 (95%CI=0.25～0.35)，表明选择能够刺激更强的内在动机。

6.8　分析结果间的效应值方差

到目前为止，我们讨论了效应值估计、平均效应值的计算方法，以及使用置信区间来检验零假设（两个均值之间是否存在差异或相关系数是否为零）的方法。另一组统计技术能够帮助研究者分析为什么效应值在不同的比较研究中会有所不同，即将比较组的效应值作为因变量或结果变量，比较组的特征作为预测变量进行分析。最后，研究设计或实施方式是否会影响两个变量之间的关系强度也是需要考虑的一个重要问题。

表 6-3 和表 6-4 中效应值的一个明显特征就是通过不同的比较研究得出的效应值之间存在差异。在元分析中，对这种差异进行解释非常重要，代表了研究综合最独特的贡献。通过分析效应值的差异，研究者可以更加深入地了解影响关系强度的因素，即使这些因素可能在单个实验中从未被研究过。例如，假设我们回到家庭作业效果的实验研究中，表 6-3 中列出的前四项是在小学生中进行的研究，而后三项是在高中生中进行的研究。那么不同年级的学生做家庭作业的效果是否会有所不同？尽管所有研究中没有一项研究的样本既包括小学生也包括高中生，也没有对学生的年级水平是否会降低家庭作业的效果进

行检验，但是关于这个问题，可以通过使用下面描述的分析技术来解决。

下面是分析效应值差异的几个例子，之后再讨论更复杂的技术。

6.8.1 传统的推理统计

分析效应值差异的一种方法是使用一手研究者使用过的传统推理程序。比如研究运动干预对老年人认知功能的影响在不同性别中是否存在差异，可以对男性组和女性组之间的效应值方差进行 t 检验。或者研究干预时间长短和认知功能测量工具对干预效果大小的影响，可以将每个比较的干预时间长短与其效应值相关联。因为预测变量和因变量是连续变量，因此，合适的推理统计量是相关系数的显著性检验。对于更复杂的问题，研究者可能会将效应值分组（例如，根据研究样本的性别和年龄），并对效应值进行方差分析或多元回归分析。对表6-3前四个 d 值与后三个 d 值进行单因子方差分析，结果在统计上不显著。

标准推理程序是最早用来检验效应值差异的技术。Glass et al.（1981）对这种方法进行了详细介绍。然而，在元分析中使用传统的推理程序至少会出现两个问题。首先，传统的推理程序并不能检验效应值差异仅仅是由于抽样误差造成的这一假设（回想一下本章前面的讨论）。因此，传统的推理程序虽然在一定程度上可以揭示研究设计特征和效应值之间的关系，但它没有对所有的效应值差异是否大于仅仅由抽样误差导致的差异这一问题进行检验。

此外，由于效应值基于不同数量的数据点（样本量），因此可能具有不同的抽样方差、不同的测量误差或精度水平。如果是这样（确实经常这样），那么效应值就违反了传统推理测试基础的方差齐性假设。正是由于以上两个原因，我们在开展元分析时不再使用传统的推理统计。

6.8.2 比较观察方差与期望方差：固定效应模型

有几种方法取代了传统的程序，并得到了研究者的支持。一种方法叫作固定效应模型。此处我们先解释较为简单的固定效应模型，随后再解释更复杂的随机效应模型。如果仅是由于抽样误差导致的效应值差异，那么我们就可以使用固定效应模型对观察到的效应值方差与期望方差进行比较。换句话说，固定效应模型假设所有的观察结果背后都有唯一的效应值，造成观察结果差异的唯一原因是每个研究中的样本量不同。这种方法涉及计算从已知结果中观察到的效应值方差和假定所有效应值都具有相同的样本量估计下的效应值期望方差。当样本量的差异是导致效应值差异的唯一因素时，抽样理论使我们能够精确地估计出在一组效应值中期望的抽样方差。这个期望值是平均效应值的估计值、估计值的数量及样本量的函数。

然后，我们需要将观察得到的数据与期望方差进行比较，如果没有差异，那么抽样误差就是造成效应值差异的主要因素；如果有差异，即观察到的方差

（显著地）大于单由抽样误差预测的方差，那么就需要探究造成效应值差异的其他因素，此时可以对效应值进行分组，并比较组均值与仅由抽样误差预测的方差的大小。

6.8.3　同质性分析

同质性分析是将观察到的方差与抽样误差导致的期望方差进行比较的一种方法。如果只是抽样误差导致效应值方差，它涉及计算效应值所显示的方差被观察到的可能性有多大。这是元分析中的常用方法，下面予以详细解释。

同质性分析首先提出这样一个问题："在统计学上，观察到的效应值方差是否与单凭抽样误差导致的期望方差有显著差异?"如果答案是"没有差异"，那么建议分析就此停止。毕竟，对于效应值差异，概率或抽样误差是最简单、最简洁的解释。如果答案是"存在显著差异"，即效应值方差显示出明显大于期望方差的偶然性，我们就需要检查研究特征是否与效应值方差有系统性的关联。一些学者认为，如果有充分的理论或实践理由来选择调节变量，那么无论是否拒绝"抽样误差是影响效应值方差的唯一因素"这一假设，都应该继续寻找调节变量。不管研究者喜欢哪种方法，在进行研究综合时，都需要考虑：

> 是否进行了效应值的同质性检验?

假设元分析得出了一个同质性统计量的 p 值为 0.05。这意味着，在 100 次抽样误差中，只有 5 次会在效应值上产生这么大的差异。因此，要拒绝抽样误差本身就能解释效应值方差的零假设，并开始寻找其他影响因素，如测试研究特征是否能解释效应值方差，可以先按共同特征对研究进行分组，然后以与计算总体平均效应值相同的方式对各组的平均效应值进行同质性检验。

Rosenthal & Rubin（1982）以及 Hedges（1982）几乎同时提出了同质性分析的方法。此处给出 Hedges & Olkin（1985；Hedges，1994）的公式。接下来介绍对 d 值进行同质性分析的步骤。

***d* 值**　可以通过计算 Hedges & Olkin（1985）称为 Q_t 的统计值来检验一组 d 值是否同质，公式如下：

$$Q_t = \sum_{i=1}^{k} w_i d_i^2 - \frac{\left(\sum_{i=1}^{k} w_i d_i\right)^2}{\sum_{i=1}^{k} w_i} \qquad (6-19)$$

Q 统计量服从具有 $k-1$ 个（或者比较数-1）自由度的卡方分布。元分析可以计算总 Q 统计量，即 Q_t，参考（右尾）卡方值表。如果得到的值大于右尾卡方在选定显著性水平上的临界值，则拒绝效应值差异仅由抽样误差产生的假设。表 6-5 是给定概率水平的卡方临界值。

表6-5 给定概率水平的卡方临界值

	上尾概率					
DF	**0.500**	**0.250**	**0.100**	**0.050**	**0.025**	**0.010**
1	0.455	1.32	2.71	3.84	5.02	6.63
2	1.39	2.77	4.61	5.99	7.38	9.21
3	2.37	4.11	6.25	7.81	9.35	11.3
4	3.36	5.39	7.78	9.49	11.1	13.3
5	4.35	6.63	9.24	11.1	12.8	15.1
6	5.35	7.84	10.6	12.6	14.4	16.8
7	6.35	9.04	12.0	14.1	16.0	18.5
8	7.34	10.2	13.4	15.5	17.5	20.1
9	8.34	11.4	14.7	16.9	19.0	21.7
10	9.34	12.5	16.0	18.3	20.5	23.2
11	10.3	13.7	17.3	19.7	21.9	24.7
12	11.3	14.8	18.5	21.0	23.3	26.2
13	12.3	16.0	19.8	22.4	24.7	27.7
14	13.3	17.1	21.1	23.7	26.1	29.1
15	14.3	18.2	22.3	25.0	27.5	30.6
16	15.3	19.4	23.5	26.3	28.8	32.0
17	16.3	20.5	24.8	27.6	30.2	33.4
18	17.3	21.6	26.0	28.9	31.5	34.8
19	18.3	22.7	27.2	30.1	32.9	36.2
20	19.3	23.8	28.4	31.4	34.2	37.6
21	20.3	24.9	29.6	32.7	35.5	33.9
22	21.3	26.0	30.8	33.9	36.8	40.3
23	22.3	27.1	32.0	35.2	38.1	41.6
24	23.3	28.2	33.2	36.4	39.4	43.0
25	24.3	29.3	34.4	37.7	40.6	44.3
26	25.3	30.4	35.6	38.9	41.9	45.6
27	26.3	31.5	36.7	40.1	43.2	47.0
28	27.3	32.6	37.9	41.3	44.5	48.3
29	28.3	33.7	39.1	42.6	45.7	49.6
30	29.3	34.8	40.3	43.8	47.0	50.9
40	49.3	45.6	51.8	55.8	59.3	63.7
60	59.3	67.0	74.4	79.1	83.3	88.4
	0.500	**0.750**	**0.900**	**0.950**	**0.975**	**0.990**
	下尾概率					

表 6-3 中给出的一组比较中，Q_t 等于 4.5。卡方在 $p<0.05$ 时基于六个自由度的临界值为 12.6。因此，不能拒绝抽样误差是导致 d 值间差异的唯一因素的假设。

对研究的方法或概念的差异能否解释效应值差异进行检验，主要包括三个步骤。首先，计算每一组的 Q 统计量。例如，为了将表 6-3 中的前四个 d 值与后三个 d 值进行比较，每个分组单独计算一个 Q 统计量。然后，对这些 Q 统计量求和，得到 Q_w 或 $Q_{\text{-within}}$；最后，从 Q_t 中减去 Q_w 或 $Q_{\text{-within}}$，得到两组均值之差的 Q 统计量，即 Q_b 或 $Q_{\text{-between}}$：

$$Q_b = Q_t - Q_w \tag{6-20}$$

最后，用 Q_b 统计量检验两组的平均效应值是否同质。将其与卡方值表进行比较，卡方值表使用的自由度比分组数少 1。如果平均 d 值是同质的，那么分组因子不能解释抽样误差之外的方差。如果 Q_b 超过临界值，则分组因子也是影响效应值方差的重要因素。

在表 6-3 中，前四个和后三个 d 值间的 Q_b 是 0.45。这个结果在一个自由度下不显著。因此，如果前四个效应值来自小学生家庭作业对学习成绩影响的研究，后三个来自高中生家庭作业对学习成绩影响的研究，我们不能拒绝两个学生群体中效应值相等的零假设。

***r* 值**　可以使用式（6-21）将 r 值转化为 z 分数进行同质性分析：

$$Q_t = \sum_{i=1}^{k}(n_i - 3)z_i^2 - \frac{\left[\sum_{i=1}^{k}(n_i - 3)z_i\right]^2}{\sum_{i=1}^{k}(n_i - 3)} \tag{6-21}$$

为了比较各组 r 值，将式（6-21）分别应用于每组，求和得到 Q_w，然后从 Q_t 中减去 Q_w，就可得到 Q_b。

将 r 值转化为 z 分数进行同质性分析，结果如表 6-4 所示。基于五个自由度（相关数减 1）的卡方检验，Q_t 的值 178.66 具有高度显著性。虽然 r 值范围不是很大（从 0.06 到 0.27），但是 Q_t 告诉我们，考虑到这些估计所基于的样本量，效应值方差太大，就不能仅用抽样误差来解释效应值的差异。即除了抽样外，其他因素也可能导致 r 值的方差。

假设我们知道表 6-4 中的前三个相关系数来自高中生样本，后三个相关系数来自小学生样本。通过同质性分析发现年级对 r 值的影响 Q_b 为 93.31。基于一个自由度的卡方检验，该值也具有高度显著性。高中生的加权平均 r 值为 0.253，小学生为 0.136。基于以上数据，我们就可以拒绝零假设，得出学生年级水平是 r 值方差的潜在解释的结论。

6.8.4　比较观察方差和期望方差：随机效应模型

进行元分析时，需要决定使用固定效应模型还是随机效应模型来计算平均效应值方差。正如上文所讲，固定效应模型只计算由于样本的抽样误差而导致的方差。然而，研究的其他特征也可能对结果造成影响。例如，不同研究中家庭作业的数量和/或主题会有所不同；运动干预的强度或方式也可能不同；选择的数量或领域还可能有所不同。这些差异也将导致效应值的差异。然而，它们不是偶然意义上的误差，因为即使一开始我们可能无法解释这些误差，最后这些误差也可能会自发地以我们没有意识到的方式系统化。例如，剧烈的运动干预可能比不那么剧烈的干预更能改善认知功能。

因此，在许多情况下，将研究视为从所有研究的总体中随机抽取的样本是最合适的。当使用固定效应模型时，研究方法的差异导致的方差可能被忽略。在随机效应模型（Raudenbush，2009）中，研究水平的差异可能是造成效应值差异的额外因素。必须回答的问题是，你是否相信数据集中的效应值受研究水平因素的显著影响。

遗憾的是，这个问题没有可依靠的标准规则。Overton（1998）发现，在寻找调节变量的过程中，固定效应模型可能会严重低估方差误差，而随机效应模型在假设不成立时可能会严重高估方差误差。因此从统计上看，两者都不合理。在实践中，固定效应模型在分析上更容易操作，也更常用。但一些元分析研究人员认为，在随机效应模型更符合实际的情况下，固定效应模型的使用过于频繁，比如家庭作业或锻炼计划等干预措施在不同的研究中可能会产生不同的经验发现，从而影响其有效性。另一些人则反驳这一观点，他们声称，如果对效应值的调节变量进行彻底、适当的搜索是分析策略的一部分，即如果检查了研究水平因素的影响，并以这种方式使随机效应的问题在研究水平上变得不再重要，那么就可以采用固定效应模型进行分析。如果效应值的数量较少，在研究水平上很难准确估计效应值方差，也可以直接使用固定效应模型。

那么，到底应该基于什么原则来选择分析模型呢？一种方法是先直接使用固定效应模型进行分析，然后根据同质性检验的结果来确定；如果同质效应的假设在固定效应模型中被拒绝，那么我们就需要使用随机效应模型进行分析。但是 Borenstein et al.（2009）指出，最好不要使用这种策略，因为这种方法是基于统计结果，而不是基于我们所进行的研究的概念特征。许多想要检验干预措施（如家庭作业）影响的研究人员经常会选择随机效应模型，因为他们相信，随机抽样的研究能更好地描述真实世界的情况，从而得出关于干预影响范围更保守的结论（使用随机模型，方差估计会更大）。因此，如果我们认为研究水平因素会对效应值的差异产生很大的影响，为了将这些因素纳入考虑，使用随机效应模型就是最合适的。

对基本的社会过程进行研究的学者更倾向于使用固定效应模型，因为这些过程不会因为研究对象所处的环境而发生太大的变化（比如，对反应时间的测试）。Hedges & Vevea（1998）指出，当一项研究的目标是“只推断观察到的研究（或除抽样的不确定性外，与观察到的研究类似的一组研究）的效应值参数”（p. 3）时，使用固定效应模型最合适。在研究基本过程时，这种类型的推理可能就足够了。

总结一下，可以考虑使用以下决策规则：

- 应该基于研究问题的性质来决定使用哪种分析模型，而不是通过固定效应同质性分析的结果来决定是否使用随机效应模型。

- 在大多数情况下，如果需要评估干预措施的影响，或者研究之间现实背景的差异，应该选择随机效应模型。但是，如果需要合并的研究数量很少，对研究水平的方差估计比较粗略，则可以考虑使用固定效应模型。

- 在对基本过程进行实验室研究时，研究的背景（研究水平的差异）对研究结果的影响较小，使用固定效应模型就更为合适。

在研究结论的解释和讨论部分，需要讨论使用的效应模型和选择的假设。我们将在第7章解释固定效应模型和随机效应模型的相关问题。

平均效应值、置信区间、同质性检验和调节效应分析的随机效应值估计在计算上非常复杂。由于这种复杂性，本章仅提供了适用于固定效应模型分析的计算公式，没有涉及随机效应模型（读者如果对随机效应模型感兴趣，可以参见 Borenstein et al. (2009)），在概念上，随机效应模型涉及计算效应值方差(使用效应值作为分析单位)，并添加到抽样方差（固定效应）中。较为方便的是，专门为元分析开发的统计包和与一般统计包关联的程序宏，都同时支持使用固定效应模型和随机效应模型进行分析。

6.8.5　I^2：研究水平效应值的测量

已知零假设显著性检验的缺点，仍使用它来测试各组研究的平均效应值是否存在显著差异，这种处理方式是不可取的。当然，一个好的元分析会给出总体效应值估计的置信区间，以及在检验调节变量效应值时所有分组的置信区间。量化一组研究中由于研究本身而不是抽样误差造成差异的百分比的统计量称为 I^2，计算公式如下：

$$I^2 = \sum \frac{Q-df}{Q} \times 100\% \tag{6-22}$$

I^2能够告诉我们效应值的总方差中，哪一部分是由研究之间的不同引起的。Cochrane 协作组织（Deeks，Higgins & Altman，2008）给出了一个粗略的指南，说明了研究间差异导致的方差所占的百分比在什么时候很重要。除了 Q 统计量的显著性外，当 I^2 低于 40%时，则表明研究间差异不重要，当 I^2 高于 75%时，则表明研究间存在较大的异质性。

6.8.6　元分析的统计效力

上面的讨论自然地引出了元分析统计效力的问题。元分析在回答不同问[illegible]时具有不同的统计效力。首先，研究者需要考虑这样一个问题："估计的[illegible]效应值和精度是多少？或者有多大把握拒绝零假设？"这个问题的答案[illegible]

于用来估计方差的模型是固定效应模型还是随机效应模型。当使用固定效应模型时，我们可以肯定地说，元分析的统计功效和估计的精度要比纳入研究综合中的任何一个一手研究的统计效力和精度都要高。这是因为元分析估计总是基于更大的样本。如果固定效应模型的假设为真（即仅抽样误差导致方差），元分析估计总是更精确。

但是当使用随机效应模型时，元分析的统计效力不一定总是最精确的。由于研究水平不同而产生的差异必须添加到抽样误差中，而研究水平的方差并不存在于任何一项研究中，因此，如果研究水平上的差异较大，当我们计算平均效应值的精度时，一手研究（或其中一个或部分研究）的精度可能大于元分析效应值的精度。试想：如果研究水平差异导致的方差没有增加到抽样误差导致的方差中，固定效应模型和随机效应模型将会得出相同的方差（等于抽样方差），因此整合的估计效应值也总是比任何一个单独的研究更精确。但是随着研究水平因素导致的方差变大，元分析估计的精度会下降，并且在某一个点上（取决于研究水平上方差的大小以及一手研究的数量和样本量），元分析的精度可能会变得比任何一手研究估计的精度更低。

接下来，我们需要考虑的第二个问题是："是否有足够的效力来检测一个显著的 Q 统计量，或者拒绝仅由抽样导致效应值方差的零假设？"类似于一手研究数据的效力分析，观测和期望 Q 间差异是效应值数量、样本量、期望研究水平方差的影响（I^2）以及符合必要统计假设（如正态分布）程度的函数。

最后，检测研究组间差异的效力，即 A 组的平均效应值与 B 组的平均效应值是否不同，需要在上一段描述分析的基础上补充一个方差计算。

在元分析中进行效力分析通常与一手研究的目的不同。毕竟，元分析并不会通过效力分析来帮助决定进行多少研究。也许，当现有的文献包含大量的研究时，也可以先做一个效力分析，以确定从其中抽取多少研究样本。除此之外，效力分析能够提供最详细的信息，有助于对结果进行更好的解释。但是当使用随机效应模型进行分析，且纳入元分析的研究数量较少时，元分析的统计效力可能非常低，尤其是对调节变量的检验。通过进行这样的分析，对结果的解释中可以包括接受零假设导致第二类错误的可能性。

6.8.7 元回归：同时或依次考虑多个调节变量

当研究者需要同时检验多个调节变量的效应值时，同质性检验结果可能变得不可靠且难以解释。Hedges & Olkin（1985）提出了一种检验多个调节变量的技术。同时或依次检验同质性的步骤是，先删除由一个调节变量导致的效应值方差，然后从剩余的方差中再删除由下一个调节变量引起的方差。例如，如果我们想知道在控制了学生的年级水平后，学生的性别是否影响了家庭作业与学习成绩的关系，可以先对学生年级水平的调节效应进行检验，然后再在每个年级类别中检验性别的调节效应。

这一方法在实际应用中可能会遇到很多问题，因为研究的特征之间往往相互关联，而且在研究者想要研究的类别中，效应值的数量会变得非常少。例如，假设我们想要测试家庭作业对学习成绩的影响是否同时受到学生的年级水平和成绩测量工具的影响。可能会发现，这两个研究特征之间也存在一定的关系——以高中生为样本进行的研究中，更多采用标准化测试成绩作为结果变量的测量工具；而以小学生为样本进行的研究中，更多使用班级成绩作为结果变量的测量工具。因此，以小学生为样本进行的研究中，使用标准化测试成绩作为结果变量的测量工具的研究可能非常少。如果再加上第三个变量，这个问题会变得更为明显。

另一种同时或依次检验多个调节变量效应值的统计方法称为元回归。顾名思义，这种方法就是研究者在元分析中进行多元回归分析。在元回归中，效应值为效标变量，研究特征为预测变量（Hartung，Knapp & Sinha，2008）。当预测变量之间交互相关（研究综合数据的相似特征）以及可用于分组分析的数据点数量（效应值）较小时，元回归与多元回归在结果解释上有着相同的问题。

虽然元回归也存在一定的问题，但在当前的元分析中，它变得越来越流行，尤其是开发了能够直接进行元回归的统计程序以后。我们需要考虑的问题是，什么时候可以将效应值作为因变量进行元回归。关于这个问题，需要记住回归分析假定效应值之间是彼此独立的。在第 4 章中我们讨论了研究综合中的分析单元，以及来自同一参与者样本的多种研究结果进行最小化的分类策略。在元回归中，我们经常使用研究结果而不是研究样本作为独立单位。这需要进行调整，以免误差估计看起来比实际更精确（Hedges，Tipton & Johnson，2010）。

另一种处理研究特征交互相关的方法是，首先通过重复计算 Q 统计量，为每个特征分别生成一个同质性统计量。然后，在解释作为调节变量的效应值时，检验调节变量之间的交互相关矩阵。通过这种方式，研究者可以提醒读者研究中可能混淆的特征，并根据这些关系得出推论。例如，在分析选择对内在动机的影响时，我们发现给予选择对儿童内在动机的影响比成年人更大，但也发现参与者的年龄与进行选择实验的环境有关，与儿童相比，以成年人作为研究样本的实验更有可能在传统的实验室环境下进行。这意味着选择对儿童和成年人动机的不同影响可能不是由于参与者的年龄差异，而是由于研究地点的差异造成的。

总之，在进行元分析时，我们需要做出许多实际的决策，而制定这些决策的指南并不像我们希望的那样清晰。虽然，任何包含大量比较的研究综合都有必要对效应值的方差进行规范的分析，在应用这些统计数据以及描述如何应用这些统计数据时，研究者都必须非常谨慎。

6.8.8 使用计算机统计软件包

手动计算加权平均效应值和进行同质性检验是一项既费时又容易出错的工作。如今，研究人员已经很少手动计算统计数据。不过，就像我在前面例子中所做的那样，读者最好亲自动手计算一遍，从而更好地理解元分析的过程，也能更好地解释计算机输出的研究结果，并及时注意到可能发生的任何错误。

很多计算机统计软件包都开发了宏，可以很方便地进行元分析。例如，可以使用 Excel 表格进行元分析计算（Neyeloff，Fuchs & Moreira，2012）。David Wilson 的网站提供了用于 SPSS、STATA 和 SAS 软件包的免费宏指令，大多数社会科学家对这些软件包都很熟悉。有一本书专门介绍使用 R 软件进行元分析（Chen & Peace，2013；http：//cran. r-project. org/web/view/meta-analysis. html）。还有一个专门用于元分析的免费（尽管是有代价的）程序叫作 RevMan（http：//tech. cochrane. org/revman/download）。还可以购买单独的元分析包，比如 CMA（2015）软件，可以直接生成我们需要的结果，并提供很多如何进行分析的选项。

不管统计数据是通过何种方式计算得出的，在评估一个研究综合时，我们应该注意，在元分析中：

> 是否检验了以下两个研究结果的潜在调节变量：研究的设计和实施特征；研究的其他关键特征，包括历史背景、理论背景和实践背景？

6.9 元分析中的一些高级技术

近年来出现了一些更高级的元分析方法。这些方法对统计知识的了解水平要求更高，计算也更复杂。下面简单介绍一些最受关注的方法。由于复杂的元分析技术需要更全面的处理，使用率相对较低，因此不详细讨论。如果读者对更高级的技术感兴趣，可以在更详细的处理中研究这些技术，特别是 Cooper et al.（2009）提出的技术和下面提供的参考技术。

6.9.1 多层线性模型

元分析的一种新方法是使用多层线性模型（Raudenbush & Bryk，2001）。该方法将研究结果视为嵌套数据；例如，学生的学习成绩可以看作受（嵌套在）教室的影响，这些变量本身受学校特征的影响，在更高的水平上受学校所在社区的影响。在元分析中，一个研究结果（单个效应值）可以看作嵌套在一个样本中，而这些样本又嵌套在一个研究中（甚至是一个已经进行了多项研究的实验室中）。多层线性模型的计算是复杂的，但是在概念上很具有吸引力，因此，元分析中多层线性模型的使用越来越频繁。

6.9.2 基于模型的元分析

到目前为止，我们介绍的元分析统计程序适用于综合性经验研究和描述性研究中的双变量间关系。方法学家正在努力将统计综合程序扩展出更复杂的方法来表达变量之间的关系。前面讨论了合并多元回归中所包含变量的效应值的困难。但是，如果涉及对整个回归方程的结果进行合并呢？例如，假设我们想要研究五个人格变量（也许是大五模型）如何共同预测对强奸的态度，即基于一系列研究的结果，从元分析发展出一个回归方程或者一个结构方程模型。为了做到这一点，我们需要的不只是变量之间的相关矩阵，还有模型中所有变量之间的整个相关矩阵，这个相关矩阵构成了多元回归模型的基础。

这项技术及其使用时面临的问题仍在探索中。例如，是否可以简单地对矩阵中的每个相关系数进行单独的元分析，然后用得到的矩阵生成回归方程？答案是"可能不行"。每个研究的相关性基于不同的样本，使用这些样本进行回归分析可能会产生无意义的结果，比如解释率超过100%方差效标变量的预测方程。尽管如此，在某些情况下，把元分析应用于复杂问题还是可以产生非常有用的结果。Becker（2009）对模型驱动元分析的前景和涉及的问题进行了深入研究。①

6.9.3 贝叶斯元分析

元分析的另一种方法是应用贝叶斯统计。在贝叶斯方法（Sutton & Abrams，2013；Sutton et al.，2000）中，研究人员必须获得对效应值参数的先验信息，包括效应值的大小和分布。贝叶斯检验基于过去的研究，但不一定基于使用相同概念变量或经验发现的研究。例如，运动干预的预期效果也可能基于其他提高认知功能的干预措施，比如解谜；或者可能基于从其他人群中抽取的样本（例如，使用成年人样本来评估选择对儿童动机的影响），甚至基于主观信念和个人经验（例如，教师对家庭作业在多大程度上影响学习成绩的看法）。然后，元分析可以告诉学者，根据新的经验证据，这些先前的观念应该如何改变。在贝叶斯分析中，检验之前估计的需求既是该方法的优点也是其缺点。与传统的元分析方法相比，贝叶斯元分析的计算非常复杂，不那么直观，但是可以产生可靠的和可解释的结果（Jonas et al.，2013）。

6.9.4 使用个体参与者数据进行元分析

合并独立研究结果的最理想情况是拥有可用的原始数据。合并来自变量关系的每个相关的比较或估计的原始数据（Cooper & Patall，2009），然后将单

---

① 在元分析中使用结构方程建模是一个新兴的领域，它融合了本书所描述的许多方法，不仅可以探索同一分析中的多种关系，还可以探索不同的模型假设，甚至可以处理缺失数据（Cheung，2015）。尽管可以使用软件包来实现这些方法，但在此之前，研究者需要对结构方程建模方法有一个清晰的认识。

个样本数据（individual participant data，IPD）放入新的数据分析中，该分析使用生成数据的比较作为区组变量。当IPD可用时，元分析可以进行初始数据收集中没有进行的亚组分析以：

- 核对原始数据；
- 确保原始分析正确进行；
- 向数据集添加新信息；
- 测试更大效力的调节变量效应值；
- 测试研究间和研究内的调节变量。

显然，能够实现IPD整合的例子很少。很少有研究报告IPD，从研究者那里获取原始数据也往往以失败告终。然而，共享数据的动机和要求正在增加，因为这既是获得研究支持的条件，也是获得发表研究结果的条件。如果IPD是可检索的，元分析研究人员仍然必须解决在不同研究中使用不同测量方式的问题，这是合并统计结果的一个重要限制。此外，使用IPD进行元分析的代价可能很高，因为将数据集转换成类似的形式和内容需要重新编码。因此，使用IPD的元分析技术不太可能很快取代前面描述的元分析技术。尽管如此，IPD仍然是一个有吸引力的选择，在医学文献中已经得到了相当多的关注，并且随着原始数据集可获得性的提高，它可能会变得更有吸引力。同时，一些方法使得研究者既可以使用来自一些研究的IPD，也可以整合来自其他研究的数据（Pigott，2012）。

6.10 通过元分析累积结果

累积元分析或前瞻元分析指的是在某个主题出现新的证据时进行更新的元分析。更新分析的方法可以与原来使用的方法相同，也可以不同；可以是为了反映元分析方法的进步，也可以是因为时间和经验表明有必要进行新的分析。例如，要研究一个新的调节变量，可能是因为最近的理论表明它会影响结果。许多累积元分析将研究的年份作为调节变量，以确定是否有证据表明治疗或干预的影响正在随时间发生变化。累积元分析在医学研究中比在社会科学研究中更常见。事实上，Cochrane 协作组织（2015）要求提交到其数据库的研究者在新信息出现时更新报告。

综述概述　综述概述有时也称为综述评论、综合综述或元综述，它从多个研究中收集证据。Cooper & Koenka（2012）列出了可能需要进行综述的几个原因，包括：(1) 总结关注同一问题或多个研究综合重叠的研究问题或假设；(2) 比较研究结果并解决多个研究综合中得出的结论的差异；(3) 对同一研究问题的研究综合中测试的中介变量和调节变量进行分类。就像所有的研究综合一样，有一些可靠的方法可以对它们特有的综述进行概述。例如，综述者必须评估研究综合构成要素的质量。

综述也有其局限性。例如，综述中包含的研究可能非常古老，不仅要开展研究，而且要评论研究，这是综述中的证据。尽管如此，研究综合也需要不断扩大研究文献范围，为综述概述的出现提供动力。

二阶分析 使用元分析的结果作为另一个元分析的数据（Schmidt & Hunter，2015），称为二阶元分析。在二阶元分析中，同一问题领域进行的元分析的平均效应值本身是相结合的。显然，当 IPD 乃至元分析研究水平的结果都无法找到时，就使用二阶元分析。

二阶元分析面临的一个问题是如何处理具有重叠证据的元分析，即合成的元分析是在一手研究的同一数据集或同一个重要子数据集上进行的。针对这种证据的非独立性，所采取的方法包括：简单地忽略缺乏独立性的问题，删除与其他证据高度冗余的元分析，以及进行敏感性分析——使用元分析集的不同部分进行二阶元分析。此外，二阶元分析研究对平均效应值的影响能力是有限的，因为所检查的调节变量和中介变量必须存在于二阶元分析的层级，而不是独立研究。尽管如此，仍然可以开展二阶元分析（Tamim，Bernard，Borokhovski，Abrami & Schmid，2011）。当更理想的替代方案不可行时，可以考虑使用二阶元分析。

练习题

1. 对于下表中的结果，加权平均 d 值是多少？

2. 七项研究的效应值是否相同？分别通过手动和计算机统计软件计算你的答案。

研究	n_{i1}	n_{i2}	d_i
1	193	173	−0.08
2	54	42	0.35
3	120	160	0.47
4	62	60	0.00
5	70	84	0.33
6	60	60	0.41
7	72	72	−0.28

第7章

第6步：解释证据

卫旭华　杨　焕　张亮花*译

从不断累积的研究证据中我们可以得出什么结论？

在研究综合中的主要作用

- 总结不断累积的已有研究证据的结论、普适性及其局限性。

程序上的差异可能导致结论上的差异

- 衡量研究结果重要性标准的差异以及对研究细节关注的差异可能会导致对研究结果的不同解释。

解释研究综合中的累积证据时需要注意的问题

- 是否检验了结果对统计假设的敏感性？如果是，这些分析是否有助于解释证据？
- 是否讨论了证据库中数据缺失的情况？是否检验了数据缺失对研究结果的潜在影响？
- 是否讨论了研究综合结果的普适性和局限性？
- 在解释结果时，是否适当地区分研究衍生的证据和综合衍生的证据？
- 是否将效应值大小与其他相关的效应值进行了对比？是否对效应值的显著性给出实质性解释？

本章要点

- 如何解释缺失数据。
- 统计敏感性分析。
- 研究结果的推广与细化。
- 研究衍生的证据与综合衍生的证据。
- 效应值的实质性解释。

正确地解释研究综合的结果需要你仔细地陈述根据证据提出的主张，具体说明每一个主张所依据的结果，以及阐明每个适合这些主张的条件。在本章中，我将讨论研究综合中与结果解释相关的五个重要问题：

---

* 卫旭华，兰州大学管理学院教授、博士生导师，电子邮件：weixh@lzu. edu. cn；杨焕，兰州大学管理学院硕士研究生，电子邮件：1979757319@qq. com；张亮花，兰州大学管理学院硕士研究生，电子邮件：zlh331@qq. com。基金项目：国家自然科学基金项目（71602080和71972093）。感谢兰州大学管理学院王傲晨和李黎飞对本章节译稿的校对工作。

- 缺失数据对结论的影响。
- 当改变数据统计特征的假设时，你的结论对这种改变的敏感性。
- 你是否有能力将结论推广到研究之外的人和环境之中。
- 结论是基于研究衍生的证据还是综合衍生的证据。
- 对效应值的实质性解释。

7.1 缺失数据

即使对研究报告进行了仔细的规划、搜索和编码，缺失的数据也会影响研究综合的结论。当数据系统性缺失时，不仅会减少收集到证据的数量，还会影响结果的代表性。在第4章中我们讨论了缺失数据的问题，并提出了一些在进行编码研究时解决该问题的方法。但是，即使有这些估计缺失数据的技术也不能完全解决这个问题。你不可能检索到每一项研究，所以可能会有一些研究在你的数据集中完全缺失（Rosenthal（1979）称之为文件抽屉问题）。另外，在某些情况下，你可能已经围绕一些研究结果收集了数据，并对它们进行了检验，但在报告中却没有给出任何描述。这些完全缺失的结果不能用第4章描述的步骤来进行估计。更复杂的问题是，在许多情况下，相当比例的完全缺失的结果与使用小样本和统计推断检验不显著的研究相关（Borenstein et al.，2009）。因此它们也往往是估计值分布中较小的效应值。这意味着你得到的效应值可能会使真实的总体效应值被高估。

然而，你还可以做一些其他分析。很多图示和统计技术可以用来评估可能存在的完全缺失的数据及其对结果解释的影响。至少将这些技术中的一种技术应用于你的数据是不错的选择。这些技术包括等级相关检验（Begg & Mazumdar，1994）、线性回归方法（Egger，Davey Smith & Minder，1997）、漏斗图回归方法（Macaskill，Walter & Irwig，2001）、剪补法（Trim-and-Fill Method）（Duval & Tweedie，2000a，2000b）。根据这些方法所应用文献的特点，每一种方法都有其各自的优缺点（Kromrey & Rendina-Gobioff，2006）。我建议参考《元分析中的出版偏差》（Rothstein et al.，2005）一书，该书为预防、评估和调整由出版偏差引起的数据缺失提供了全面且实用的解决方案。

我们发现剪补法（Duval & Tweedie，2000a，2000b）是特别有用的方法。虽然剪补法并不完美，但其对缺失的数据做出了合理的假设，直观上很有吸引力，而且易于理解。该方法检验了如果估计值在均值附近呈对称分布，那么分析中使用的效应值分布与预测的效应值分布是否一致。如果观察到的效应值分布在某种程度上是不对称的，这表明由于检索不充分或主要研究人员的数据审查造成了效应值的缺失。剪补法提供了估计缺失研究取值的方法，这些缺失的研究能够改善分布的对称性。在输入这些值之后，你可以估计数据审查对观测效应值的均值及方差的影响。Duval（2005）对如何进行以上分析做了很好的介绍。同样也可以通过使用CMA（2015）软件进行分析。

在关于家庭作业的元分析中，我们在操纵学生是否收到家庭作业的研究中，对找到的五个效应值进行了剪补分析。图7-1显示了使用漏斗图的分析结果（稍后将讨论）。可以看到，剪补分析表明，如果效应值的分布是真正对称的，则漏斗图的左侧可能缺少两项研究。有方法可以计算这些缺失研究的可能取值（在固定效应模型和随机效应模型下），并重新计算平均效应值和置信区间。在这种情况下，重新计算家庭作业平均效应值会产生较小的平均效应值（$d=0.48$），但其置信区间仍然不包括零。因此，这种用于估计完全缺失效应值的方法使我们更加确信找到缺失值后，结果也不会发生实质性变化。

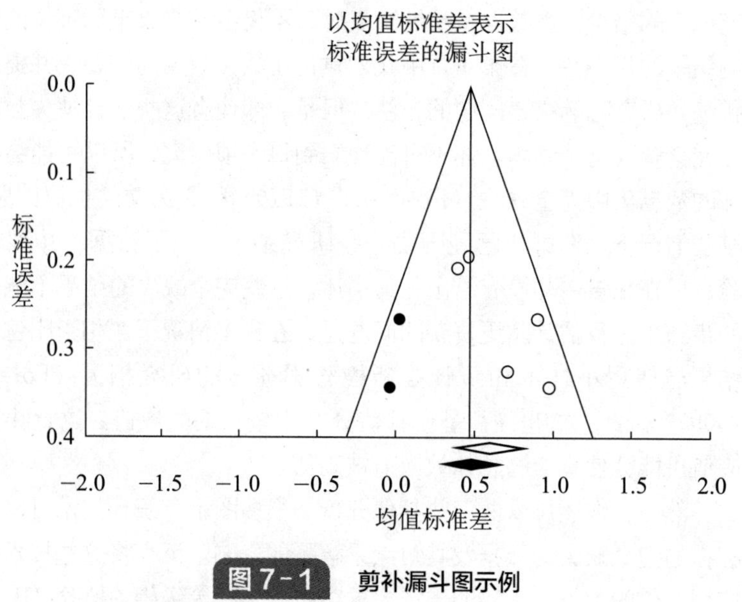

图7-1　剪补漏斗图示例

无论使用何种方法，你都应该讨论是否可能存在数据缺失，可能是因为缺失报告，也可能是因为你纳入的单个研究报告中未报告分析结果，并且你需要讨论如何处理缺失数据，以及选择这种方式的原因。因此，在评估研究综合时，关于缺失数据的一个重要问题是：

> 是否讨论了证据库中数据缺失的情况？是否检验了数据缺失对研究结果的潜在影响？

7.2　统计敏感性分析

解释元分析数据的下一个重要步骤——统计敏感性分析，也是数据分析的一部分。统计敏感性分析用于确定，使用不同的统计程序或对数据进行不同的假设，你的分析结果是否会有所不同以及如何不同。关于如何分析数据，你要做许多决定，这些决定都是敏感性分析的备选方案。例如，加权和非加权效应值的计算可以认为是敏感性分析的一种形式。当你以不同的计算方式展示集中趋势和置信区间的测量时，本质上你是在回答这个问题：“与考虑精度的情形相比，当忽略单个效应值估计的精度时，我得到的平均效应值的结论是否不同?”

你还可以考虑（正如我们对学生花在家庭作业上的时间与学习成绩之间的关系进行元分析时所做的那样）进行两次分析，一次使用固定效应模型，一次使用随机效应模型。我们选择对数据应用两种模型，而非仅使用其中一种模型。通过使用这种敏感性分析，不同误差假设所导致的差异将会成为结果解释的一部分。如果一项分析显示，一个结果在固定效应假设下是显著的，而在随机效应假设下不显著，则表明这个显著的结果与过去的研究发现有关，但不一定与更广泛的类似研究的可能结果有关。例如，我们发现小学生完成家庭作业的时间与学习成绩之间的弱负相关在固定效应模型下具有统计上的显著性，而在随机效应模型下不显著。当家长报告家庭作业时间时，也会出现类似的相关结果。同时，我们发现使用固定效应模型具有显著效果的四个调节变量中，有两个在使用随机效应模型时也是显著的（高中生比小学生相关性更强，学生报告家庭作业时间比父母报告相关性更强），而其他两个在随机效应模型中是不显著的（结果测量方式和科目）。敏感性分析还可以使用不同的假设和方法来估计缺失数据。

每次进行敏感性分析，你都要确定在不同的统计假设下某个特定的发现是否稳健。在解释证据时，如果发现一个结论不会因使用不同的统计检验或假设而改变，就意味着这个结论是非常可信的。如果在不同的假设下产生的结果是不同的，则表明当你与研究综合的使用者分享结果时要谨慎，或者需要不同的解释。所以，当你评估研究综合结果的解释时，要注意的另一个问题是：

> 是否检验了结果对统计假设的敏感性？如果是，这些分析是否有助于解释证据？

7.3　推广与细化

与其他研究一样，研究综合包括细化目标被试、项目或干预类型、时间、环境和结果。解释研究结果时，你必须评估是否以及如何在证据库中展示每个目标元素。例如，如果对研究选择对动机的影响感兴趣，你需要注意参与者样本中是否包含或缺少重要的年龄组。

如果所获取样本中的元素不能代表目标元素，无论是被试、项目、环境、时间还是结果，任何关于研究结果普适性声明的可信度都会受到损害。因此，一旦完成了数据分析，你可能会发现需要重新细化研究所包含的元素。例如，如果只有大学生被用于对强奸态度的研究中，那么在你的数据解释中，关于这种关系的任意声明只能被局限在这种特定类型的被试中，否则必须提供外推至其他类型被试的合理解释。

在研究综合中，你对研究的推广受到研究人员取样的元素类型的限制。尽管如此，研究综合的推广为讨论注入了乐观的基调。我们有充分的理由相信，与一手研究相比，研究综合将更直接地与目标被试、研究项目、环境、时间和结果相关，或者与这些目标集的更多子集相关。研究综合中累积的文献包含在不同时间和不同环境中，使用不同结果测量方式对具有不同特征的被试和项目进行的研究。对于包含大量重复验证的某些主题，研究综合者可获取的被试和环境可能比任何单独的一手研究更接近目标元素。例如，如果一些有氧运动项目的研究是在健身房使用跑步机，而另一些研究是在户外骑自行车，那么你就可以检验这两种运动项目的效果以及情境是相似的还是不同的，这是一个一手研究无法回答的问题。

7.3.1　整合跨研究的交互结果

在解释与推广研究综合结果时，存在的一个问题是对交互作用的解释。通常，研究综合中交互结果的整合并不像平均每项研究的效应值那么简单。图7-2通过展示两个假想研究的结果来说明这个问题，这两个假想研究比较了家庭作业和在校学习对学生从记忆中检索所学知识的能力所产生的影响。这两项研究检验了两种教学策略的效果是否被教学开始的时刻和记忆被测量的时刻之间的延迟中介。在研究1中，对于预后1周和8周的学生记忆进行了比较。在研究2中，延迟的时间间隔为1周和4周。研究1没有产生显著的主效应，但所包含的测量间隔存在显著的交互作用，而研究2只报告了显著的主效应。

如果你发现了这两项研究并且没有检查数据的确切形式，你可能会得出它们产生了不一致结果的结论。但是，图7-2（A）和图7-2（B）说明了为什么这可能不是一个合适的解释。如果研究2中的测量延迟与研究1中的测量延迟相同，则研究2的结果将与研究1的结果非常接近。我们注意到研究1和研究2中两组线段的斜率几乎相同。

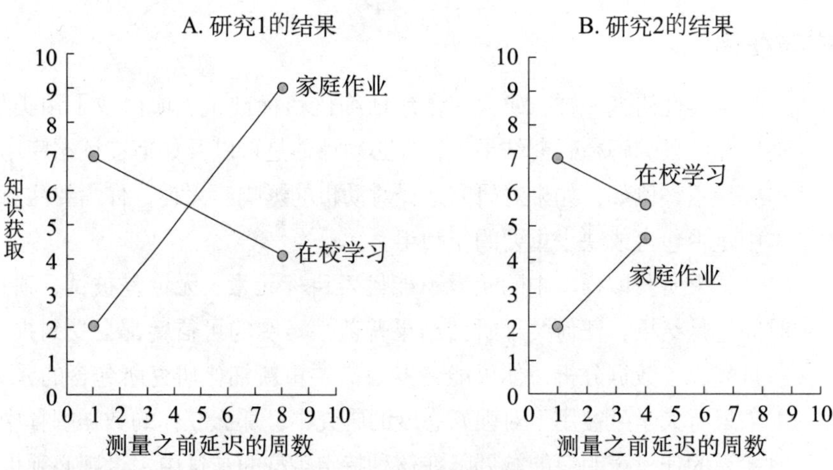

图7-2　家庭作业和在校学习对记忆力影响的两个假想研究的比较结果

这个例子表明，研究综合者不应该认为不同研究发现的交互作用的差异必然意味着不一致的结果。无论是变量被测量还是被操纵，研究综合者都需要检查不同研究中使用的变量值的不同范围。如果可能的话，你还应该考虑不同取值范围的结果。通过这种方式，能够实现研究综合的一个好处。第一项研究的作者可能会得出这样的结论，即当比较家庭作业和在校学习研究时，测量延迟对从记忆中检索信息的能力没有影响，但是第二项研究的作者可能认为存在这样的交互作用，研究综合者则发现这两个结果事实上是完全一致的。

研究综合的这一益处也强调了研究人员提供他们所使用的变量水平详细信息的重要性。如果没有这些信息，研究综合人员不能进行类似于本书案例的跨研究分析。如果研究1和研究2中的研究人员没有具体说明他们的测量延迟范围——也许他们只是简单地说他们将“短”延迟与“更长”的延迟进行了比较——结果的可比性将无法证明。

变量值范围的变化也会造成涉及双变量或主效应关系的结果的不同。例如，研究1是1周后进行记忆测量，研究2是4周，研究3则包含8周，这三项研究将产生三种不同的结果。在这种情况下，我们希望研究者将测量延迟作为调节变量进行检验，并揭示其对研究结果的影响。我之所以在交互作用的案例中强调变量值范围的影响，是因为在这种情况下，问题最不可能被识别出来，并且在发现时最难以纠正。

那么，在评估研究综合结果的解释时要注意的下一个问题是：

是否讨论了研究综合结果的普适性和局限性？

7.4　研究衍生的证据和综合衍生的证据

在第2章中，我提出了重要的观点，即研究综合可能包含关于研究问题或假设的两种不同的证据来源。如果一个研究直接检验了我们所关注关系的结果，它就属于研究衍生的证据。综合衍生的证据不是来自单个研究，而是来自不同研究之间程序的变化。我注意到，只有基于实验研究衍生的证据才能让你做出关于因果关系的陈述。并且，我需要强调的是，在研究综合中你需要区分哪些证据支持因果关系，哪些证据对合理解释研究结果不太重要。因此，在评估研究综合结果的解释时要注意的下一个重要问题是：

在解释结果时，是否适当地区分研究衍生的证据和综合衍生的证据？

7.5　效应值的实质性解释

在定量研究综合中，讨论部分的一个作用是解释所报告效应值的大小，无论它们是群体差异、相关性还是比值比。计算了效应值之后，如何知道它们是大的还是小的、是有意义的还是微不足道的？由于统计显著性不能作为基准——小的效应值可能在统计上是显著的，大的效应值则可能是不显著的——因此必须建立一套规则来确定一个已知的效应值的含义或实际重要性。[①]

① 本讨论的部分内容是我在Cooper（2009）中提供的类似讨论的微小修改。

7.5.1 关系的大小

为了帮助解释效应值，社会科学家应用标签来描述两个变量之间关系的大小。科恩在1977年出版的有关统计效力分析的书（再版为Cohen（1988））中首次以这种方式解释了效应值。他提出了一组值来界定小、中、大效应值。科恩认识到大小的判断是相对的。为了使之成为可能，需要在两者之间进行比较，为一个观测效应值选择一个对比因素可以基于许多不同的规则进行。然而，有趣的是，科恩并没有打算让他的标签成为社会科学家进行实质性解释的指南。相反，在未来规划研究中他打算用他的规则辅助统计效力分析，这是一个非常不同的目标。然而，由于这些标签经常被用于实质性解释，我们还是应该看看它们的特点。

在定义效应值大小时，科恩比较了他在行为科学中遇到的不同平均效应值，他将一个小的效应值定义为$d=0.2$或者$r=0.1$（等值），根据他的经验，这些效应值常见于人格、社会心理学和临床心理学研究。$d=0.8$或$r=0.5$的大效应值在社会学、经济学、实验心理学或生理心理学中更加常见。中等效应值$d=0.5$和$r=0.3$位于这些极端值之间。科恩认为，研究选择对内在动机影响的社会心理学家可能会认为，与所有行为科学的效应值相比，$d=0.2$的效应值较小，但与社会心理学的所有其他效应值相比，$d=0.2$的效应值约为平均值。

科恩（Cohen，1988）谨慎地强调，他的标准“只有在没有更好的基础来估计效应值时才会被使用”（p.25）。今天，有很多元分析效应值的估计可用，研究者们也发现了其他更密切相关的对比效应值。因此，当你解释效应值的大小时，使用与你的主题更密切相关的对比元素比使用科恩的基准更能提供有用的信息。

例如，我们针对选择对动机影响的元分析显示，使用固定效应模型的效应值为$d=0.30$，使用随机效应模型的效应值为$d=0.36$。这表明，当给定被试选择任务时，他们在动机测量上的平均得分比没有给定选择任务时高出1/3标准差。使用科恩的指南，我们会将此效应值标记为小。但是，我们可能会使用其他对比元素。这些对比元素来自其他元分析，这些元分析以完全不同的方式来激励人们完成任务，例如提供奖励。因此，解释选择效应值的一种方法是询问它是否显示出了比其他旨在增加动机的情境操纵更小或更大的影响。

另一种选择是，其他元分析可能使用相同的处理方法，但在结果测量方面存在差异。例如，一些关于选择的研究可能考察的是被试在给定一个选择后的自尊，而不是他们随后的动机。此时，一个好的解释会考虑促进选择的操纵对动机的影响是否小于或大于对自尊的影响。当然，这类解释也可能发生在相同研究综合的结果中，例如，运动对不同认知功能的影响。运动对记忆功能的影响比对执行功能的影响更大吗？

当无法找到与你的主题紧密相关的元分析时，你可能会找到联系不那么紧密但相关的元分析列表，且与科恩的基准相比更接近你的主题。例如，Lipsey & Wilson (1993) 整合了来自教育、心理健康和组织心理学领域的 302 个元分析的结果。在教育方面，作者列出了 181 个平均效应值。中间 1/5 的范围是从 $d=0.35$ 到 $d=0.49$。效应值估计的前 1/5 是高于 $d=0.70$ 的，而后1/5低于 $d=0.20$。因此，在检验家庭作业对学生单元测试成绩影响的实验研究元分析中，我们报告的平均 d 指数约为 0.60。与 Lipsey & Wilson (1993) 的估计相比，我们可能将家庭作业标记为高于教育干预的平均值。现在还有涉及较宽泛的主题，但比 Lipsey & Wilson (1993) 所涵盖的领域更窄的元分析报告（例如，Hattie (2008) 综合了 800 个关于视觉学习和成绩的元分析）。

对效应值的解释也需要考虑一手研究中使用的方法。科恩（Cohen，1988）承认了这一点，他指出实地研究应该比实验室研究的预期影响更小（p. 25）。此外，那些提供更加频繁和更大强度干预的研究（例如，更频繁或更剧烈的有氧运动）将比其他干预更有可能显示出更大的影响，即使在同等条件下进行测试时这些干预是同等有效的。或者，相比于结果受外生因素影响更大的研究，消除结果测量中更多误差的研究（可能通过使用更可靠的测量方法）应该会产生更大的影响。因此，在得出效应值相对大小的结论时，必须考虑研究设计的差异；在其他条件相同的情况下，更敏感的研究设计和测量具有更小的随机误差，因此会显示更大的效应值。

总而言之，对比元素的选择对于解释效应值的大小来说是至关重要的。事实上，几乎任何效应值都可以根据所选择的对比元素来评估其是大还是小。此外，除了受操纵或正在评估的预测变量影响，对比元素通常在维度上有所不同。至关重要的是：(1) 选择对比元素，使研究设计的一些方面保持不变，这些方面虽然会影响效应值的估计但不是干预本身所固有的；(2) 在解释效应值大小时考虑研究设计中的差异。

7.5.2 用形容词表达效应值的实际重要性

研究人员清楚地意识到，“显著影响”（significant effect）一词对统计学家与对公众的意义是不同的。对于那些计算社会科学统计数据的人来说，一个显著的影响通常意味着它允许以最小犯错的可能性拒绝零假设，通常是1/20的概率。然而，对普通大众来说，“显著”（significance）这个词的含义是不同的。韦氏在线词典（2015a）将“显著”首先定义为“有意义”，其次是“具有或可能具有影响力或效果、重要的。”大多数研究人员认识到口语用法和科学用法之间的区别，当他们在公共对话中使用“显著影响”一词时，通常用它来表示重要的、显著的或重大结果的影响，而不是统计意义上的影响。

那么，问题就变成了：“什么时候可以使用诸如‘显著的’（significant）、‘重要的’（important）、‘值得注意的’（notable）或‘重大结果的’（consequential）（或它们的反义词）之类的术语来描述效应值?”至少有两个组织(Promising Practices Network（PPN），2014；What Works Clearinghouse，2014）将这个标准设为 $d=0.25$。相反，将心理教育元分析的结果与医学领域的结果进行比较后，Lipsey & Wilson（1993）得出结论：“我们不能武断地将统计上不太大的值（即使 0.10 或 0.20 SDs）视为明显微不足道的。”(p. 1199)

在研究综合中你还可以评估读者对任何关系的重视程度。这种评估涉及对显著性做出实际判断这一困难任务。例如，与科恩的基准和其他对比元素相比，有氧运动对成年人改善记忆的效应值 $d=0.128$ 可能是小的。尽管如此，我们可能会争辩说，将这种改善转化为一种等价的测量方法，其表明实际上有相当数量的成年人在晚年之前的认知能力将保持强健（参见 Rosenthal (1990)，一个类似的论证)。然后，有人可能会认为相对于生活满意度的改变，甚至是被试节省下来的医疗保健费用而言，这种干预的成本都是最小的。Levin（2002）也制定了一些基本规则，用于对教育项目进行这种类型的成本效益分析。

与课后项目的影响类似，Kane（2004）提出这样一种情况：对效应值的解释也需要受到对干预或操纵效果合理预期的影响。因此对课后项目价值的评估导致 Kane（2004）使用了一个比 Lipsey & Wilson（1993）的建议标准更低的标准。他指出，第 9 版斯坦福大学成就测试的全国样本表明，与四年级学生相比，五年级学生在春季的阅读成绩高出 1/3 个标准差，数学成绩高出 1/2 个标准差。这种效应值是“学生在四年级末和五年级末之间发生的一切”（p. 3）的结果。鉴于这种影响，Kane（2004）认为，通过课后项目提供的附加指导，预期效应值 $d=0.20$（科恩界定的小效应值）是不合理的。与此同时他认为，对诸如课外项目等干预来说，可以通过两种方式来设定一个合理的预期：（1）计算学生花在该项目上的时间占学年总时间的比例；（2）计算在以后的生活中需要抵消该项目成本的收益增长。Kane（2004）建议，在这两种情况下，对课后项目结果的更合理预期应该在 0.05～0.07 之间。

因此，评判一个效应值是实际显著的、重要的还是重大结果的标准似乎是不同的，并且开发这样的标准需要效应值情境化，这与其他结果的效应值应用标签所涉及的情况几乎没有什么不同。

7.5.3 使用形容词表达经证实和有前途的发现

另外两个与社会项目评估相关的研究成果标签已经受到一些社会科学家的关注——“被证实的”和“有前途的”。例如，PPN（2014）需要对一个项目或实践冠以“被证实的”标签，相关证据必须符合以下标准：

- 该项目必须直接影响其中一个重要结果的测量。
- 至少有一个结果改变了 20%，$d=0.25$，或者更多。
- 至少有一个具有实质效应值的结果在 5%的水平上统计显著。

- 研究设计使用一个可信的对照组来确定项目影响，例如随机分配或一些准实验设计。
- 实验组和对照组的样本量均超过30。
- 这份报告是公开可获取的。

这些标准似乎只涉及一项研究。

通过研究能够证明任何事情的言论是有问题的，因为大多数科学哲学家接受下面这一观点，即无论多么不可能，在任何统计水平拒绝零假设都不是对任何特定备择假设的肯定（Popper，2002）。当然，备择假设不同程度的不确定性取决于与数据相符的其他解释的数量和性质。

PPN将术语“有前途的”定义如下：

- 该项目可能会影响与感兴趣的一个指标相关的中间结果。
- 结果的相关变化超过了1%。
- 结果的变化在10%的水平上是显著的。
- 该研究有一个对照组，但它可能有一些缺点；例如，这些组在预先存在的变量上缺乏可比性，或者对其进行的分析没有采用合适的统计控制。
- 实验组和对照组的样本量均超过10。
- 这份报告是公开可获取的。

韦氏在线词典（2015b）将“有前途的”定义为“可能成功或好的、充满希望的”。因此，如果我们假设对中介变量产生影响，并使用非最优的研究设计能够对未来以更直接、更严谨的方式来检验干预效果的研究产生积极结果，PPN的定义与一般说法之间就存在一定的对应关系。然而，PPN对“被证实的”和“有前途的”的定义也包括对项目效应值的参考。因此，即使一个项目衡量了研究者最感兴趣的结果，并使用了更严格的设计，但显示出的效应值比PPN要求的“被证实的”项目的效应值要小（即至少有一个结果改变了20%，$d=0.25$，或者更多），该项目似乎也会被贴上“有前途的”标签。这种对证据可信度和效应值的混淆，可能偏离了人们对“被证实的”和“有前途的”含义的日常理解。

7.5.4　研究人员应该为所有效应值提供标签吗

科恩（Cohen，1988）指出，应用于效应值的标签将涉及对比元素的任意选择。为了最好地为读者服务，最佳做法是呈现多个对比元素，挑选一些对比元素使研究关注的效应值看起来相对较小，而其他元素使其看起来相对较大。对“显著性”定义的检索结果表明，相对而言，较小的效应值可能并不是无关紧要的。而且，对于一些干预措施，我们合理预期的效应值可能比小效应值还要小。尝试提供这样的基准是勇敢而有指导性意义的，至少它提醒你在没有为读者提供更多附加背景甚至多个情境的情况下，不要为效应值贴上标签。

此外，我建议以批判的眼光来定义一些术语，如“被证实的”和“有前途的”，方法是将它们与不同的研究特征和结果集合联系起来，无论这些集合是否基于研究和被试的数量、使用的研究设计、结果的统计意义、效应值等，或是基于这些特征的不同组合。为定义这些标签而做出的努力似乎总是昙花一现，这导致缺乏对“什么样的证据集证明什么标签”的共识，并且，最需要注意的是在提供常见词语的深奥定义时，这些定义与日常语言中理解这些术语的方式不一致。

7.6 对广大读者有意义的度量

提供定性标签的一种方法是尝试为你的读者提供有意义的度量来表达元分析的定量结果。如果可以实现这一点，那么读者能够将他们自己的定性标签应用于定量结果，并且讨论他们应用标签的合适性。简而言之，如果你能够为“1盎司是多少”提供清晰的解读，那么读者就能够判断或辩论一个8盎司的杯子含有4盎司液体是空还是满。接下来我将介绍几种将效应值度量转换为特定情境的方法，这些情境具有足够直观的含义，广大读者可以应用这些方法，并且讨论不同标签的合适性。

7.6.1 原始分数和常见的转换分数

对没有接受过深入统计学培训的读者来说，许多度量标准是非常常见并可以理解的。这些指标包括一些原始形式的指标，比如一个人的血压。因此，如果你告诉读者，对老年人活动的干预导致收缩压降低10点，舒张压降低5点，在没有提供标签的情形下，读者可能会将此发现解释为“重要的”或“微不足道的”，尽管你还想展示一些旨在实现同类结果的干预及相关的成本-收益分析。其他一些分数也是常见的原始分数，比如智商（IQ）和SAT分数这样的评分。你可以报告这些常见的转换分数的变化，将其作为干预的结果函数（例如，X干预导致SAT成绩提高了50分），并确信结果能够被广大读者理解。

依据原始分数和常见的转换分数呈现效应值的一个缺点是分数不能在不同类型的测量之间进行整合。例如，SAT分数变化的效应值不能直接与ACT分数变化的效应值进行整合。因此，必须单独报告每一种测量方法的相关结果。如果你认为维持这些结果之间的差别很重要，尽管所有的测量都与相同的、更为广泛的构念相关，这也未必是件坏事。如果想描述一项干预措施对标准化考试成绩的总体影响，那么在这之前你必须将这些影响标准化。

7.6.2 对标准化均值差的解释

元分析中最常使用的三种效应值指标——d 指数、r 指数和比值比——是标准化效应值的示例。然而，在没有额外解释的情况下向广大读者描述它们，会让大多数人摸不着头脑。

对于标准化均值差，我开发了两种方法来向广大读者解释 d 指数，这有助于解释干预对成绩的影响（参见 Cooper，2007）。两者都是基于与 d 指数相关的指标，科恩（Cohen，1988）将其称为 U_3。U_3 代表低均值组中得分比高均值组中位数（50%）低的单元所占的百分比。表 7-1 给出了 d 指数和 U_3 效应值度量的等价值。因此，U_3 回答了这样一个问题："高均值组的均值超过低均值组的分数的百分比有多少？"例如，考虑一组随机分配的中学生，其中一半接受学习技能指导，另一半未接受学习技能指导。主要结果指标是代数单元测试成绩。如果研究发现 d 指数为 0.30，则 U_3 值为 61.8%。这意味着接受家庭作业的典型学生（第 50 百分位）在单元测试中的得分要高于 61.8%没有家庭作业的学生。

尽管 U_3 相当抽象，也不一定比 d 指数本身更直观，但是没有必要停止使用 U_3。例如，在教育背景下，当成绩按曲线评分时，U_3 还可以用来表示与干预相关的成绩变化。在这里，你必须以等级曲线为开端。通过使用等级曲线，研究人员可以展示接受干预的学生的平均成绩会如何变化从而来揭示干预的影响。图 7-3 给出了这样一条等级曲线。它还说明了代数作业对典型学生

根据曲线评分，如果一个学生在接受学习技能指导的班级中代数考试成绩被划分为C等级，那么他在没有其他人接受学习技能指导的班级中会上升到C+

当只有典型学生得到学习技能指导时，他的等级会发生变动……

等级	百分比
A	4
A−	5
B+	6.5
B	7
B−	8.5
C+	11.5
C	15
C−	11.5
D+	8.5
D	7
D−	6.5
F+	5
F	4

…到这>（C+）
…从这>（C）

图 7-3　以曲线的方式为一个假想学习技能干预结果进行"评分"

资料来源：Cooper H. The search for meaningful ways to express the effects of interventions. Child Development Perspectives，2009，2（3）. 2008 年 Blackwell 出版社版权所有，经许可使用。

表 7-1　d 指标和 U_3 效应值度量的等价值

d	U_3
0	50.0
0.1	54.0
0.2	57.9
0.3	61.8
0.4	65.5
0.5	69.1
0.6	72.6
0.7	75.8
0.8	78.8
0.9	81.6
1.0	84.1
1.1	86.4
1.2	88.5
1.3	90.3
1.4	91.9
1.5	93.3
1.6	94.5
1.7	95.5
1.8	96.4
1.9	97.1
2.0	97.7
2.2	98.6
2.4	99.2
2.6	99.5
2.8	99.7
3.0	99.9
3.2	99.9
3.4	a
3.6	a
3.8	a
4.0	a

资料来源：Cohen J. Statistical power analysis for the behavior sciences. 2nd ed. New York：Lawrence Erlbaum Associates，1988：22. 1988 年泰勒-弗朗西斯出版集团版权所有，经美国版权结算中心授权许可使用。

(没有家庭作业）单元考试成绩的影响。

如图7-3所示，在所有学生接受过学习技能指导的班级中，典型学生将获得C等级。如果该学生是班上唯一获得学习技能指导的学生（并且所有其他方面都没有变化），以建议的曲线进行等级评定的话，那么干预将学生的成绩提高到C+。

在我的案例中，至关重要的是，研究人员要向读者指出，他们提供了评分曲线，并且其他曲线对结果测量的变化或多或少有些敏感。因此，按照现在的标准，图7-3中使用的评分曲线可能被认为是非常困难的；典型学生获得C等级，只有9%的学生得A或A-。如果使用更宽松的曲线，评分的中位数可能高于C，并且曲线上半部分分数的区分度会降低。这个结果表明，作为一个学习技能指导的函数，评分的变化变小。

为什么对于效应值和显著性来说，提供一个任意的评分曲线比提供一个任意的像科恩的形容词一样的衡量标准更好？首先，评分曲线度量是完全透明的。它的所有假设都是已知的，并且很容易展示。它的所有取值都被大多数读者熟知。其次，众所周知，如果读者愿意，他们可以评估曲线的合适性，并调整干预对他们自己评分的影响。最后，读者不需要特殊的专业知识——也就是说，他们不需要知道有哪些其他研究成果可能被用作衡量标准——就可以将研究结果转化为他们认为更合理的其他曲线。

我第二次使用U_3是为了解决在众多评分曲线中选择一条评分曲线的问题。它显示了一个学生的班级排名如何作为干预的函数，随着干预的变化而变化。例如，假设一项干预措施为随机选择的九年级学生提供一门普通的学习技能课程，其对结果的衡量采用了学生毕业时累计的平均绩点。假设干预的效应值仍是$d=0.3$且$U_3=61.8\%$。在这种情况下，如果他是唯一一个接受指导的学生，那么在最终班级排名中排在中间的学生（50%）将会超过11%的学生(11%是第50百分位学生和第61.8百分位学生之间四舍五入的差值)。图7-4显示了一个有100名学生的毕业班的结果。

这两个例子只是说明了如何将标准化的效应值情境化以便向广大读者传达其更直观的意义。当把评分曲线转换应用于自然候选项的结果度量时，评分曲线转换是最有意义的，如班级考试。然而，需要提供一个评分曲线也是其使用中的一个缺点。班级排名的转换在高中干预的背景下是最有意义的，这些干预的目的在于对通过累计平均绩点进行衡量的结果产生普遍的影响，并且班级排名也因其在大学入学时的使用而具有意义。创造性的挑战之一是为你的研究综合结果考虑合适的度量标准，以及如何以有意义的方式将这些结果传达给读者。

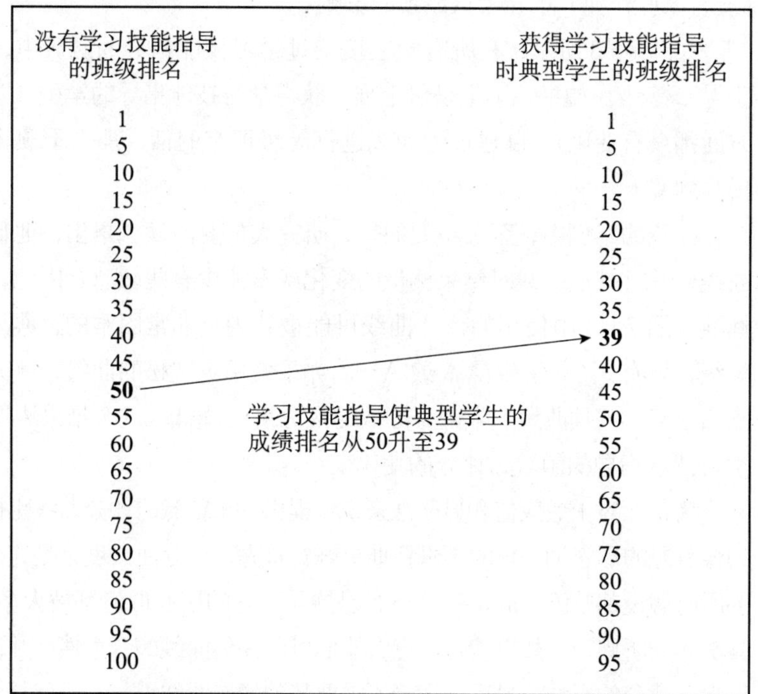

图7-4 学习技能指导对学生班级排名的影响

资料来源：Cooper H. The search for meaningful ways to express the effects of interventions. Child Development Perspectives，2009，2（3）. 2008年Blackwell出版社版权所有，经许可使用。

7.6.3 对二项式效应值显示的解释

Rosenthal & Rubin（1982）提供了一个关于离散干预对二分结果影响的解释，称为二项式效应值显示（BESD）。他们建议BESD也可以用于其他效应值的度量。BESD将d指数和r指数转换为一个行和列的边界被假定相等的2×2表格。在他们的案例中，假设有100名参与者，两种情况各有50名参与者，50种结果表示干预成功，50种结果表示干预失败。他们展示了科恩的相对小的影响$d=0.2$（相当于$r=0.1$，解释1%的方差）与成功率从45%增加到55%有关。例如，一项旨在将学生的阅读分数提高到熟练程度阈值以上的干预措施，其效应值相当于每100名学生中就有10名达到了最低要求。这应该是一个大多数普通读者都能理解的度量标准。

BESD并不是没有批评者（在这个领域几乎没有），特别是它对边界值的假设（Randolph & Shawn，2005）。即便如此，当干预结果为二分变量时，BESD似乎是一种直观的效应值表达方式，当可以检索观察到的边界时更是如此。事实上，当此信息可用时，BESD会显示还原为原始评分的结果。当要求读者在心理上将结果变量的测量方式由连续转化为二分时，它的应用就更加困难。

7.6.4　涉及两个连续变量效应值时的解释

为两个连续变量之间的联系提供解释——r 指数和 β 权重——要求了解原始量尺以及预测变量和结果变量的标准差。有了这些信息，你可以描述与频频使用的特定额外干预措施相关的结果变化。例如，假设一个预测变量是一个有行为问题的孩子每周花在咨询上的时间，这个变量的标准差是 30 分钟；结果变量是缺课次数，其标准差是 4。这两项指标都基于整个学年来衡量。在这种情况下，－0.5 的 β 权重或者 r 指数意味着，平均而言，样本中每周花 30 多分钟进行咨询的学生，当年缺勤的次数也减少了 2 次。

7.7　结论

总而言之，除了分析检验缺失数据和对统计分析不同假设的影响之外，在评估元分析中效应值的解释时，你应该注意的下一个问题是：

> 是否将效应值大小与其他相关的效应值进行了对比？是否对效应值的显著性给出实质性解释？

对研究综合结果的普适性进行全面和仔细的评估，并且从中得出因果推论的可信度，这也是解释研究综合结果的关键部分。

练习题

找到两份关于同一主题的不同方法的一手研究报告。

1. 计算每个报告的效应值。
2. 考虑到不同方法的影响，将效应值进行互相比较。
3. 决定将效应值的大小视为：

(1) 大、中、小；

(2) 重要或不重要。

4. 证明你的决定。

第8章
第7步：汇报结果

赵新元 等[*] 译

汇报研究综合结果的报告应该包括哪些信息呢？

在研究综合中的主要作用

- 提出研究受众评估研究综合所需要的方法与结果信息。

程序上的差异可能导致结论上的差异

- 汇报阶段的差异可能会增加或降低读者对研究综合结果的信任程度，同时影响其他学者复现研究结果的能力。

汇报研究综合的方法和结果时需要注意的问题

- 是否清晰、完整地报告研究综合的方法和结果？

本章要点

- 研究综合的报告规范。
- 如何用图表报告数据。

把研究记录、输出结果和编码表格转化为描述研究综合的整合性文档，对于知识积累而言是意义深远的。如果在报告中没有小心谨慎地描述研究综合，本应值得信任、有说服力的研究综合就会化为乌有。

8.1 社会科学研究中的报告写作

很多社会科学领域报告研究结果时所使用的编纂规则都已包含在美国心理学会出版物手册（APA，2010）中。该手册非常具体地给出了报告的样式与格式要求，甚至给出一些语法和清晰表达观点的指导。它告诉研究人员如何设置文本页面，各级标题应该是什么样的，报告统计分析结果的常用规则有哪些，以及其他准备报告细节的要求。但是，它较少告诉读者某项研究发现是否重要。试图设定科学研究成果重要性的普遍规则是几乎不可能的。本书前几章已告诉你如何解释研究综合结果。

随着整合研究结果日益重要，研究综合结果报告，特别是包含元分析研究综

---

* 赵新元，中山大学管理学院副教授、博士生导师，电子邮件：zhaoxy22@mail.sysu.edu.cn。基金项目：国家自然科学基金项目（71872191）、教育部人文社会科学研究规划基金项目（18YJA630151）、广东省自然科学基金（2018A030313502）。参与翻译的还有中山大学管理学院王甲乐、徐颖、朱亦龙、向济庶、田梦玮、温婉柔、刘健、黎颖、黄燃。

合结果报告的多个标准已经开发出来。一些元分析报告应包含信息的提议来自医疗科学研究者和统计学家。健康研究质量与透明度促进组织（Equator Network，2015）持续关注研究综合结果报告的标准。在社会科学领域，美国心理学会持续改进元分析报告标准 MARS（Meta-Analysis Reporting Standards；APA Publication and Communication Board Working Group on Journal Article Reporting Standards，2008）。[①]该标准已经成为美国心理学会出版物手册（APA Publication Manual）2010 年版的一部分。首先，MARS 比较了前面提到的标准，列出了这些标准中所要求的项目。其次，这些项目被重新修订，以适用于社会科学领域读者。再次，工作小组也增加了一些新项目。之后，研究综合方法协会会员对项目的增删提出了建议。最后，美国心理学会发表与沟通委员会（APA Publication and Communication Board）提供了反馈。在收集到这些反馈意见之后，工作小组得到元分析结果报告需包括项目的建议列表。这些报告指南的提出，对于社会科学进步尤其重要，因为这些指南有助于提升元分析方法和结果报告的完整性和透明度。下面，我将提供 MARS 内容与细节的说明。

8.2　元分析报告标准

如表 8-1 所示，元分析研究报告的格式很大程度上接近一手数据研究报告，包括引言、方法部分、结果部分与讨论等。如果某研究综合没有使用元分析方法，仍然建议它遵循表 8-1 中列出的标准，即使在方法部分与结果部分的很多项目关联度不大。下面的内容中，我会假设你的报告所描述的研究综合结果使用了元分析技术。

8.2.1　标题

在报告的标题中，很重要的是，如果运用了元分析，标题应该包括“元分析”这个术语；如果没有这些，就应该包含“研究综合”“文献综述”等相关术语。标题中的这些术语可以向读者提供报告内容的有效信息。此外，如果读者检索与主题相关的文献时只对综述性文献感兴趣，那么当他们使用计算机数据库或在线搜索时，就会使用以上术语中的一个或几个进行文献检索。如果标题中不包含这些术语，当他们检索文献时你的文章就不会出现在检索结果中。例如，标题“选择对内在动机与相关结果影响的元分析”（A Meta-Analysis on the Effect of Choice on Intrinsic Motivation and Related Outcomes）包含三个最有可能在对该文献感兴趣的搜索中使用的术语。

---

① 本书作者是 APA Publication and Communication Board Working Group on Journal Article Reporting Standards 委员会主席。

表 8-1 元分析报告标准

<table>
<tr><th colspan="2">章节及主题</th><th>说明</th></tr>
<tr><td colspan="2">标题</td><td>● 明确报告描述了一项研究综合，包含“元分析”这个术语（如果适用的话）
● 脚注标明项目资金来源</td></tr>
<tr><td colspan="2">摘要</td><td>● 研究的问题或关系
● 研究资格标准
● 一手研究参与者的类型
● 元分析方法（包括使用固定效应模型还是随机效应模型）
● 主要结果（包括重要的效应值及其重要的调节变量）
● 结论（包括局限性）
● 理论、政策和/或实践意义</td></tr>
<tr><td colspan="2">引言</td><td>● 对研究的问题或关系做出清晰的陈述
　• 历史背景
　• 与所研究的问题或关系有关的理论、政策和实践问题
　• 对于调节变量和中介变量选择和编码的论证
　• 一手研究的类型及其优缺点
　• 预测变量和结果变量的测量类型与计量特征
　• 与研究问题或关系相关的总体
　• 假设（如果有的话）</td></tr>
<tr><td rowspan="4">方法</td><td>样本纳入和排除标准</td><td>● 自变量和因变量的测量特征
● 符合条件的参与者人群
● 符合条件的研究设计特征（例如，仅随机分配，最小样本量）
● 研究所需的时间段
● 地理或文化限制</td></tr>
<tr><td>调节变量和中介变量分析</td><td>● 被检验的调节变量或中介变量的编码类型及其定义</td></tr>
<tr><td>检索方式</td><td>● 检索的参考文献和文献数据库
● 预检索和检索信息
　• 用于输入数据库和注册表的关键词
　• 使用的搜索软件和版本
● 所需要的研究时间段（如果适用）
● 检索所有可获取研究的其他努力，例如：
　• 邮件列表
　• 与作者的联系（以及如何选择作者）
　• 检查报告的参考文献列表
● 使用英语以外的其他语言研究的处理方式
● 确定所检索研究是否符合元分析问题的流程
● 检索结果处理（例如，标题、摘要及全文）
　• 判别人员人数和资格
　• 达成一致的指标
　• 分歧是如何解决的
● 未发表研究的处理</td></tr>
<tr><td>编码程序</td><td>● 编码人员的数量和资质（例如，在该领域的专业水平，编码培训）
● 编码人员之间的信度或一致性
● 每个报告是否由多个编码人员编码，如果是，如何解决分歧
● 研究质量评估
　• 如果有评判研究质量的方式，说明所应用的标准和程序
　• 如果研究设计特征被编码，说明有哪些特征
● 如何处理缺失数据</td></tr>
</table>

续表

章节及主题		说明
方法	统计方法	● 效应值的计量 • 效应值计算公式（例如，均值和方差，使用单变量的 $F-r$ 变换等） • 相关系数修正为效应值（例如，小样本偏差，样本量不相等时的纠正等） ● 算术平均或加权平均效应值 ● 效应值的置信区间（或标准误差）是如何计算的 ● 效应值的可信区间是如何计算的 ● 一个以上的效应值是如何处理的 ● 是否使用固定效应模型或随机效应模型，并论证模型选择的合理性 ● 如何评估或估计效应值的异质性 ● 如果结构水平的关系是重点，测量误差的均值和方差 ● 数据审查的测试和调整（如发表偏倚、选择性报告） ● 统计异常值的检验 ● 元分析的统计效力 ● 统计分析的程序或软件包
结果		● 检查具有相关性的引用数量 ● 研究综合所包含的引文列表 ● 与元分析相关的文献中，根据标准所入选与排除的引文数量 ● 所排除的研究数量与例子（例如，效应值无法计算） ● 纳入元分析各研究的描述性信息表，包括效应值和样本量 ● 评估研究质量（如果适用） ● 图表总结 • 数据库的总体特征（例如，不同研究设计的研究数量） • 总体效应值的估计，包括不确定性的度量（例如，置信区间和/或可信区间） ● 调节变量和中介变量的分析结果（研究子集分析） • 对于每个调节变量分析的研究数量和全部样本量 • 用于调节和中介分析的变量之间相互关系的评估 ● 误差评估，包括可能的数据筛选
讨论		● 概述主要研究发现 ● 考虑对观察结果的其他解释 • 数据筛选的影响 ● 研究结果的可推广性，例如： • 相关总体 • 实验操控差异 • 因变量（结果变量）差异 • 研究设计等 ● 整体局限性（包括对元分析所纳入研究的质量评估） ● 理论、政策或实践意义与解释 ● 指引未来研究

资料来源：APA Publications and Communications Board Working Group on Journal Article Reporting Standards (2008).

8.2.2 摘要

研究综合的摘要所遵循的原则与一手研究的摘要相同。由于摘要很短，你只能用几句话来陈述问题、元分析中包含的研究类型、方法和结果以及主要结论。与标题一样，编写摘要考虑文献检索是很重要的。请记住包含对该主题感兴趣的搜索者在搜索数据库时可能会选择的术语。此外也请记住，很多人只会阅读摘要，因此摘要必须告诉读者元分析最重要的事情。

8.2.3 引言

研究综合的引言部分设定后续数据分析步骤。它应该包含研究问题的概念性表述和问题意义的陈述。一手研究的引言通常很短。在研究综合中，引言应该更加详细。作者应该尝试提供研究问题的完整概述，包括其理论、实践和方法学历史。研究涉及的概念来自哪里？它们是基于理论（例如，内在动机的概念）还是实际情况（例如，家庭作业的概念）？是否存在围绕概念的含义或效用的理论争论？理论如何预测这些概念会彼此相关？是否存在与不同理论相关的冲突预测？不同的理论、学者或实践者提出的哪些变量可能会影响关系的强度？

研究综合的引言必须将所考虑的问题置于特定语境中。特别是当作者打算报告元分析时，必须充分注意围绕研究问题的定性和历史辩论。否则就会受到这样的批评，即数据是在没有充分理解赋予经验数据意义的概念和上下文基础的情况下，被胡乱拼凑在一起的。

一旦确定了问题，引言就应该描述已经确定的重要问题如何指导元分析决策。如何将理论、实践和历史以及辩论转化为你所要探究的调节变量？关于研究是如何设计和实施的，是否存在值得关注的问题？这些问题是否在研究综合中得到了体现？

在研究综合的引言中，作者还应该讨论以前为该主题的研究综述所做的尝试。对过去研究综合的描述应突出从这些尝试中吸取的教训，并指出它们的前后矛盾之处和方法上的优缺点。强调一项新的研究综合所做贡献的方式在于，对所处理的尚未解决的经验问题和争议进行明确说明。

总而言之，研究综合的引言应该提供围绕研究的理论、概念和实践问题的完整概述。它应该在主题领域提出尚待解决的争议，并指出哪些是新的研究综合重点。它应该描述先前的研究综合，它们的贡献和缺点是什么，以及为什么你的研究综合是创新和重要的。

8.2.4 方法

方法部分旨在描述研究是如何进行的。研究综合的方法部分与一手数据研究报告的方法部分有很大不同。MARS建议元分析的方法部分需要解决五组独立的问题：(1) 样本纳入和排除标准；(2) 调节变量和中介变量分析；(3) 检索方式；(4) 编码程序；(5) 统计方法。它们的展示顺序可能有所不同，但你应该考虑将这些主题用作报告中的副标题。

样本纳入和排除标准 方法部分应解决适用于文献检索发现的研究相关性标准。研究的哪些特征用于确定特定的努力是否与感兴趣的主题相关？例如，在“选择对内在动机影响的研究综合”中，包含的研究都必须满足三个标准：

(1) 研究必须包括选择的实验操作（不是自然主义的选择）；(2) 研究必须使用内在动机或相关结果的衡量标准，如努力、任务表现、后续学习或感知能力；(3) 研究必须提供足够的信息，以便我们计算效应值。

接下来，需要描述哪些研究特征会导致它们被排除在研究综合之外，即使它们符合纳入标准。还应说明出于何种特定原因，排除了多少研究。例如，选择对内在动机的影响的元分析，排除了符合三个入选标准但是具有特殊特征的人群，或在美国或加拿大以外的国家进行的研究。这导致两项针对学习障碍或行为障碍儿童的研究和八项北美以外的研究被排除在外。

当读者检验应用在研究综合中的相关性标准时，他们批判性地评估有关概念和操作如何结合在一起。大量关于某一特定研究综合结果的批判可能聚焦在这些决定上。一些读者可能会发现相关性标准过于宽泛——包括他们认为无关的操作性定义的概念。当然，作者可以预测这些问题，而不是排除基于这些问题的研究，使用有争议的标准作为研究之间的区别，然后分析它们作为潜在调节变量的研究结果。其他读者可能发现操作定义过于狭窄。例如，一些读者可能会认为应该把北美以外国家的样本纳入我们关于选择和内在动机的研究综合中。然而，我们通过指出只有极少数研究发现使用了非北美的样本，而且只有少数国家参与了这些为数不多的研究证明我们的决定是正确的。因此，我们认为，这些研究仍然不能保证将我们的结论推广到生活在北美以外的人身上。调节变量分析可以用来确定选择的影响是否因取样的国家不同而发生变化，但我们认为很少有研究可以可靠地进行这样的分析。尽管如此，这些排除标准可能会导致读者去检验已经被排除的研究，以确定他们的发现是否会影响研究综合结果。

除了对所纳入和排除的证据做一般性描述之外，本小节很好地描述了发现一手数据研究的典型方法。标准研究可以很好地展示那些在许多研究中都使用的方法。作者可以选择几个研究，举例说明许多其他研究中使用的方法，并展示这些调查的具体细节。在只有少数几项研究被认为有关的情况下，这项工作不是必要的，每项研究中所使用方法的描述可以与研究结果的描述相结合。在对家庭作业的一项元分析中，我们采用这种方法来描述使用家庭作业实验操作的少数研究的方法和结果。

调节变量和中介变量分析 与纳入和排除标准类似，作者应描述作为研究结果的调节变量或中介变量，让读者知道这些变量是如何定义的，尤其是如何根据研究在这些变量上的不同状态来区分的。例如，关于选择和内在动机的元分析确定"每个选择选项的数量"作为一个可能中介选择效应的变量。我们的方法部分定义了这个变量，并告诉读者我们将这些研究分为以下几组：(1) 每个选项有两个选择；(2) 三到五个选择；(3) 超过五个选择。

检索方式 所有关于步骤、资料来源、关键字和文献检索所涉及年份的信息可以让读者评估文献检索的完备性，从而确定研究综合结论的可信度。就试图重现而言，当其他学者试图理解为什么关于同一主题的不同研究综合得出相似或相互冲突的结论时，首先要审查的是对文献检索的描述。如果可以列出选择资料来源的理由，那是非常有利的，特别是关于如何利用不同资料来源相互补充的内容，以减少研究样本中的偏差。MARS 列出了 16 个文献检索不同方面的清单，供方法部分使用。Atkinson，Koenka，Sanchez，Moshontz & Cooper（2015）扩大了这个清单，以涵盖有关编码、纳入和排除标准的应用结果，以及初步筛选的相关性等更具体的细节。他们的总结见表 8-2。

表 8-2 研究综合中文献检索的报告标准

检索者特征	● 检索者人数 ● 教育/培训水平 ● 过去进行检索的经验 ● 最初的筛选者与第二筛选者是否不同? 　• 如果是，怎么处理?
相关性的初步筛选	● 用于初步筛选决策的记录原理 　• 例如，标题、摘要、完整的报告 ● 从第一步筛选传递到第二步筛选的标准
最终入选标准	● 定义 　• 研究变量 　• 参与者 　• 研究设置 　• 日期 　进行研究的日期 　报告出来的日期 ● 报告的类型，例如： 　• 发表状态 　• 同行评议状态 ● 处理以外语报告的研究 ● 适当的报告 　• 包含报告所需的信息
排除的文章	● 列出符合大多数纳入标准但最终被排除在外的研究 　• 每项研究至少有一个标准未能达到 　例如，数据以不可用的方式呈现
普遍检索报告指南	● 检索结果中的文档总数 ● 初始筛选后保留的报告数量 ● 符合相关标准的报告数量 　• 由于信息不足而被排除的报告数量
文献数据库和注册表检索	● 检索软件版本 ● 检索数据库的全名 　• 数据库选择的合理性 ● 使用的检索词 　• 布尔连接器 ● 是否产生自动激增的术语 ● 检索的部分文本 ● 进行日期数据库检索
期刊-书目和注册表检索	● 相关报告的期刊或参考文献扫描 　• 名称 　• 原创/卷扫描 　• 用于决策的文件元素 　• 例如，目录、标题、摘要

反向（引用列表）检索	● 是否检查参考文献 ● 选择参考列表的标准 ● 用于相关决策的元素（例如，参考文献、引言、摘要、报告全文） ● 进行引文检索的报告 　• 选择这些报告的理由
直接联系人检索	● 与正式或非正式分发列表进行大量沟通 　• 组名或定义的特征 　• 联系日期 ● 与个体研究人员沟通 　• 联系的决定标准 　• 联系的研究人员数量 　• 回复率 ● 与同事沟通（导致报告没有其他方式）
其他检索方式	● 描述上述检索方式之外的检索方式以及这些检索的结果

资料来源：Atkinson K M, Koenka A C, Sanchez C E, Moshontz H, Cooper H. Reporting standards for literature searches and report inclusion criteria: making research syntheses more trans- parent and easy to replicate. Research Synthesis Methodology, 2015(6): 87 - 95. 经许可使用。

检索结果通常可以整齐地总结在一个表格中。例如，Brunton & Thomas (2012) 使用 PRISMA (2015) 建议的一个图（该图是为健康综合分析而开发的，但更广泛相关），展示有关个人发展规划有效性研究的调查结果（反映、记录、规划和行动）以改善学习。图 8 - 1 展示了该图。

编码程序　方法的第三个部分应该描述从研究中获取信息的人的特征、培训他们的程序、如何评估获取信息的可靠性以及评估所揭示的内容。通常，这些都是检索文献并做出相关决定的人。如果是这样的话，应该提到这一点。

在编码部分讨论如何处理缺失数据也很重要。例如，在“关于选择和内在动机的元分析”中，我们计算了效应值，将其作为是否纳入的标准。因此，在编码其他信息之前，研究人员进行了检验，以确定是否可以从这些研究中计算出效应值。如果没有可获取的效应值，则不会发生进一步的编码。在其他元分析中，估计程序可能填补一些空白。其他缺失的研究特征也是如此。例如，如果一项研究缺乏关于是否使用了随机分配手段的信息，那么这项研究可能被描述为没有给出这样的信息。其他时候可能会形成一个惯例，如果没有提到随机分配，那么这项研究就假定没有使用随机分配。这些规则应该在报告的这一部分进行描述。

编码部分也可以描述如何对研究质量做出判断。关于把研究质量的信息放在哪里的决定可以分为几个部分，所以最好放在能提供最清晰说明的地方。如果研究是根据其设计或实施特点而被排除在外，则应当一并报告其他纳入和排除的标准。

统计方法　研究综合方法部分的最后一个部分是对结果进行定量分析的程序和惯例。为什么选择一个特定的效应值指标以及如何计算？使用什么分析技术把单独一个假设的检验结果结合起来，并检验其结果的变异性？这一部分应包含每一个选择程序和使用惯例的基本原理，并描述每种选择对研究综合结果的预期影响。

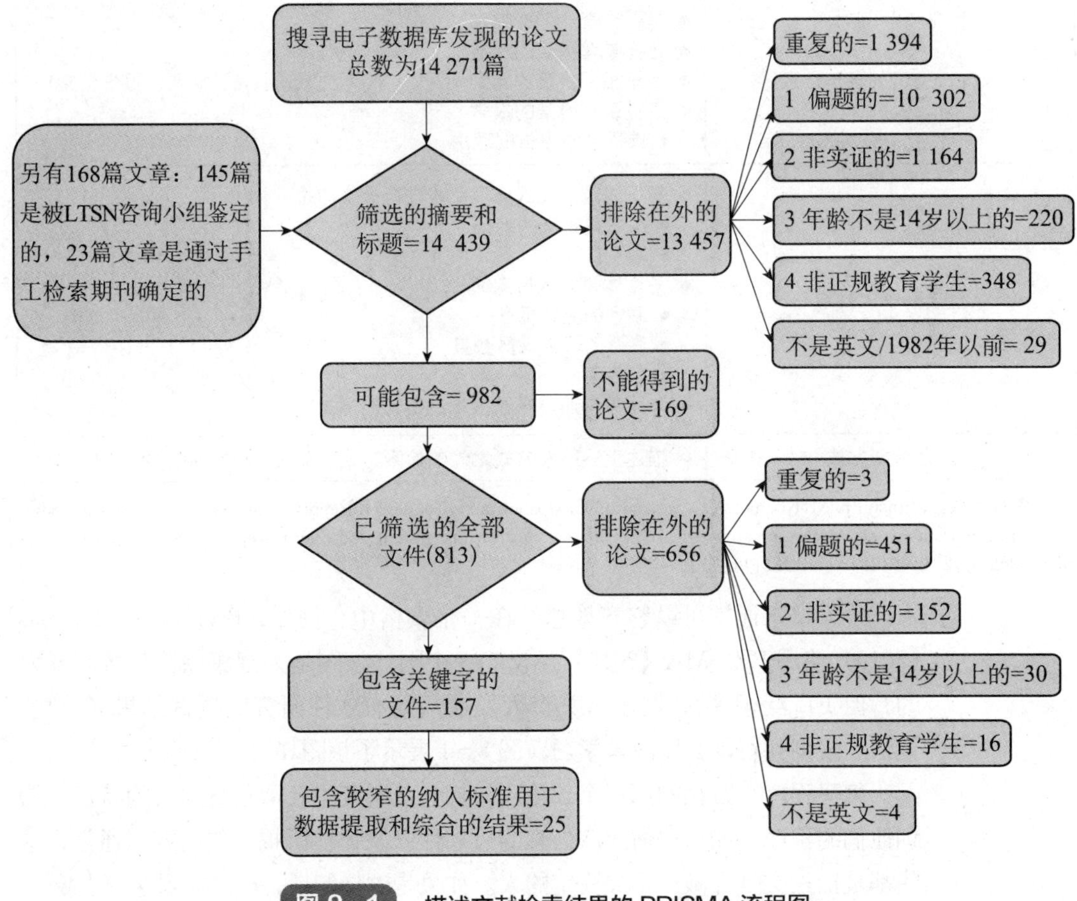

图 8-1　描述文献检索结果的 PRISMA 流程图

资料来源：Brunton J，Thomas J. Information management in reviews// Gough D，Oliver S，Thomas J.（Eds.）. An introduction to systematic reviews. Thousand Oaks，CA：Sage，2012.

本部分涉及的另一个重要主题关乎如何识别独立发现（见第 4 章）。你应该仔细说明处理同一实验室、报告或研究中多个假设检验时所使用的标准。

8.2.5　结果

结果部分应该对文献和元分析结果进行总结描述，也应该提供用于检验关于数据的不同假设的分析结果，例如不同的误差模型和不同的缺失数据模式。结果部分将会因研究主题和证据的性质不同而有很大差异，但是 MARS 提供了一种呈现这些结果的良好的总体策略。接下来，我将给出一些可用于组织结果呈现的子部分的建议，以及如何通过表格和图形对研究结果进行可视化展示的建议。我们还可以在 Borman & Grigg（2009）中找到关于元分析中数据呈现的一些其他建议。

文献检索结果　通常情况下，研究综合者会用表格列出元分析所包括的所有研究，这个表格描述了各个研究的一些重要特征。例如，表 8-3 再现了我们在家庭作业研究综合中使用的表格，这个表格用来描述通过实验操纵来检验家庭作业效果的六个研究。表格中包括的最重要的信息为：第一作者的名字和报告的时间、研究设计、研究中包含的班级和学生的数量、学生的年级、家庭作业的主题、学习成绩测量方式和效应值。几乎所有这类表格都包含关于作者和年份、样本量大小和效应值的信息，这只是一个非常简单的示例。有时，在表格中呈现的信息类型非常广泛。在这种情况下，作者可能会使用缩写。表8-4呈现了一个这种类型的表格，这个表是从我们之前做的关于选择和内在动机的元分析中选取的。在这个示例中，我们使用了大量的脚注来注释缩写的含义。

表8-3 关于家庭作业的研究

作者（年份）	研究设计	班级数学生数、ESS[a]	年级	主题	学习成绩测量方式	效应值
Finstad（1987）	非等效对照，无前测差异	2 39 5.2	2	从1到100的数学测验	Harcourt Brace Jovanovich开发的单元测试	+0.97
Foyle（1984）	随机挑选一个班的学生进行分析	6 131 15.8	9-12	美国历史	老师开发的单元测试	+0.46
Foyle（1990）	随机挑选一个班的学生进行分析	4 64 10.2	5	社会科学	老师开发的单元测试	+0.90
McGrath（1993）	班内随机挑选学生进行分析	3 94 8.0	12	莎士比亚	Harcourt Brace Jovanovich开发的单元测试	+0.39
Meloy（1987）	非随机分配后，有预检验的非等效对照	5 70 12.6 3 36 7.4	3 4	英语水平	McDougal Littell开发的单元测试 缩短了的爱荷华基本技能语言测试 McDougal Litfle开发的单元测试 缩短了的爱荷华基本技能语言测试	+ - + -
Townsend（1995）	非等效控制	2 40 5.2	3	词汇量	老师开发的单元测试	+0.71

a. ESS表示在类内相关性为0.35的情况下，有效的样本量。

资料来源：Cooper H，Robinson J C，Patall E A. Does homework improve academic achievement? A synthesis of research，1987-2003. Review of Educational Research，2006(76)：1-62. 2008年美国心理学会版权所有，经许可使用。

表8-4 研究选择对内在动机影响的实验研究特征

作者（年份）	文献类型	样本	选择的数量	选项	选项类型	控制组类型	备选项	实验设计	设置条件	奖励条件	结果	测量类型	效应值
Abrahams 1（1988）	D	48a A	4 SC	IND	IR	RAC	UAW	Y	TUL	NRW	FCTS I/E/L TP	B S B	+0.90 +0.84 +0.18

续表

作者（年份）	文献类型	样本	选择的数量	选项	选项类型	控制组类型	备选项	实验设计	设置条件	奖励条件	结果	测量类型	效应值
Abrahams 2 (1988)	D	42b A	4 SC	IND	IR	RAC	UAW	Y	TUL	NRW	FCTS I/E WTE	B S S	+0.51 +0.12 +0.41
Amabile & Gitomer (1984)	J	28 C	5 MC	10	IR	NSOC	AW	Y	LNS	NRW	FCTS CR	B S	+0.79 +1.06
Bartleme (1983)	D	104 A	8 MC	IND	IR	RAC	UAW	Y	TUL	CLPSD	E/L E/L E/L WTE TP SL	S S S S B B	+0.07 −0.11 +0.08 −0.16 −0.05 −0.22
		34 A								NRW	E/L E/L E/L WTE TP SL	S S S S B B	+0.46 −0.53 +0.15 +0.10 +0.17 −0.22
		70 A								RW	E/L E/L E/L WTE TP SL	S S S S B B	−0.17 −0.05 +0.10 −0.56 −0.17 −0.17
Becker (1997)	J	41 A	1	2	IR	NSOC	UAW	M	NS	NRW	GIM TP	S B	+0.58 +1.25

资料来源：Patall，Cooper，& Robinson(2008，pp. 281－286). 2008年美国心理学会版权所有，经许可使用。

说明：D＝博士论文，J＝期刊文献，MT＝硕士论文，R＝报告，A＝成年人，C＝儿童，MC＝选项列表中的多个选项，SC＝后续选择，IND＝选项数量不定，ACT＝活动的选择，V＝版本的选择，IR＝与教学相关的选择，IIR＝与教学无关的选择，CRW＝奖励的选择，MX＝混合，SOC＝重要的其他控制，NSOC＝无重要的其他控制，RAC＝随机分配控制，DC＝否认的选择，SGC＝建议选择控制，SMC＝一些选择控制，AW＝已知备选项，UAW＝不知道备选项，Y＝对位的，M＝匹配的，NYM＝无对位或匹配，TUL＝传统大学实验室，LNS＝自然环境下的实验室，NS＝自然环境，NRW＝没奖励，RW＝有奖励，FCTS＝自由选择时间，FCE＝自由选择参与活动，I＝兴趣，E/L＝享受/喜爱，WTE＝愿意再次参加任务，I/E/L＝兴趣/享受/喜爱，GIM＝一般内在激励措施，CIM＝综合内在激励措施，TP＝任务表现，EF＝努力，SL＝后续学习，CR＝创造力，PFC＝喜欢挑战，PC＝感知到的选择，P/T＝压力/紧张，SF＝满意，B＝行为，S＝自我报告，NA＝不适用，NR＝未报告，VRD＝变化的，CLPSD＝折叠状态。

注意，对于有许多子组的研究，子组效应值和总体效应值都在子组间重叠。在每个包含多个子组的研究中，子组之间的总体效应值会在一行的顶部显示。注意，总体效应值并不等于子组效应值的平均值。这是因为总体效应值是用原始论文中提供的均值、标准差、t 检验或 f 检验来计算的，而不是用子组效应值的平均值来计算的。

正如 Atkinson et al. (2014) 指出的，研究人员可能还想要提供一个表格用来描述那些可能相关但被排除在外的研究。MARS 指出，这些研究尽管符合许多标准，但不符合全部纳入标准。这个表格看起来像表 8－3 或表 8－4，它通常没有那么广泛，并且包含用来识别相关标准的列，或者至少有一列用来解释此研究被排除在外的原因。

表8-4只包含了实际表格中出现的研究的一小部分。由于描述进行元分析研究的表格很长，如今期刊通常提供辅助网站，研究者可以将表格和其他材料放在网站上，而不是在印刷版中。在文章的电子版本中，这些表格可能放在单独的网页上，在它们可能出现的位置需要与文章进行链接。当提交报告以供发表时，应该确保包括这些表格（在报告中或者在一个单独的文件中）。当论文被接受时，作者和编辑将会共同决定进行结果展示的最佳策略。

研究质量的评估　如果对每一个研究进行了质量评估，那么在描述表格中可以包括这些内容。如果评估是复杂的，可以考虑将它们单独列在表中(见表5-3)。可以在一个表中表示这些信息，其中，质量这一维度以列的形式呈现，质量评级（表5-3中的“是”和“否”）则在每个研究的单独行中给出。

文献的总体描述　我们也应该报告文献汇总的描述性统计数据。表8-5展现了家庭作业元分析中的这一部分，它展示了学生所做的家庭作业数量与学习成绩的相关研究的总体结果。研究中这一部分应包括以下元素：

● 被纳入元分析中的研究数量、效应值以及样本量。

● 对于导致数量差异的研究的描述，即具有多个样本、结果测量方法的研究。

● 报告出现的年份范围。[①]

● 所有研究的参与者总数以及研究中样本量的范围、中位数、均值和方差。

● 样本中统计异常值的检验。

● 不可以作为调节变量被检验的变量，因为过多研究缺少这些信息，或者不同研究之间没有足够的变异性。

● 正、负效应值的数量。

● 效应值的范围和中位数。

● 未加权和加权的平均效应值、加权平均置信区间。

● 效应值中统计异常值的检验。

● 对缺失数据的检验结果以及缺失数据的调整对累积结果的影响。

如果数据和基本原理中的一些细微差别不需要额外的解释，也可以考虑将这些在表格展示中可能缺失的信息放在单独一个表格中，例如把它们包含在方法文本中。表8-6展示了一项元分析的结果，这一元分析的研究问题是：在为同一测试进行打分时，大学生自我评分和教师给出的成绩之间有什么相关关系？

---

① 譬如在关于强奸态度个体差异的元分析中，用一个图表给出连续若干年中每年对强奸态度的研究数量，其原因在于研究人员希望显示，对该主题的研究兴趣是如何增长变化的。

表8-5 汇总元分析结果的文本摘要示例

文献检索发现了32项研究，这些研究描述了学生或家长报告的家庭作业时间与学习成绩之间的相关性。表8具体列出了这些研究。32项研究中报告了69项基于35个学生样本的独立相关性。Cooper et al.（1998）报告了8种相关性，将小学生和中学生（两个独立样本）的课堂成绩和标准化成绩测试结果与学生或家长报告的家庭作业时间进行了分离。Drazen（1992）报告了12个相关性：用于阅读、数学和3个全国性调查（3个独立样本）的多学科。BentsHill（1988）报告了8种相关性：用于语言艺术、数学、阅读、班级成绩和标准化成绩测试的多学科。Epstein（1988），Olson（1988），Walker（2002）各自报告了2种效应值：数学效应值和阅读效应值。Fehrmann et al.（1992），Wynn（1996），Keith & Benson（1992）各自报告了2种相关性：班级成绩和成绩测试结果。Hendrix et al.（1990）报告了3种相关性：多学科、语言能力和非语言能力。Mau & Lynn（2000）报告了3种相关性：数学、阅读和科学。Singh et al.（2002）报道了2种相关性：一种用于数学，另一种用于科学。
这32项研究发表于1987—2004年间。样本大小从55到大约58 000，中位数为1 584。样本容量均值为8 598，标准差为12 856，为非正态分布。一项测试中发现一个显著的异常值，$p<0.05$。这个样本是数据集中最大的，Drazen（1992）报道了从1980年高中和超越纵向研究中获得的6个相关性。因此，我们将这6个样本量替换为数据集中第二大样本量：28 051。调整后数据集的平均样本量为7 742，标准差为10 192。
其中只有3项研究明确提到学生来自正规教育教室；其中一项研究包括有学习障碍的学生（Deslandes，1999）。剩下的研究均未报告有关学生的成绩或能力水平的信息。
17项研究没有报告学生的社会经济地位信息，11项报告样本的社会经济地位是"混合的"，3项报告样本为中等社会经济地位，1项报告样本为较低社会经济地位。17项研究没有报告样本的性别构成，而14项报告称样本由2种性别组成。只有一项研究单独报告了男性和女性之间的相关性。由于缺乏报告或类别间的差异，没有对这些变量进行分析。
在69种相关性中，50种呈正相关，19种呈负相关。35个样本间的平均未加权相关（平均每个样本内的多重相关）为$r=0.14$，中位数是$r=0.17$，相关系数在-0.25～0.65之间。
使用95%置信区间（95% CI）从0.24～0.25的固定效应模型得到加权平均相关系数为$r=0.24$。采用95%置信区间的随机效应模型从0.19～0.13得到加权平均相关系数为$r=0.16$。显然，在任何一种效应模型下，家庭作业和学习成绩之间的关系为$r=0$的假设都可以被否定。这些相关性之间没有显著的异常值，因此我们保留所有的异常值用来进行后续的进一步分析。
试填分析采用了几种不同的方法。我们使用固定效应模型和随机效应模型来寻找不对称性，并使用固定和随机模型创建图表（见Borenstein et al.，2005）。在分布的左侧尽可能寻找丢失的相关性（那些会减少正相关性大小的相关性）。所有的分析都没有产生与上述不同的结果。有证据表明，使用随机效应模型，有3种效应值可能缺失；将它们代入会降低与$r=0.23$的平均相关性（95% CI = 0.22/0.23）。本分析的随机误差结果为$r=0.14$（95% CI =0.11/0.17）。

资料来源：Cooper H，Robinson J C，Patall E A. Does homework improve academic achievement? A synthesis of research，1987—2003. Review of Educational Research，2006(76)：1－62. 2006年美国教育研究协会版权所有，经许可使用。

表8-6 学生和指导教师分数之间的相关性

#实验贡献相关性：28
#影响强度相关性：62
#独立样本：37

样本容量范围：16～3 588
离群值：3 588，490
移动到下一个最近邻近值：两者改变至230

以结果值为分析单位的相关性范围：－0.03～0.98
#正向：61
#负向：1
离群值：无

以独立样本为单位的相关范围：0.10～0.98
#正向：37
#负向：0
离群值：无

以独立样本为单位加权平均 *r* 指数：0.71
CI 95%（随机效应模型）
高：0.79
低：0.62
Tau：0.52
I^2：97.04

资料来源：Atkinson，Sanchez，Koenka，Moshontz，and Cooper(2015)．经许可使用。

结果的图形化展示 森林图是呈现元分析结果的一种良好方式。图8-2给出了在第6章中所使用假设的元分析结果的森林图，用于说明其计算机制（表6-4）。该图由CMA（2015）（Borenstein，Hedges，Higgins & Rothstein，2005）制成。该图的前三列显示了研究编号①，它是调节组A还是调节组B的成员，以及其总样本量。接下来的三列给出了每项研究的相关性及其95%置信区间的上限和下限。CMA也可以让我们报告其他统计数据。

模型	研究名称	调节组	每项研究的统计数据				相关性及其95%置信区间
			总样本量	相关性	下限	上限	
	1.000	A	3 505	0.06	0.03	0.09	
	2.000	A	3 606	0.12	0.09	0.15	
	3.000	A	4 157	0.22	0.19	0.25	
		A		0.14	0.12	0.16	
	4.000	B	1 021	0.08	0.02	0.14	
	5.000	B	1 955	0.27	0.23	0.31	
	6.000	B	12 146	0.26	0.25	0.28	
		B		0.25	0.24	0.27	
固定效应模型		合计		0.20	0.19	0.22	

图8-2 第6章所使用假设的元分析结果的森林图

说明：该图由Comprehensive Meta-Analysis，Version 2.1（Borenstein et al.，2005）生成。

森林图的右边通过一种被称为盒须图（box-and-whiskers）的统计图表显示出了每一种相关性。方框以研究的相关性为中心。盒子的大小与元分析中其他研究的样本量成正比。胡须的长度描述了相关性的置信区间。请注意，该数

① 在真实的元分析中，我倾向于用第一作者的姓加上研究报告的年份，取代研究编号。

字包括加权平均相关系数和A组和B组的研究以及总体的置信区间（使用固定效应模型；也可能需要一个随机效应模型）。这些平均值在森林图中用钻石描绘，而不是盒子和胡须。[①] 这种用图形表示元分析结果的方法越来越受欢迎。

另一个很好的图形化方法是以茎叶图（stem-and-leaf display）的形式呈现出元分析数据库的效应值。在一个简单的茎叶图中，每个茎叶以第一个小数位作为杆，放置在垂直线的左侧。第二个小数位用作叶子，放在垂直线的右侧。叶共用同一根茎同一行。

我们关于家庭作业的元分析示例使用了茎叶图，所以我用图8-3重现了它。在这里，我们用这张图展示了33项与学生家庭作业数量有关的研究结果，呈现的结果将学生每晚完成的作业量和他们的成绩相关联。茎是每个相关性的第一位数并显示在图的中间列中。树叶是每个相关性的第二位数。在中心柱的左侧我们展示了10个相关性，它们是根据小学一年级到六年级的学生的反应计算出来的。在中心列的右侧，基于中学生样本我们展示了23个相关性。所以，没有降低信息的准确性，这个图形使读者看到33个相关性的形状和分散度，并注意到相关性通常是正向的。它们也可以视觉检测相关度的重要性与学生年级水平的关系。

低年级	茎	高年级
5	+.6	
	+.3	00
6	+.2	998 665
1	+.2	32 200 000
5	+.1	877
1	+.1	
	+.0	4
689	−.0	38
1	−.1	
5	−.2	3

图8-3 为针对不同年级，投入作业的时间和获得的成绩的相关性分配图

说明：低年级代表1至6年级。高年级代表7至12年级或被描述为初中生或高中生的样本。

资料来源：Cooper，Robinson & Patall（2006，p. 43）. 2006年美国教育研究协会版权所有，经许可使用。

因此，一般来说，描述元分析总体结果的小节应该为读者提供文献的广泛定量概述。这个小节应该起到补充引言和方法部分中定性概述的作用。它应该让读者对研究中所包含的人、程序和环境有所了解。让读者有机会评估抽样人

① 图8-1中的计算是基于r指数（r-indexes）先转化为z分数（z-scores），后又转换回相关系数（rs）。因此，结果与表6-4中略有不同。

群的代表性和目标人群的环境。此外，它还提供了关于主要假设的调查结果的广泛概述。

研究结果的调节变量分析　另一个小节应该描述分析结果，揭示可能影响其结果的研究特征。对于每一个被测试的调节变量，报告应提供研究特征是否与效应值的方差有统计学上显著相关的结果。如果调节变量被证明是显著的，报告应该为每组研究提供一个平均效应值和置信区间。例如，使用一个表格来报告选择对内在动机影响的调节变量的探索结果。此表部分再现为表8-7。注意，由于我们使用的分析单元发生了变化，我们测试的每个调节变量的结果略有不同。

最后，描述调节变量和中介变量的分析部分应该让读者了解效应值的不同预测变量之间的相互关系。例如，我们在关于“选择对内在动机影响的元分析”报告中建立了一个表格，展示了每一对调节变量之间的关系矩阵。这些相互关系在讨论结果时被用来提醒读者注意结果之间可能存在的混淆。

总之，结果部分应该包含研究人员对所涵盖文献的总体定量描述，对主要兴趣的假设或关系的总体发现的描述，以及对关系的调节变量和中介变量的探索结果。这为随后的实质性讨论奠定了基础。

表8-7　考察选择对内在动机的影响的调节变量分析结果表

调节变量	*k*	*d*	95%置信区间		
			低端估计	高端估计	
发表类型					14.98** (4.04)*
已发表的	28	0.41** (0.46)**	0.33 (0.31)	0.48 (0.60)	
未发表的	18	0.20** (0.26)**	0.13 (0.14)	0.28 (0.38)	
选择类型					21.61** (5.63)
活动选择	11	0.16** (0.20)**	0.06 (0.04)	0.26 (0.35)	
模式选择	8	0.27** (0.26)**	0.15 (0.06)	0.38 (0.46)	
教学无关的	8	0.59** (0.61)**	0.43 (0.29)	0.74 (0.94)	
教学相关的	9	0.24** (0.33)**	0.14 (0.14)	0.34 (0.51)	
奖励选择	3	0.35** (0.34)	0.09 (−0.03)	0.60 (0.71)	
每个选项的选项数					5.62+ (3.29)
两个	10	0.20** (0.19)**	0.10 (0.05)	0.29 (0.33)	
三到五个	13	0.38** (0.43)**	0.26 (0.16)	0.50 (0.69)	
五个以上	18	0.26** (0.34)**	0.18 (0.19)	0.34 (0.49)	
选择的数量（分析1）					32.01** (11.15)**
单个选择	21	0.21** (0.23)**	0.14 (0.12)	0.28 (0.33)	

续表

调节变量	k	d	95%置信区间		
			低端估计	高端估计	
多个选择	5	0.18** (0.25)	0.04 (−0.02)	0.31 (0.53)	
连续选择	18	0.54** (0.58)**	0.44 (0.40)	0.64 (0.77)	
选择的数量（分析2）					27.66** (10.28)**
单个选择	21	0.21** (0.23)**	0.14 (0.12)	0.28 (0.33)	
二到四个选择	12	0.61** (0.63)**	0.48 (0.38)	0.75 (0.88)	
多于五个选择	12	0.32** (0.45)**	0.22 (0.23)	0.43 (0.66)	
奖励					24.41** (12.16)**
无奖励	40	0.35** (0.40)**	0.29 (0.27)	0.41 (0.52)	
奖励内在的选择操纵	5	0.35** (0.36)**	0.16 (0.08)	0.54 (0.64)	
奖励外在的选择操纵	5	−0.01(−0.02)	−0.15(−0.22)	0.12 (0.18)	

注：括号内为随机效应Q值和点估计值。$+p<0.10$，$*p<0.05$，$**p<0.01$。

资料来源：Patall E A, Cooper H, Robinson J C. The effects of choice on intrinsic motivation and related outcomes: a meta-analysis of research findings. Psychological Bulletin, 2008: 134, 289.

8.2.6 讨论

研究综合的讨论与一手研究的讨论类似。讨论通常最少包括五个部分。

第一，总结研究综合的主要发现。这些总结不应该太长，应聚焦于要解释的主要研究发现上。

第二，解释主要研究发现。应描述重要效应值的大小及其内在含义，将结果的检验与引言中的预测联系起来。同时，也需要检验分析结果与引言所提到的理论和理论争议。第7章曾提到检验的主要目的。

第三，考虑数据的替代解释。替代解释往往最少包括这些因素的影响：数据缺失；调节变量之间的相关关系；研究方法上的人为影响被带入元分析中。

第四，检验研究结果的可推广性。这要求研究人员考虑：是否所有相关子样本的参与者都被包括到元分析数据库的各研究中？各研究是否能代表自变量和因变量的重要方差？各研究所使用的研究设计在多大程度上与元分析推断相一致？

第五，对未来研究内容的讨论。未来研究内容应包括研究综合结果所提出的新问题，以及由于模棱两可的聚合结果或缺少一手数据所遗留的老问题。

总体来说，研究综合报告的讨论部分就是深入讨论研究结果，评估结果的可推广性，权衡以往的研究争论是否解决，并建议未来研究的多个方向。

我本人也很少见到某个研究综合包括我所提到的和MARS所列出的所有信息。有时这也是可以理解的，鉴于所描述文献的本质，信息相关性很小。但其他时候，遗漏更值得担心。它让读者困扰于如何解释结果，并且最终怀疑结果是否可以信任。所以，当你考虑报告研究综合结果时，下面这个问题很重要：

是否清晰、完整地报告研究综合的方法和结果？

练习题

找一个你感兴趣的元分析报告。在你阅读时，核对 MARS 所要求的项目是否都已包含在报告之内。缺少了哪些项目？缺少的项目对于你解释研究结果是否重要？如果重要，这些缺失在多大程度上影响你对研究综合结论的信心？

第9章

结论：对研究综合结论效度的威胁

段锦云　方俊燕*译

本章要点

在研究综合的每一步中：

- 与研究方法的抉择有关的常见效度问题。
- 对于效度的特定威胁。
- 研究综合者可以采取什么措施来避免这些潜在威胁造成对研究结果解释的偏差。
- 开展研究综合的成本和可行性。
- 科学研究中不确定性的价值。
- 研究综合过程中的创造性。

为了帮助读者记住在开展研究综合时每一个决定所产生的影响，本章将呈现一些你在每一个研究阶段都可能遇到的主要效度威胁，同时，笔者总结了一些能够规避效度威胁的措施。此外，在运用前几章所提到的指南时，存在一些与研究综合相关的更一般性、哲学性的问题，笔者将在本章结尾对这些问题做简要的探讨。

9.1　效度问题

Campbell & Stanley (1963) 针对一手研究提出了一系列效度威胁，随后有学者对之进行了拓展和重新整理，如 Bracht & Glass (1968)，Campbell (1969)，Cook & Campbell (1979) 以及 Shadish et al. (2002)。同样，研究综合中的效度威胁也得到了不断的拓展和重新整理。Cooper (1984) 提出了 11 个效度威胁，Matt & Cook (1994) 将其拓展到 21 个，Shadish et al. (2002) 将其增加至 29 个，随后 Matt & Cook (2009) 又将其调整为 28 个。除了拓展和重整效度威胁，这些学者对于一般效度（构念效度、内部效度、外部效度或统计效度）的解释也存在差异，而每一种效度威胁都是与特定的效度对应的。这并不是一件坏事，反而是有益的。这种情况的存在强调了我们所关注的是一种动态证据理论。因此，理论研究者之间可以存在争议。这是一种充满活力的

* 段锦云，华东师范大学心理与认知科学学院教授、博士生导师，电子邮件：mgjyduan@hotmail.com；方俊燕，华南师范大学心理学院博士研究生，电子邮件：fangjy12@126.com。

迹象，表明与效度相关的理论体系未来可能会得到进一步的发展和完善。

在表9-1至表9-7中，我总结了在进行研究综合的每一步中可能存在的效度问题。在每个表格中我先对每一步中的效度威胁做了简要描述，随后呈现了具体的威胁。这些效度威胁是由Matt & Cook (2009) 提出的，在Shadish et al. (2002) 的理论中也可以找到，我尝试将这些效度威胁与研究综合的七个步骤匹配起来。正如先前的理论研究者在效度威胁的分类上存在一定争议一样，我的分类也无法得到所有人的认可（在最终确定之前，我将一些效度威胁移到了不同的研究步骤中）。此外，这里仅仅列出了24个效度威胁，因为我发现先前的学者提出的效度威胁中有一些是冗余的。

Matt & Cook (2009) 以及Shadish et al. (2002) 提出的效度威胁中，有一些只是对一手研究中常见问题的简单延续。例如，数据收集阶段可能出现以下两种效度威胁：(1) 研究数据可能不支持因果关系的结论；(2) 纳入研究中的被试样本与目标群体不一致。这表明，如果在研究综合所纳入的若干个一手研究中，某种特定的研究设计占据了很大的比例，那么任何与该研究设计有关的威胁也都适用于研究综合的结论。因此，与研究设计有关的变量应当作为潜在调节变量进行检验。这些诺莫网络 (Cronbach & Meehl, 1955) 的创建可能会成为你的研究综合的重要贡献之一。但是，如果研究综合中没有考虑各种研究设计（以及被试、实验环境和结果），与这些研究设计的主要特征有关的隐患也可能会对研究综合的结论造成威胁。

表9-1至表9-7中的最后一项总结了许多我在之前的章节中提到的好措施。这里将说明这些措施如何帮助你在开展研究综合时规避上述威胁。表1-3中列出了关于如何开展研究综合需要回答的问题，将表9-1至表9-7和表1-3结合使用，可以为你在规划和实施研究综合时提供指导。

表9-1 有关研究综合结论效度的疑问：形成问题

一般效度问题： ● 被错误定义的概念（抽象定义和操作性定义）以及概念之间的相关性均会导致研究结果的歧义以及/或者研究结果在不相关情境中的误用。
特殊效度威胁： ● 一手研究中（研究处理和/或测量）的不可靠性。 解释：如果一手研究的实施不规范，将很难准确定义它们的处理和研究结果。 ● 原型属性的代表性不足。 解释：研究综合者对概念的定义远超出一手研究中的操作所能涵盖的范围。
保证效度的方式： ● 在进行文献检索时尽可能多地考虑概念定义。一开始可以关注较少的几个核心操作，但是要对文献中的其他操作持开放态度。至少在研究的早期阶段，需要考虑那些可能有关的操作。 ● 开始文献检索后，重新评估概念定义与操作之间的拟合程度，并相应地调整概念定义，以准确反映不同研究中所采用的各种操作。 ● 为了完善概念的广泛性，要注意区分不同的研究特征。如果有任何迹象表明研究结果之间的差异可能与研究特征有关，都需要对其进行检验，即使只是在研究的初始阶段。

资料来源：部分摘自Shadish et al. (2002)以及Matt & Cook(2009)。

表9-2 有关研究综合结论效度的疑问：检索文献

一般效度问题： ● 通过文献检索获得的某些研究在研究方法和研究结果上可能与研究总体不一致，这会导致对累积证据的描述不准确。
特殊效度威胁： ● 出版偏差。 解释：如果元分析中仅仅纳入已发表的研究，变量之间关系的强度可能会被高估。
保证效度的方式： ● 广泛且详尽地进行文献检索。一个完整的文献检索需要包含至少一次数据库检索、一次对相关期刊的精读、一次对以往的相关一手研究和研究综合文章的参考文献的检查、一次对一手研究中所引用文献的检索以及和相关领域其他研究者的沟通联络。文献检索越详尽，就越能够保证其他研究综合者得到相同的结论，即使他并不是采用和你完全相同的方式来收集信息。 ● 尽可能地提供潜在的检索偏差指标。例如，许多研究综合会检验缺失数据的潜在影响，以及已发表和未发表的研究在结果上是否存在差异。

资料来源：部分摘自 Shadish et al. (2002)以及 Matt & Cook(2009)。

表9-3 有关研究综合结论效度的疑问：收集研究中的信息

一般效度问题： ● 编码者可能会错误地从研究报告中提取了信息，导致这些信息在累积分析时曲解了该研究。
特殊效度威胁： ● 元分析编码的不可靠性。 解释：不可靠的编码会削弱对效应值的估计准确性。 ● 编码者变异。 解释：对不同的研究进行编码时，编码者的标准可能会变化（由于学习效应、疲劳等）。 ● 效应值抽样的偏差。 解释：只有那些可能相关的效应值得到编码，这会导致研究结果出现方向性偏差。
保证效度的方式： ● 对编码者进行培训，并使用编码者评价机制来避免提取不可靠的信息。 ● 对编码者之间的一致性程度进行量化，开展持续的培训直到编码者之间的一致性达到可接受的程度。 ● 组织多个小组对那些容易引起争议或不明确的编码进行讨论。 ● 如果条件允许，每个研究安排一个以上编码者进行编码。

资料来源：部分摘自 Shadish et al. (2002)以及 Matt & Cook(2009)。

表9-4 有关研究综合结论效度的疑问：评估研究的质量

一般效度问题： ● 在缺乏充分证据支持的情况下得出因果关系的推论。 ● 运用非质量因素来评价研究可能会导致错误地排除某些研究，或者是在累积结果过程中对研究的加权不当。
特殊效度威胁： ● 缺少真正实现随机化的研究，一手研究损耗。 解释：这两项效度威胁在每一个研究中都会存在，因此研究综合者很难解决这些问题。如果全部或大部分研究都存在这两个问题，会导致研究综合者在缺乏证据支持的情况下推论出因果关系。 ● 反应性效应。 解释：编码者会受到主要研究人员的期望的影响。
保证效度的方式： ● 在纳入或排除研究时，确保只根据一个先验的概念和方法进行判断，而这个判断不应该受到研究结果的影响。 ● 如果要对研究进行不同的加权，所采用的加权方式应当是明确且合理的。 ● 在对研究方法进行分类时应当尽可能多地考虑研究特征。详细说明每一个可能与研究结果有关的研究设计上的差异，并描述分析的结果。

资料来源：部分摘自 Shadish et al. (2002)以及 Matt & Cook(2009)。

表 9-5　有关研究综合结论效度的疑问：分析和整合研究成果

一般效度问题：
- 汇总和整合一手研究的数据所采用的规则可能是不恰当的，从而导致得到不准确的累积结果。

特殊效度威胁：
- 随机遇而生。
  解释：元分析可以检验多种关系。如果不相应地调整显著性水平，可能会增大偶然性发现表现出统计显著性的可能性。
- 效应值之间缺少统计独立性。
  解释：如果元分析者忽视效应值之间的独立性，会导致对分析结果的准确性和统计效力的高估。
- 未能按照研究的精确性成比例地对效应值加权。
  解释：如果元分析者未能采用抽样误差的倒数对效应值进行加权，就会导致平均效应值估计不准确。
- 不准确（低效力）的异质性检验。
  解释：元分析者所采用的异质性检验方法可能存在统计效力低的问题。
- 不合理地使用固定效应模型。
  解释：效应值间存在异质性时应该使用随机效应模型，元分析者可能错误地采用了固定效应模型。

保证效度的方式：
研究综合者对所收集的数据应当做出怎样的假设？这取决于一个特定研究领域的数据以及开展研究综合的目的。因此：
- 在论述研究结论和推论时，要尽可能明确本次分析所基于的研究假设。
- 在确定合适的分析单元时，应当同时从统计角度和研究问题的本质来进行考量。详细描述你所选用的方法，该方法应当是合理的。
- 呈现所有可能与解释规则（interpretation rules）的效度有关的证据。

资料来源：部分摘自 Shadish et al. (2002)以及 Matt & Cook(2009)。

表 9-6　有关研究综合结论效度的疑问：解释证据

一般效度问题：
- 采用不同的统计假设可能会得到不同累积结果。
- 数据的缺失可能导致结果的偏差。
- 综合所得的证据可用于做出以下推测：当一个因果推断不成立时，调节变量可能具有解释作用。
- 累积结果的普适性、大小以及/或者重要性可能会被曲解。

特殊效度威胁：
- 一手研究存在效应值缺失，效应值计算中存在偏差（偏差需要通过其他统计量来衡量）。
  解释：当存在数据缺失的，元分析者会对其进行删除或近似估计其值，这样都会导致准确性的变化。
- 一手研究的范围有限。
  解释：如果一手研究结果的范围是有限的，会降低元分析效应值估计的效力。
- 调节变量的混淆。
  解释：当一个调节变量与其他调节变量相关时，元分析者却声称该调节变量与效应值之间存在因果关系。
- 与被试、环境、实验处理、结果、开展元分析的时机有关的抽样误差，实际上无关的第三变量的受限异质性。
  解释：上述两种威胁之所以会发生是因为元分析者将分析结果过度推论到研究并未包含的被试、环境、实验处理和时期。
- 未能检验效应值的异质性。
  解释：元分析者可能没有对调节变量进行检验，而调节变量对效应值间的系统变异是有解释作用的。
- 异质性检验缺乏统计效力，对分解组的研究缺乏统计效力。
  解释：当元分析者对研究中各个亚组的平均效应值或者亚组内的效应值之间的差异进行检验时，可能没有达到足够的统计效力以揭示重要的结果。
- 不相关性受限制的异质性。
  解释：有一些研究属性与元分析者所关注的变量无关，当这些研究属性之间缺乏足够的变异时，元分析者就无法检验这种变量关系是否在不同的情境中都普遍存在，此时就出现了对元分析研究结论的一般性威胁。

保证效度的方式：
● 明确地描述当遇到不完整或存在错误的研究报告时你所采用的应对方式。 ● 尽可能使用基于不同假设下的多种程序来分析数据（如果在不同的假设下分析所得的研究结果是一致的，研究结果的可信度就会大大提升）。 ● 对一手研究中的被试特征进行归纳。注意那些可能会限制研究结果普适性的重要样本缺失。

资料来源：部分摘自 Shadish et al. (2002)以及 Matt & Cook(2009)。

表 9-7　有关研究综合结论效度的疑问：汇报结果

一般效度问题：
● 综述过程中的疏忽和遗漏可能会导致难以基于潜在效度威胁对研究结论进行评估，也难以复现研究结果。
特殊效度威胁： ● 无。
保证效度的方式： ● 在撰写研究报告时，采用表 8-1 所呈现的元分析报告标准（MARS）以及表 8-2 中呈现的文献检索策略。

资料来源：部分摘自 Shadish et al. (2002)以及 Matt & Cook(2009)。

9.2　对研究综合和元分析的批评

对于我在文中提到的那些问题进行归纳的另一种方式是看看那些针对研究综合和元分析的批评，以及我们如何回应。有四篇文章（Borenstein et al.，2009；Card，2012；Littell，Corcoran & Pillai，2008；Petticrew & Roberts，2006）汇总、列举了这些批评并对其做出了回应。在表 9-8 中，我整合了这些批评，并按照研究综合的各个步骤对其分类，同时也提供了我的回应（与上述文章相似）。

面临对研究综合和元分析的批评时，我们往往会提出两个通用且十分重要的疑问。第一个疑问是“当采用新的证据标准或者更加传统的文献综述形式时，这个批评是否仍然成立？”你会发现，多数情况下这个批评的确与一般的文献综述有关。主要的区别可能在于，当采用科学的标准来开展研究综合时，证据中的缺点更容易暴露出来；在传统的综述中这些缺点不够明显并不意味着它们不存在。

第二个问题是“这个批评是否与方法本身或某个特定研究综合的实施方式有关？”你会发现，多数情况下评论家们指出了某些已出版的研究综合的缺点，而这些研究综合的实施其实是有缺陷的。这种情况必然会发生，而且几乎是不可避免的。但这并不意味着方法存在不足，这些方法提供了评估研究综合可信度的准绳；需要做出改善的是研究的实施过程。对于任意一个已经完成的一手研究，我们都可以做出类似的评价。所有研究总是存在改进的余地。

表 9-8　针对研究综合和元分析的常见批评以及对它们的回应

形成问题
● 元分析者将那些本不相关的研究进行混合，即“苹果-橙子问题”。 解释：元分析技术确实允许研究宽泛概念，如“水果”，这在缺乏统计合并程序的帮助下可能无法实现综合。

然而，元分析既适用于较窄的研究领域（例如，有关有氧运动对神经认知功能的影响的随机化实验），也适用于较宽的研究领域（例如，任何关注家庭作业的作用的研究）。一个元分析是否过于宽泛/过于狭隘取决于某个研究领域拟解决的问题以及这个问题是否能够被已有研究解答，并不取决于所用的研究综合方法。

检索文献

- 如果缺乏经验丰富的研究者参与，研究综合就无法开展。
  解释：并非如此。即使没有经验丰富的研究者，也可以开展一个很好的研究。团队中有文献检索经验的专家当然是好事，这可以确保所有潜在文献来源都能被考虑到，以及避免在选择资源库时出现偏差。这是一个有关研究实施的问题，并非方法本身固有的问题。
- 很难找到那些结果不显著的研究，即"文件抽屉问题"。
  解释：确实如此，但是全面检索可以采用一定的方法来缓解这个问题（例如，前瞻性研究注册以及直接与研究者联系）。此外，基于已经检索到的文献（在合理的假设下）可以评价和估计出版偏差的影响。
- 研究筛选决策可能存在偏差。
  解释：只要纳入/排除标准是明确的且得到了合理的应用，这个问题就不复存在。关于某个研究是否应该被纳入往往会存在分歧。可运用敏感性分析来评判纳入该研究之后对结果是否有影响。
- 用英文撰写的文章更容易被检索到，即"传播偏差问题"。
  解释：研究综合者可以检索非英文的资源库获取研究报告并翻译。这是一个有关研究实施的问题，并非方法本身固有的问题。

收集研究中的信息

- 需要准确地对研究中的信息进行编码，但是研究报告往往含糊不清且缺少必要的信息。
  解释：的确如此，一手研究报告往往是模糊不清的，而且没有提供研究综合者所需要的信息。无论采用什么样的研究综合程序，这个问题总是存在。使用受到认可的方法来进行可靠的内容分析可以提高编码的可靠性。研究综合者还可以采用低推论编码来提升可靠性。可以运用和一手研究中一致的方法来估计缺失数据。

评估研究的质量

- 元分析对研究质量的评估往往不够完善，即"垃圾进，垃圾出"问题。
  解释：这是一个有关研究实施的问题，并非方法本身固有的问题。在开展研究综合时，可以只纳入高质量的研究，或者使用研究方法间的差异来检验其对研究结果的影响。
- 一手研究报告对研究方法的描述往往不够明确。
  解释：的确如此（见上文）。但这是由于一手研究引发的问题，与研究综合方法无关。学者们已经采用了多种方式来尝试提升研究报告的质量。

分析和整合研究成果

- 理解元分析的原理需要大量的专业知识，这使许多研究者在开展研究综合时困难重重。
  解释：元分析的相关培训已经得到了极大的改善，它不再是少数人才掌握的神秘方法。
- 元分析的实施往往不够好。
  解释：这是一个有关研究实施的问题，而不是方法本身固有的问题。而且这个问题不仅仅是针对研究综合的，对于一手研究同样成立。

解释证据

- 一个数字，一个效应值，无法概述整个研究领域。
  解释：的确如此，但是元分析并不是只能得出一个数字结果。元分析在报告效应值时会基于不同的假设，这些假设是针对基础数据提出的。此外，元分析还会针对不同的研究分组来报告多个效应值，这些分组是同时从方法学差异和概念差异来考虑所得到的。
- 元分析所采用的量化的综述方式可能忽视研究中的细微之处。
  解释：同样，这是一个有关实施的问题，而不是方法本身固有的问题。开展元分析并不妨碍研究者对一手研究的独特之处进行调查。在将一手研究纳入元分析的同时，需要对那些重要的一手研究进行单独的检查。这些研究因为其独特的贡献而应该得到重视。定性研究和使用了独特的方法或概念的研究都可以用来充实量化的结果。
- 元分析的结果可能与随机实验的结果不一致，即"证据的黄金准则"。
  解释：不一致意味着什么呢？这些分歧往往指向统计显著性的差异，可以用统计效力的差异来解释（例如，样本量的差异或实验设计的差异）。事实上，这里错误地定义了"不一致"，因为两种结果反映的效应值是基本一致的。随机研究可以纳入元分析中（见下文），不同方法造成的影响可以通过检验其对结果的作用来衡量。
- 研究综合只纳入了随机对照实验。

解释：并非如此。这个批评与上一批评是相反的。究竟哪些证据应该被纳入研究综合，取决于研究问题的本质以及一手研究的类型。

- 研究综合并不能取代高质量的一手研究。

  解释：的确如此。研究综合是对高质量的一手研究的补充。通常来说，一个基于若干已完成研究的研究综合能够清晰地指明哪些研究方向未来是有价值的。

- 元分析过于依赖效应值这一粗略的度量。

  解释：相比于统计显著性，效应值对研究结果的度量更出色。并不存在其他更精确的度量指标。

总体上

- 研究综合和一般的综述性研究并无差别，只是规模更大。

  解释：并非如此，研究综合是依据科学的指南开展的，而“一般的”综述性研究并非如此。这是严谨的研究综合所具备的优良特征。研究综合所采用的数据库越详尽（且有代表性），就能发现更多一手研究。这能够降低偏差，得到更加准确的效应值估计，也有利于对调节变量的检验。

- 元分析需要使用一个健康生物医学模型。

  解释：这个印象之所以存在是因为元分析被广泛地应用于生物医学领域，而与方法本身无关。元分析首先出现于社会科学领域，并在该领域得到了广泛应用。使用元分析技术时并没有所谓的首选理论模型。

- 研究综合与现实世界并无关联，其对于不同被试、实验处理、结果以及时期的外部效度极差。

  解释：一手研究中这个问题同样存在。事实上，研究综合比任何单独的一手研究的外部效度都高。如果一个研究和其他研究一起被纳入了研究综合，汇总后的研究外部效度怎么会比原来的单一研究低呢？外部效度只会得到提升。也就是说，所有研究，无论是一手研究还是研究综合，都需要仔细地评估各种效度威胁。

- 新提出的元分析技术还未得到证实。

  解释：的确如此，但是这也表明了研究综合方法是处于动态发展和持续提升中的。和所有社会科学以及行为科学领域的方法程序一样，基本方法已经确立，新的方法在被完全理解前必须一直接受检验。

9.3 可行性和成本

相比于用不那么严谨的方式进行研究，按照前面提到的指南开展一个研究综合所需要的时间成本和资金成本往往会更高。后者需要更多的人员参与，也需要更多的资金。在文献检索、确定编码框架、分析以及撰写报告的过程中都需要更多的时间和资源。

鉴于高昂的成本，是否不应该鼓励一个资源有限的研究者开展研究综合呢？当然不是这样；正如我们从未见过一个完美的、无可挑剔的一手研究一样，完美的研究综合也仅仅是一个理想。我提出的那些指南更多是为研究综合的评估提供一个准绳，而不是设定一系列的绝对要求。事实上，你应该了解我所列举的未能按照预期遵守指南的一些研究。你不必将这些指南看作必须满足的绝对准则，而应将其看作有助于你完善研究的帮手，直到你能够在严谨度和可行性之间取得良好的平衡。但是，至关重要的一点是，你需要在文章中指明并承认你的研究综合所存在的不足。

9.4 科学方法和不一致

尽管从实际的角度来考虑，研究综合者必须满足于一个不那么完美的研究，但是在实施研究综合的过程中也必须遵循科学的理念。随意开展的研究综合可能会缺失一个最重要的科学因素，即出现与研究综合者先前的看法不一致的可能性。大多数情况下，一手研究者们认同这样一种情况：研究结果可能会改变自己先前的看法。通过将这种科学理念延伸到研究综合，我们对这种不确定性进行了拓展。Ross & Lepper（1980）对此进行了细致的阐述：

> 我们都清楚，科学方法对于偏见同化、因果解释等各种难以摆脱的问题的影响并不是免疫的。科学家们有意无意地对那些意外或者不合理的数据解释视而不见，他们在理论忠诚方面显得顽固不化……然而，这就是科学方法……科学方法有责任提升人们对于自然世界和社会世界的理解。尽管存在缺陷，但这仍是帮助我们摆脱直觉认识以及检验认识的直观方法的最好方式。(p. 33)

9.5 研究综合过程中的创造性

在本章的前面我指出：反对在研究综合中使用科学指南的原因之一就是会扼杀创造力。提出这种观点的评论家认为实施和报告一手研究的规范对于创造性思维而言是一种束缚。我并不赞同这种观点。严格的规范并不会催生机械的、缺乏创造力的研究综合。在利用机会或者创造机会去获取、评价、分析那些独特的信息时，你的专业知识和直觉都会得到挑战和锻炼。我希望研究综合的例子能够证明那些采用了科学方法的研究者所面临问题的多样性和复杂性。这些挑战无法用科学规则来解决，它们正是由科学规则造成的。

9.6 结论

我写这本书的出发点在于研究综合是一项数据收集工作，需要基于科学标准进行评估。由于实证研究的发展以及数据获取的便利化，研究综合结论的可信度将逐渐降低，除非我们能建立系统化的研究过程，使其更加严谨和准确。我希望本书呈现的概念和技术能够使你拥有这样一种信念：严谨的研究综合对于社会科学领域的研究者来说是可行且可取的。这些规则为研究者带来了极大的可能性，使他们能够在学界建立共识，当存在分歧时，他们能够对特定的、可验证的争议领域进行重点讨论。由于研究综合在知识定义中起到的作用越来越大，如果社会科学家想保持他们对客观性的要求，以及维持在那些为了解决社会性问题和增加对于世界的理解而来求助的人们中的公信力，这些研究综合程序上的调整是不可避免的。

参考文献

American Psychological Association (APA). (2010). *Publication manual of the American Psychological Association* (6th ed.). Washington, DC: Author.

American Psychological Association (APA). (2015). *PsycINFO.* Retrieved from www.apa.org/pubs/databases/psychinfo/index.aspx

American Psychological Association's Presidential Task Force on Evidence-Based Practice. (2006). Evidence-based practice in psychology. *American Psychologist, 61,* 271–283.

Anderson, K. B., Cooper, H., & Okamura, L. (1997). Individual differences and attitudes toward rape: A meta-analytic review. *Personality and Social Psychology Bulletin, 23,* 295–315.

APA Publications and Communications Board Working Group on Journal Article Reporting Standards. (2008). Reporting standards for research in psychology: Why do we need them? What might they be? *American Psychologist, 63,* 839–851.

Arthur, W., Jr., Bennett, W., Jr., & Huffcutt, A. I. (2001). *Conducting meta-analysis using SAS.* Mahwah, NJ: Lawrence Erlbaum.

Atkinson, D. R., Furlong, M. J., & Wampold, B. E. (1982). Statistical significance, reviewer evaluations, and the scientific process: Is there a (statistically) significant relationship? *Journal of Counseling Psychology, 29,* 189–194.

Atkinson, K. M., Koenka, A. C., Sanchez, C. E., Moshontz, H., & Cooper, H. (2015). Reporting standards for literature searches and report inclusion criteria: Making research syntheses more transparent and easy to replicate. *Research Synthesis Methodology, 6,* 87–95.

Atkinson, K. M., Sanchez, C. E., Koenka, A. C., Moshontz, H., & Cooper, H. (2014). Who makes the grades?: A synthesis of research comparing student, peer and instructor grades in college classrooms. Manuscript under review.

Barber, T. X. (1978). Expecting expectancy effects: Biased data analyses and failure to exclude alternative interpretations in experimenter expectancy research. *The Behavioral and Brain Sciences, 3,* 388–390.

Barnett, V., & Lewis, T. (1984). *Outliers in statistical data* (2nd ed.). New York: John Wiley & Sons.

Becker, B. J. (2005, November). *Synthesizing slopes in meta-analysis.* Paper presented at the meeting on Research Synthesis and Meta-Analysis: State of the Art and Future Directions, Durham, NC.

Becker, B. J. (2009). Model-based meta-analysis. In H. Cooper, L. V. Hedges, & J. C. Valentine (Eds.), *The handbook of research synthesis and meta-analysis* (2nd ed., pp. 377–395). New York: Russell Sage.

Becker, B. J., & Wu, M. (2007). The synthesis of regression slopes in meta-analysis. *Statistical Science, 22,* 414–429.

Begg, C. B., & Mazumdar, M. (1994). Operating characteristics of a rank correlation test for publication bias. *Biometrics, 50,* 1088–1101.

Bem, D. J. (1967). Self-perception: An alternative interpretation of cognitive dissonance phenomena. *Psychological Review, 74,* 183–200.

Berlin, J. A., & Ghersi, D. (2005). Preventing publication bias: Registers and prospective meta-analysis. In H. R. Rothstein, A. J. Sutton, & M. Borenstein (Eds.), *Publication bias in meta-analysis: Prevention, assessment and adjustments* (pp. 35–48). West Sussex, UK: John Wiley & Sons.

Bohning, D., Kuhnert, R., & Rattanasiri, S. (2008). *Meta-analysis of binary data using profile likelihood.* Boca Raton, FL: Taylor & Francis.

Borenstein, M., Hedges, L. V., Higgins, J. P. T., & Rothstein, H. R. (2005). Comprehensive meta-analysis (Ver. 2.1) [Computer software]. Englewood, NJ: Biostat.

Borenstein, M., Hedges, L. V., Higgins, J. P. T., & Rothstein, H. R. (2009). *Introduction to meta-analysis.* West Sussex, UK: John Wiley & Sons.

Borman, G. D., & Grigg, J. A. (2009). The visual and narrative interpretation of research synthesis. In H. Cooper, L. V. Hedges, & J. C. Valentine (Eds.), *The handbook of research synthesis and meta-analysis* (2nd ed., pp. 497–519). New York: Russell Sage.

Bourque, L. B., & Clark, V. A. (1992). *Processing data.* Newbury Park, CA: Sage.

Bracht, G. H., & Glass, G. V. (1968). The external validity of experiments. *American Educational Research Journal, 5,* 437–474.

Brunton, J., & Thomas, J. (2012). Information management in reviews. In D. Gough, S. Oliver, & J. Thomas (Eds.), *An introduction to systematic reviews* (pp. 83–106). Thousand Oaks, CA: Sage.

Bushman, B. J., & Wang, M. C. (2009). Vote counting procedures in meta-analysis. In H. Cooper, L. V. Hedges, & J. C. Valentine (Eds.), *The handbook of research synthesis and meta-analysis* (2nd ed., pp. 207–220). New York: Russell Sage.

Campbell Collaboration. (2015). *What helps? What harms? Based on what evidence?* Retrieved from http://www.campbellcollaboration.org/

Campbell, D. T. (1969). Reforms as experiments. *American Psychologist, 24,* 409–429.

Campbell, D. T., & Stanley, J. C. (1963). *Experimental and quasi-experimental designs for research.* Chicago: Rand McNally.

Card, N. A. (2012). *Applied meta-analysis for social science research.* New York: Guilford Press.

Carlson, M., & Miller, N. (1987). Explanation of the relation between negative mood and helping. *Psychological Bulletin, 102,* 91–108.

Chalmers, I., Hedges, L. V., & Cooper, H. (2002). A brief history of research synthesis. *Evaluation & the Health Professions, 25,* 12–37.

Chen, D.-G., & Peace, K. E. (2013). *Applied meta-analysis with R.* Boca Raton, FL: Taylor & Francis.

Cheung, M. W.-L. (2015). *Meta-analysis: A structural equation modelling approach.* Chichester, UK: John Wiley & Sons.

Christensen, L. (2012). Types of designs using random assignment. In H. Cooper (Ed.), *APA handbook of research methods in psychology* (pp. 469–488). Washington, DC: American Psychological Association.

Coalition for Evidence-Based Policy. (2015). *Coalition for evidence-based policy.* Retrieved from http://coalition4evidence.org/

Cochrane Collaboration. (2015). *Reliable source of evidence in health care.* Retrieved from http://www.cochrane.org/

Cohen, J. (1988). *Statistical power analysis for the behavioral sciences* (2nd ed.). New York: Academic Press.

Cohen, J. (1994). The earth is round (p < .05). *American Psychologist, 49,* 997–1003.

Comprehensive Meta-Analysis. (2015). *Comprehensive meta-analysis.* Retrieved from http://www.meta-analysis.com/index.php

Cook, T. D., & Campbell, D. T. (1979). *Quasi-experimentation.* Chicago, IL: Rand McNally.

Cook, T. D., Cooper, H., Cordray, D. S., Hartmann, H., Hedges, L. V., & Light, R. J. (1992). *Meta-analysis for explanation: A casebook.* New York, NY: Russell Sage.

Cooper, H. (1982). Scientific guidelines for conducting integrative research reviews. *Review of Educational Research, 52,* 291–302.

Cooper, H. (1984). *The integrative research review: A systematic approach.* Beverly Hills, CA: Sage.

Cooper, H. (1986). On the social psychology of using research reviews: The case of desegregation and black achievement. In R. Feldman (Ed.), *The social psychology of education* (pp. 341–364). Cambridge, UK: Cambridge University Press.

Cooper, H. (1988). Organizing knowledge syntheses: A taxonomy of literature reviews. *Knowledge in Society, 1,* 104–126

Cooper, H. (1989). *Homework.* New York, NY: Longman.

Cooper, H. (2006). Research questions and research designs. In P. A. Alexander, P. H. Winne, & G. Phye (Eds.), *Handbook of research in educational psychology* (2nd ed., pp. 849–877). Mahwah, NJ: Lawrence Erlbaum.

Cooper, H. (2007). *Evaluating and interpreting research syntheses in adult learning and literacy.* Boston, MA: National College Transition Network, New England Literacy Resource Center/World Education.

Cooper, H. (2009). The search for meaningful ways to express the effects of interventions. *Child Development Perspectives, 2,* 181–186.

Cooper, H., Charlton, K., Valentine, J. C., & Muhlenbruck, L. (2000). *Making the most of summer school.* Malden, MA: Blackwell Publishing.

Cooper, H., DeNeve, K., & Charlton, K. (1997). Finding the missing science: The fate of studies submitted for review by a human subjects committee. *Psychological Methods, 2,* 447–452.

Cooper, H., & Hedges, L.V. (Eds.). (1994). *The handbook of research synthesis.* New York, NY: Russell Sage.

Cooper, H., Hedges, L. V., & Valentine, J. C. (Eds.). (2009). *The handbook of research synthesis and meta-analysis* (2nd ed.). New York, NY: Russell Sage.

Cooper, H., Jackson, K., Nye, B., & Lindsay, J. J. (2001). A model of homework's influence on the performance evaluations of elementary school students. *Journal of Experimental Education, 69,* 181–202.

Cooper, H., & Koenka, A. C. (2012). The overview of reviews: Unique challenges and opportunities when research syntheses are the principal elements of new integrative scholarship. *American Psychologist, 67,* 446–462.

Cooper, H., & Patall, E. A. (2009). The relative benefits of meta-analysis using individual participant data and aggregate data. *Psychological Method, 14,* 165–176.

Cooper, H. M., Patall, E. A., & Lindsay, J. J. (2009). Research synthesis and meta-analysis. In L. Bickman & D. Rog (Eds.), *Applied social research methods handbook* (2nd ed., pp. 344–370). Thousand Oaks, CA: Sage.

Cooper, H., & Ribble, R. G. (1989). Influences on the outcome of literature searches for integrative research reviews. *Knowledge: Creation, Diffusion, Utilization, 10,* 179–201.

Cooper, H., Robinson, J. C., & Patall, E. A. (2006). Does homework improve academic achievement? A synthesis of research, 1987–2003. *Review of Educational Research, 76,* 1–62.

Cooper, H., & Rosenthal, R. (1980). Statistical versus traditional procedures for summarizing research findings. *Psychological Bulletin, 87,* 442–449.

Coursol, A., & Wagner, E. E. (1985). Effects of positive findings on submission and acceptance rates: A note on meta-analysis bias. *Professional Psychology, 17,* 136–137.

Crane, D. (1969). Social structure in a group of scientists: A test of the "invisible college" hypothesis. *American Sociological Review, 34,* 335–352.

Cronbach, L. J., & Meehl, P. E. (1955). Construct validity in psychological tests. *Psychological Bulletin, 52,* 281–302.

Cuadra, C. A., & Katter, R. V. (1967). Opening the black box of relevance. *Journal of Documentation, 23,* 291–303.

Cumming, G. (2012). *Understanding the new statistics: Effect sizes, confidence intervals, and meta-analysis.* New York, NY: Routledge.

Davidson, D. (1977). The effects of individual differences of cognitive style on judgments of document relevance. *Journal of the American Society for Information Science, 8,* 273–284.

Deci, E. L., & Ryan, R. M. (2013). *The handbook of self-determination research.* Rochester, NY: University of Rochester Press.

Deeks, J. J., Higgins, J. P. T., & Altman, D. G. (2008). Analysing data and undertaking meta-analyses. In J. T. P. Higgins & S. Green (Eds.), *Cochrane handbook for systematic reviews of intervention* (pp. 243–296). Chichester, UK: John Wiley & Sons.

Dickerson, K. (2005). Publication bias: Recognizing the problem, understanding its origins and scope, and preventing harm. In H. R. Rothstein, A. J. Sutton, & M. Borenstein (Eds.), *Publication bias in meta-analysis: Prevention, assessment and adjustments* (pp. 11–33). West Sussex, UK: John Wiley & Sons.

Duval, S. (2005). The trim-and-fill method. In H. R. Rothstein, A. J. Sutton, & M. Borenstein (Eds.), *Publication bias in meta-analysis: Prevention, assessment and adjustments* (pp. 127–144). Chichester, UK: John Wiley & Sons.

Duval, S., & Tweedie, R. (2000a). A nonparametric "trim and fill" method of accounting for publication bias in meta-analysis. *Journal of the American Statistical Association, 95,* 89–98.

Duval, S., & Tweedie, R. (2000b). Trim and fill: A simple funnel plot-based method of testing and adjusting for publication bias in meta-analysis. *Biometrics, 56,* 276–284.

Eddy, D. M., Hasselblad, V., & Schachter, R. (1992). *Meta-analysis by the confidence profile approach.* Boston, MA: Academic Press.

Egger, M., Davey Smith, G., Schneider, M., & Minder, C. (1997). Bias in meta-analysis detected by a simple, graphical test. *British Medical Journal, 315,* 629–634.

Eid, M., & Diener, E. S. (Ed). (2006). *Handbook of multimethod measurement in psychology.* Washington, DC: American Psychological Association.

Ellis, P. (2009). *Effect size calculator.* Retrieved from http://www.polyu.edu.hk/mm/effectsizefaqs/calculator/calculator.html

Equator Network. (2015). *Enhancing the quality and transparency of health research.* Retrieved from http://www.equator-network.org/

Eysenck, H. J. (1978). An exercise in mega-silliness. *American Psychologist, 33,* 517.

Feldman, K. A. (1971). Using the work of others: Some observations on reviewing and integrating. *Sociology of Education, 4,* 86–102.

Festinger, L., & Carlsmith, J. M. (1959). Cognitive consequences of forced compliance. *Journal of Abnormal and Social Psychology, 58,* 203–210.

Fisher, R. A. (1932). *Statistical methods for research workers.* London: Oliver & Boyd.

Fiske, D. W., & Fogg, L. (1990). But the reviewers are making different criticisms of my paper! *American Psychologist, 45,* 591–598.

Fleiss, J. L., & Berlin, J. A. (2009). Measures of effect size for categorical data. In H. Cooper, L. V. Hedges, & J. C. Valentine (Eds.), *The handbook of research synthesis and meta-analysis* (2nd ed., pp. 237–253). New York: Russell Sage.

Fowler, F. J. (2014). *Survey research methods* (5th ed.). Thousand Oaks, CA: Sage.

Gale Directory Library. (n.d.). Retrieved from http://www.gale.cengage.com/DirectoryLibrary/

Garvey, W. D., & Griffith, B. C. (1971). Scientific communication: Its role in the conduct of research and creation of knowledge. *American Psychologist, 26,* 349–361.

Glass, G. V. (1976). Primary, secondary, and meta-analysis of research. *Educational Researcher, 5,* 3–8.

Glass, G. V. (1977). Integrating findings: The meta-analysis of research. In L. S. Shulmar (Ed.), *Review of Research in Education* (Vol. 5, pp. 35–79). Itasca, IL: Peacock.

Glass, G. V., McGaw, B., & Smith, M. L. (1981). *Meta-analysis in social research.* Beverly Hills, CA: Sage.

Glass, G. V., & Smith, M. L. (1978). Reply to Eysenck. *American Psychologist, 33,* 517–518.

Glass, G. V., & Smith, M. L. (1979). Meta-analysis of research on the relationship of class size and achievement. *Educational Evaluation and Policy Analysis, 1,* 2–16.

Gleser, L. J., & Olkin, I. (2009). Stochastically dependent effect sizes. In H. Cooper, L. V. Hedges, & J. C. Valentine (Eds.), *The handbook of research synthesis and meta-analysis* (2nd ed., pp. 357–376). New York: Russell Sage.

Gottfredson, S. D. (1978). Evaluating psychological research reports. *American Psychologist, 33,* 920–934.

Greenberg, J., & Folger, R. (1988). *Controversial issues in social research methods.* New York: Springer-Verlag.

Greenwald, A. G. (1975). Consequences of prejudices against the null hypothesis. *Psychological Bulletin, 82,* 1–20.

Greenwald, R., Hedges, L. V., & Laine, R. (1996). The effects of school resources on student achievement. *Review of Educational Research, 66,* 411–416.

Grubbs, F. E. (1950). Sample criteria for testing outlying observations. *Journal of the American Statistical Association, 21,* 27–58.

Harris, M. J., & Rosenthal, R. (1985). Mediation of interpersonal expectancy effects: 31 meta-analyses. *Psychological Bulletin, 97,* 363–386.

Hartung, J., Knapp, G., & Sinha, B. K. (2008). *Statistical meta-analysis with applications.* Hoboken, NJ: John Wiley & Sons.

Hattie, J. (2008). *Visible learning, A synthesis of over 800 meta-analyses relating to achievement.* New York, NY: Routledge.

Hedges, L. V. (1980). Unbiased estimation of effect size. *Evaluation in Education: An International Review Series, 4,* 25–27.

Hedges, L. V. (1982). Fitting categorical models to effect sizes from a series of experiments. *Journal of Educational Statistics, 7,* 119–137.

Hedges, L. V. (1994). Fixed effects models. In H. Cooper & L. V. Hedges (Eds.), *The handbook of research synthesis* (pp. 286–299). New York: Russell Sage.

Hedges, L. V., & Olkin, I. (1980). Vote-counting methods in research synthesis. *Psychological Bulletin, 88,* 359–369.

Hedges, L., & Olkin, I. (1985). *Statistical methods for meta-analysis.* Orlando, FL: Academic Press.

Hedges, L. V., Tipton, E., & Johnson, M. C. (2010). Robust variance estimation in meta-regression with dependent effect size estimates. *Research Synthesis Methods, 1,* 39–65.

Hedges, L. V., & Vevea, J. L. (1998). Fixed and random effects models in meta-analysis. *Psychological Methods, 3,* 486–504.

Hunt, M. (1997). *How science takes stock: The story of meta-analysis.* New York, NY: Russell Sage.

Hunter, J. E., Schmidt, F. L., & Hunter, R. (1979). Differential validity of employment tests by race: A comprehensive review and analysis. *Psychological Bulletin, 86,* 721–735.

Hunter, J. E., Schmidt, F. L., & Jackson, G. B. (1982). *Meta-analysis: Cumulating research findings across studies.* Beverly Hills, CA: Sage.

Jackson, G. B. (1980). Methods for integrative reviews. *Review of Educational Research, 50,* 438–460.

Johnson, B. T., & Eagly, A. H. (2000). Quantitative synthesis of social psychological research. In H. T. Reis & C. M. Judd (Eds.), *Handbook of research methods in social and personality psychology* (pp. 496–528). New York: Cambridge University Press.

Jonas, D. E., Wilkins, T. M., Bangdiwala, S., Bann, C. M., Morgan, L. C., Thaler, K. J., . . . , & Gartlehner, G. (2013). *Findings of Bayesian mixed treatment comparison meta-analyses: Comparison and exploration using real-world trial data and simulation.* (Prepared by RTI-UNC Evidence-based Practice Center under Contract No. 290-2007-10056-I). AHRQ Publication No. 13-EHC039-EF. Rockville, MD: Agency for Healthcare Research and Quality.

Jüni, P., Witshci, A., Bloch, R., & Egger, M. (1999). The hazards of scoring the quality of clinical trials for meta-analysis. *Journal of the American Medical Association, 282,* 1054–1060.

Justice, A. C., Berlin, J. A., Fletcher, S. W., & Fletcher, R. A. (1994). Do readers and peer reviewers agree on manuscript quality? *Journal of the American Medical Association, 272,* 117–119.

Kane, T. J. (2004). *The impact of after-school programs: Interpreting the results of four recent evaluations.* New York, NY: William T. Grant Foundation.

Kazdin, A., Durac, J., & Agteros, T. (1979). Meta–meta analysis: A new method for evaluating therapy outcome. *Behavioral Research and Therapy, 17,* 397–399.

Kline, R. B. (2011). *Principles and practices of structural equation modelling* (3rd ed.). New York, NY: Guilford Press.

Kromrey, J. D., & Rendina-Gobioff, G. (2006). On knowing what we do not know: An empirical comparison of methods to detect publication bias in meta-analysis. *Educational and Psychological Measurement, 66,* 357–373.

Leong, F. T. L., & Austin, J. T. (Eds.). (2006). *The psychology research handbook: A guide for graduate students and research assistants.* Thousand Oaks, CA: Sage.

Levin, H. M. (2002). *Cost-effectiveness and educational policy.* Larchmont, NY: Eye on Education.

Light, R. J., & Pillemer, D. B. (1984). *Summing up: The science of reviewing research.* Cambridge, MA: Harvard University Press.

Light, R. J., & Smith, P. V. (1971). Accumulating evidence: Procedures for resolving contradictions among research studies. *Harvard Educational Review, 41,* 429–471.

Lipsey, M. W., & Wilson, D. B. (1993). The efficacy of psychological, educational, and behavioral treatment: Confirmation from meta-analysis. *American Psychologist, 48,* 1181–1209.

Lipsey, M. W., & Wilson, D. B. (2001). *Practical meta-analysis.* Thousand Oaks, CA: Sage.

Littell, J. H., Corcoran, J., & Pillai, V. (2008). *Systematic reviews and meta-analysis.* Oxford, UK: Oxford University Press.

Lord, C. G., Ross, L., & Lepper, M. R. (1979). Biased assimilation and attitude polarization: The effects of prior theories on subsequently considered evidence. *Journal of Personality and Social Psychology, 37,* 2098–2109.

Macaskill, P., Walter, S., & Irwig, L. (2001). A comparison of methods to detect publication bias in meta-analysis. *Statistics in Medicine, 20,* 641–654.

Mahoney, M. J. (1977). Publication prejudices: An experimental study of confirmatory bias in the peer review system. *Cognitive Therapy and Research, 1,* 161–175.

Mansfield, R. S., & Bussey, T. V. (1977). Meta-analysis of research: A rejoinder to Glass. *Educational Researcher, 6,* 3.

Marsh, H. W., & Ball, S. (1989). The peer review process used to evaluate manuscripts submitted to academic journals: Interjudgmental reliability. *Journal of Experimental Education, 57,* 151–170.

Matt, G. E., & Cook, T. D. (1994). Threats to the validity of research syntheses. In H. Cooper & L. V. Hedges (Eds.), *The handbook of research synthesis* (pp. 503–520). New York, NY: Russell Sage.

Matt, G. E., & Cook, T. D. (2009). Threats to the validity of generalized inferences from research syntheses. In H. Cooper, L. V. Hedges, & J. C. Valentine (Eds.). *The handbook of research synthesis and meta-analysis* (2nd ed., pp. 537–560). New York, NY: Russell Sage.

May, H. (2012). Nonequivalent comparison group designs. In H. Cooper (Ed.), *APA handbook of research methods in psychology* (pp. 489–510). Washington, DC: American Psychological Association.

McGrath, J. B. (1993). Student and parental homework practices and the effects of English homework on student test scores (Doctoral dissertation, United States International University). *Dissertation Abstracts International, 53,* 3490.

McPadden, K., & Rothstein, H. R. (2006, August). *Finding the missing papers: The fate of best paper proceedings.* Paper presented at AOM Conferences, Academy of Management Annual Meeting, Atlanta, GA.

Merriam-Webster. (2015a). *Significant.* Retrieved from http://www.merriam-webster.com/dictionary/significant

Merriam-Webster. (2015b). *Promising.* Retrieved from http://www.merriam-webster.com/dictionary/promising

Miller, N., Lee, J. Y., & Carlson, M. (1991). The validity of inferential judgments when used in theory-testing meta-analysis. *Personality and Social Psychology Bulletin, 17,* 335–343.

Moher, D., Tetzlaff, J., Liberati, A., Altman, D. G., & the PRISMA Group. (2009). Preferred reporting items for systematic reviews and meta-analysis: The PRISMA statement. *Annals of Internal Medicine, 151,* 264–269.

Neyeloff, J. L., Fuchs, S. C., & Moreira, L. B. (2012). Meta-analyses and Forest plots using a Microsoft Excel spreadsheet: Step-by-step guide focusing on descriptive data analysis. *BMC Research Notes, 5,* 1–6.

Nickerson, R. S. (1998). Confirmatory bias: A ubiquitous phenomenon in many guises. *Review of General Psychology, 2,* 175–220.

Olkin, I. (1990). History and goals. In K. Wachter & M. Straf (Eds.), *The future of meta-analysis* (pp. 3–10). New York, NY: Russell Sage.

Orwin, R. G., & Vevea, J. L. (2009). Evaluating coding decisions. In H. Cooper, L. V. Hedges, & J. C. Valentine (Eds.), *The handbook of research synthesis and meta-analysis* (2nd ed., pp. 177–203). New York, NY: Russell Sage.

Overton, R. C. (1998). A comparison of fixed-effects and mixed (random-effects) models for meta-analysis tests of moderator variable effects. *Psychological Methods, 3,* 354–379.

Patall, E. A., Cooper, H., & Robinson, J. C. (2008). The effects of choice on intrinsic motivation and related outcomes: A meta-analysis of research findings. *Psychological Bulletin, 134,* 270–300.

Pearson, K. (1904). Report on certain enteric fever inoculation statistics. *British Medical Journal, 3,* 1243–1246.

Peek, P., & Pomerantz, J. (1998). Electronic scholarly journal publishing. In M. E. Williams (Ed.), *Annual review of information science and technology* (pp. 321–356). Medford, NJ: Information Today.

Peters, D. P., & Ceci, S. J. (1982). Peer-review practices of psychological journals: The fate of published articles, submitted again. *Behavioral and Brain Sciences, 5,* 187–255.

Petticrew, M., & Roberts, H. (2006). *Systematic reviews in the social sciences: A practical guide.* Malden, MA: Blackwell Publishing.

Pigott, T. D. (2009). Methods for handling missing data in research synthesis. In H. Cooper, L. V. Hedges, & J. C. Valentine (Eds.), *The handbook of research synthesis and meta-analysis* (2nd ed., pp. 399–416). New York: Russell Sage.

Pigott, T. D. (2012). *Advances in meta-analysis.* New York: Springer.

Pope, C., Mays, N., & Popay, J. (2007). *Synthesizing qualitative and quantitative health evidence: A guide to methods.* Berkshire, UK: Open University Press.

Popper, K. (2002). *The logic of scientific discovery.* London, UK: Routledge.

Price, D. (1965). Networks of scientific papers. *Science, 149,* 510–515.

PRISMA. (2015). *Transparent reporting of systematic reviews and meta-analysis.* Retrieved from http://www.prisma-statement.org/statement.htm

Promising Practices Network (PPN). (2014). *How programs are considered.* Retrieved from http://www.promisingpractices.net/criteria.asp

Randolph, J. J., & Shawn, R. (2005). Using the binomial effect size display (BESD) to present the magnitude of effect sizes to the evaluation audiences. *Practical Assessment, Research & Evaluation, 10*(14), 1–7.

Raudenbush, S. W. (2009). Random effects models. In H. Cooper, L. V. Hedges, & J. C. Valentine (Eds.), *The handbook of research synthesis and meta-analysis* (2nd ed., pp. 295–315). New York, NY: Russell Sage.

Raudenbush, S. W., & Bryk, A. S. (2001). *Hierarchical linear models: Applications and data analysis methods.* Thousand Oaks, CA: Sage.

Reed, J. G., & Baxter, P. M. (2009). Using reference databases. In H. Cooper, L. V. Hedges, & J. C. Valentine (Eds.), *The handbook of research synthesis and meta-analysis* (2nd ed., pp. 73–101). New York, NY: ssell Sage.

Rosenthal, R. (1978). How often are our numbers wrong? *American Psychologist, 33,* 1005–1008.

Rosenthal, R. (1979). The "file drawer problem" and tolerance for null results. *Psychological Bulletin, 86,* 638–641.

Rosenthal, R. (1984). *Meta-analytic procedures for social research.* Beverly Hills, CA: Sage.

Rosenthal, R. (1990). How are we doing in soft psychology? *American Psychologist, 45,* 775–777.

Rosenthal, R., & Rubin, D. B. (1978). Interpersonal expectancy effects: The first 345 studies. *Behavioral and Brain Sciences, 3,* 377–386.

Rosenthal, R., & Rubin, D. (1982). A simple, general purpose display of magnitude of experimental effect. *Journal of Educational Psychology, 74,* 166–169.

Ross, L., & Lepper, M. R. (1980). The perseverance of beliefs: Empirical and normative considerations. *New Directions for Methodology of Social and Behavioral Science, 4,* 17–36.

Rothstein, H. R., Sutton, A. J., & Borenstein, M. (2005). *Publication bias in meta-analysis: Prevention, assessment and adjustment.* West Sussex, UK: John Wiley & Sons.

Sandelowski, M., & Barroso, J. (2007). *Handbook for synthesizing qualitative research.* New York: Springer.

Scarr, S., & Weber, B. L. R. (1978). The reliability of reviews for the *American Psychologist. American Psychologist, 33,* 935.

Schmidt, F. L., & Hunter, J. E. (2015). *Methods of meta-analysis: Correcting error and bias in research findings* (3rd ed.). Thousand Oaks, CA: Sage.

Schram, C. M. (1989). *An examination of differential-photocopying.* Paper presented at the annual meeting of the American Educational Research Association, San Francisco.

Scott, J. C., Matt, G. E., Wrocklage, K. M., Crnich, C., Jordan, J., Southwick, S. M., . . . & Schweinsberg, B. C. (2015). A quantitative meta-analysis of neurocognitive functioning in posttraumatic stress disorder. *Psychological Bulletin, 141,* 105–140.

Shadish, W. R., Cook, T. D., & Campbell, D. T. (2002). *Experimental and quasi-experimental designs for generalized causal inference.* Boston, MA: Houghton Mifflin.

Shadish, W. R., & Haddock, K. (2009). Combining estimates of effect sizes. In H. Cooper, L. V. Hedges, & J. C. Valentine (Eds.), *The handbook of research synthesis and meta-analysis* (2nd ed., pp. 257–277). New York, NY: Russell Sage.

Shadish, W. R., & Rindskopf, D. M. (2007). Methods for evidence-based practice: Quantitative synthesis of single-subject designs. *New Directions for Evaluation, 113,* 95–109.

Smith, M. L., & Glass, G. V. (1977). Meta-analysis of psychotherapy outcome studies. *American Psychologist, 32,* 752–760.

Smith, P. J., Blumenthal, J. A., Hoffman, B. M., Cooper, H., Strauman, T. J., Welsh-Bohmer, K., . . . Sherwood, A. (2010). Aerobic exercise and neurocognitive performance: A meta-analytic review of randomized clinical trials. *Psychosomatic Medicine, 72,* 239–252.

Stock, W. A., Okun, M. A., Haring, M. J., Miller, W., & Kinney, C. (1982). Rigor and data synthesis: A case study of reliability in meta-analysis. *Educational Researcher, 11*(6), 10–14.

Suhls, J., & Martin, R. (2009). The air we breathe: A critical look at practices and alternatives in the peer-review process. *Perspectives on Psychological Science, 4,* 40–50.

Sutton, A. J., & Abrams, K. R. (2013). Bayesian methods in meta-analysis and evidence synthesis. *Statistical Methods in Medical Research, 10,* 277–303.

Sutton, A. J., Abrams, K. R., Jones, D. R., Sheldon, T. A., & Song, F. (2000). *Methods for meta-analysis in medical research.* Chichester, UK: John Wiley & Sons.

Tamim, R. M., Bernard, R. M., Borokhovski, E., Abrami, P. C., & Schmid, R. F. (2011). What forty years of research says about the impact of technology on learning: A second-order meta-analysis and validation study. *Review of Educational Research, 81,* 4–28.

Taveggia, T. C. (1974). Resolving research controversy through empirical cumulation. *Sociological Methods and Research, 2,* 395–407.

United States Department of Health and Human Services Agency for Healthcare Research and Quality. (2013). *Findings of Bayesian mixed treatment comparison meta-analyses: Comparison and exploration using real-world trial data and simulation.* Washington, DC: Author.

Valentine, J. C., & Cooper, H. (2008). A systematic and transparent approach for assessing the methodological quality of intervention effectiveness research: The study design and implementation assessment device (Study DIAD). *Psychological Methods, 13,* 130–149.

Webb, E. J., Campbell, D. T., Schwartz, R. D., Sechrest, L., & Grove, J. B. (2000). *Nonreactive measures in the social sciences* (REv. ed.). Thousand Oaks, CA: Sage.

What Works Clearinghouse. (2014). *Review process: Standards.* Retrieved from e/wwc/DocumentSum.aspx?sid=19http://ies.ed.gov/ncee/wwc/

Wikipedia. (2015). *Standard normal table.* Retrieved July 28, 2015, from http://en.wikipedia.org/wiki/Standard_normal_table

Wilson, D. B. (2009). Systematic coding for research synthesis. In H. Cooper, L. V. Hedges, & J. C. Valentine (Eds.), *The handbook of research synthesis and meta-analysis* (2nd ed., pp. 159–176). New York, NY: Russell Sage.

Wilson, D. B. (2015). *Practical meta-analysis effect size calculator.* Retrieved from http://www.campbellcollaboration.org/escalc/html/EffectSize Calculator-Home.php

Xhignesse, L. V., & Osgood, C. (1967). Bibliographical citation characteristics of the psychological journal network in 1950 and 1960. *American Psychologist, 22,* 779–791.

Xu, J., & Corno, L. (1998). Case studies of families doing third-grade homework. *Teachers College Record, 100,* 402–436.

Younger, M., & Warrington, M. (1996). Differential achievement of girls and boys at GCSE: Some observations from the perspective of one school. *British Journal of Sociology of Education, 17*(3), 299–313.

图书在版编目（CIP）数据

元分析研究方法：第 5 版/哈里斯·库珀著；李超平等译．—北京：中国人民大学出版社，2020.5
（管理研究方法丛书）
ISBN 978-7-300-27788-2

Ⅰ.①元… Ⅱ.①哈… ②李… Ⅲ.①有限元分析-研究方法 Ⅳ.①O241.82-3

中国版本图书馆 CIP 数据核字（2020）第 001976 号

管理研究方法丛书
元分析研究方法（第 5 版）
哈里斯·库珀 著
李超平 张昱城 等 译
Yuanfenxi Yanjiu Fangfa

出版发行	中国人民大学出版社		
社　　址	北京中关村大街 31 号	邮政编码	100080
电　　话	010－62511242（总编室）		010－62511770（质管部）
	010－82501766（邮购部）		010－62514148（门市部）
	010－62515195（发行公司）		010－62515275（盗版举报）
网　　址	http://www.crup.com.cn		
经　　销	新华书店		
印　　刷	北京宏伟双华印刷有限公司		
规　　格	185 mm×260 mm　16 开本	版　　次	2020 年 5 月第 1 版
印　　张	13.25 插页 2	印　　次	2022 年 12 月第 3 次印刷
字　　数	279 000	定　　价	45.00 元

教师教学服务说明

中国人民大学出版社管理分社以出版经典、高品质的工商管理、统计、市场营销、人力资源管理、运营管理、物流管理、旅游管理等领域的各层次教材为宗旨。

为了更好地为一线教师服务，近年来管理分社着力建设了一批数字化、立体化的网络教学资源。教师可以通过以下方式获得免费下载教学资源的权限：

在中国人民大学出版社网站 www. crup. com. cn 进行注册，注册后进入“会员中心”，在左侧点击“我的教师认证”，填写相关信息，提交后等待审核。我们将在一个工作日内为您开通相关资源的下载权限。

如您急需教学资源或需要其他帮助，请在工作时间与我们联络：

中国人民大学出版社　管理分社

联系电话：010－82501048，62515782，62515735

电子邮箱：glcbfs@crup. com. cn

通讯地址：北京市海淀区中关村大街甲 59 号文化大厦 1501 室（100872）